ギルバート・ウォルドバウアー

食べられないために

逃げる虫、だます虫、戦う虫

中里京子訳

みすず書房

HOW NOT TO BE EATEN

The Insects Fight Back

by

Gilbert Waldbauer

With illustrations by James Nardi

First published by University of California Press, 2012

Japanese translation rights arranged with
University of California Press through
Japan UNI Agency, Inc., Tokyo

食べられないために＊目次

プロローグ　3
謝辞　7
第一章　生命の網をつむぐ昆虫　9
第二章　虫を食べるものたち　23
第三章　逃げる虫、隠れる虫　57
第四章　姿を見せたまま隠れる　83
第五章　鳥の糞への擬態、さまざまな擬装　105
第六章　フラッシュカラーと目玉模様　115

第七章　数にまぎれて身を守る　135
第八章　身を守るための武器と警告シグナル　155
第九章　捕食者の反撃　197
第十章　相手をだまして身を守る　223
エピローグ　255
訳者あとがき　263
主な引用文献　xxiii
索引　i

食べられないために

逃げる虫、だます虫、戦う虫

わたしが知るかぎりもっとも優秀かつ頼りになる編集者で大切な友人のナンシー・クレメンテに

プロローグ

動物はみな、食べなければならない。食べなければ、育ち、大人になるまで生き延びて、子孫を残すという生命の根本的な三大義務が果たせないからだ。でも、いったい何が何を食べ、なぜそれを食べるのか。大部分の動物にとって、生存をおびやかす最大かつ普遍的な脅威は、干ばつや凍てつく寒さといった気候因子を除けば、おそらく天敵だろう。どんな生物にも食物が必要なのだから、食べられる者と食べる者とのせめぎあいは、生物の共同体で起きている重要な――たぶんもっとも重要な――出来事にちがいない。生態系は、このような生物の共同体と、それをとりまく物理的環境で成り立っている。

ほぼすべての陸上と淡水の生態系において、もっとも豊富に存在する動物性食糧源は昆虫だ。そのため、生態系がどのように機能しているのかを知るには、昆虫が捕食者のえさにならないように身を守る手段と、捕食者が昆虫の防衛戦略を出し抜く手段の理解が欠かせないことに疑問の余地はない。

なによりこういった捕食・被食関係は、それ自体わくわくするようにおもしろく、ときに奇想天外で、常に何かを教えてくれる。

昆虫の捕食を日々のなりわいにしている生物は数限りない。昆虫をえさにする植物も一部あるとはいえ、海綿動物、クラゲ、ヒトデ、二枚貝、巻貝といった海にのみ、あるいは主に海に生息するものを除けば、昆虫の捕食者は、主要な動物グループ（綱《こう》）のほぼすべてにわたっている。クモや昆虫から、トカゲ、鳥、哺乳類といった脊椎動物まで、みな昆虫を食べているのだ。

自然選択（自然淘汰）は、環境にうまく対処し、機会を捕えて活用し、捕食者に食べられないように身を守る能力を何らかの方法で向上させるような変化（突然変異）を利するように働く。J・R・クレブスとN・B・デイヴィーズがいみじくも記しているように、「進化のプロセスでは、自然選択を通し、獲物を探し出して捕える捕食者の能力が向上するものと考えられる。だがそのまた一方で、捕食者に発見されるのを避けたり、敵から逃げたりする被食者の能力も、自然選択を通して向上していくことだろう。捕食者と被食者とのあいだに見られる複雑な適応と対抗適応は、彼らが長く共存してきたことを示す証であり、長い進化の歳月のあいだに繰り広げられてきた軍拡競争の結果を反映しているのだ」

このような適応と対抗適応の手段は実に多種多様で、ときには信じられないほど非凡なものもある。ある種のクモは、メスの蛾が出す性誘引物質を偽造して、そのメスと同じ種のオスを死の淵に誘う。アナホリフクロウはエサをつかって、それを食べる甲虫を惹き寄せる〔以下、囮の意味の場合は「エサ」と表記〕。ウスバカマキリの一種は大きくてカラフルな花に擬態し、花蜜を探すハナバチやハエなどをおびき寄せる。アリジゴクを含む数種類の昆虫は、落とし穴を掘ったあと、底に隠れて待ち伏せする。そうやって、穴にうっかり落ちてしまった不用心な虫をむさぼり食らうのだ。

一方、イモムシには、不快な糞のふりをして食虫性の鳥の裏をかくものがいる。また、ある種の俊足を誇る昆虫の神経線維はものすごく太い。そのため、警告シグナルの察知が引き起こす神経刺激が中枢神経系にすばやく達し、すみやかな逃走行動をとることができる。大部分の蛾は夜間にしか活動せず、日中は、見事なカムフラージュによって樹皮などの表面に溶け込み、身動きせずに体をさらしたまま隠れる。おなじくらい驚かされるのは、ある種の捕食者の戦略だ。たとえば、マルコム・エドマンズが記しているように、旧世界に生息するハチクイという鳥は、毒針を持つ昆虫の腹部を止まり木にこすりつけて「毒液を毒腺からしぼりだし」、被食者の防衛手段を「無力化」する。

それでは、これから続く十章で、捕食者と被食者が互いに戦略と対抗戦略を駆使し合い、永遠に続く進化の軍拡競争をくりひろげる姿をお目にかけることにしよう。

読者のみなさんへ

本書では、科学者や作家が執筆した書籍や論文の引用や紹介にあちこちで出会うことになる。そういった文献に自ら目を通して判断する機会を読者の方に提供するのは、公平を期すうえで当然のことだろう。そのため本書では巻末に「主な引用文献」のセクションを設け、各章ごとに、著者の名前から原典をたどれるようにした。なお、未発表の情報を提供してくれた諸氏については、本文中に名前を記したが、「主な引用文献」のリストには記載していない。

謝辞

本書の内容をよりよいものにするために、支援と専門知識を寄せてくださった多くの友人や同僚に感謝の意を表したい。そのおかげで、本書はずっとよいものになったと信じている。とりわけ、妻のフィリス・クーパー・ウォルドバウアーと、ナンシー・クレメンテには特に感謝している。フィリスはすべての草稿に目を通し、建設的な意見を多数寄せてくれた。ナンシーは、ハーヴァード大学出版局から刊行した拙著五冊の優れた編集者だったが、同局を退職した今、本書の編集を無償奉仕で引き受けてくれた。科学的な専門知識を惜しみなく授けてくれた次の各氏にも御礼申し上げる――メイ・ベーレンバウム、故ジョン・バウズマン、リンカーン・ブラウワー、シドニー・キャメロン、ラリー・ハンクス、スティーヴン・マルコム、ジェイムズ・ナーディィ、デイヴィッド・シーグラー、ジェイムズ・スターンバーグ。また、カレン・トレイムとエリザベス・ベリーは忍耐強く原稿をタイプしてくれた。いつものように力になってくれたわたしのエージェント、ニューイングランド・パブリッシング・アソシエーツのエドワード・ナップマンにも御礼申し上げる。

第一章　生命の網をつむぐ昆虫

陸地と淡水にすむ肉食生物にとり、昆虫は抜きん出て豊富に存在する動物性食物源だ。海におおわれていない地球表面、つまり地球の四分の一にはおびただしい数の昆虫が生息しており、その数はいまだに調べ尽くされていない。地表、淡水、海水に生息していることが判明している全一二〇万種の生物のうち、昆虫は約九〇万種。つまり、およそ七五パーセントまでを占めている（スティーヴン・マーシャルの信頼できる推測によると、まだ発見されておらず、名を付けられるのを待っている昆虫は、少なくとも、あと三〇〇万種はいるそうだ）。カナダの昆虫学者ブライアン・ホッキングは、大胆だが根拠に基づく推測を行った。それによると、全世界に存在する昆虫の個体数は、なんと一〇〇京（一〇の一八乗）にもおよぶという。たとえ数兆匹分多めに見積もっていたとしても、これは途方もない数だ。

昆虫はサイズこそ小さいものの、陸地と淡水のほとんどの生態系におびただしい数で生息している。

そのため一エーカー〔約四〇〇〇平方メートル〕あたりに換算すると、大型のシカやヘラジカも含め、そこにすむ他のすべての動物の合計を個体数のみならず総重量でも上回る。これは一見信じがたいことかもしれないが、一エーカーの土地には、数百種、いやむしろ数千種からなる昆虫が何百万匹も生息していることに思いをはせていただきたい。それにひきかえ、小鳥は一エーカーにもおよぶ縄張りを一羽で占める。さらに大きな動物、たとえば一〇〇〇ポンド〔約四五〇キロ〕のヘラジカ一頭の縄張りは、数百エーカーから数千エーカーにもなる。だから数百ポンドの重さがある動物でも、その生物量《バイオマス》を一エーカーあたりに換算すると、一ポンド〔約四五〇グラム〕にも満たなくなってしまうのだ。もうひとつ考えていただきたいのは、ほとんどの人は、身近にいる虫のほんの一握りにしか目が向かないという事実だ。それは、テントウムシや、大きくて美しい蝶などかもしれないが、おそらくは、刺したり咬《か》んだりする厄介な虫のほうがもっと気になることだろう。しかしこのような虫以外の昆虫、つまりほぼどんな生態系においても大多数を占めている昆虫たちには気づかないままになる。こうした昆虫は小型であることに加え、カムフラージュしていたり、根や茎の内部などをすみかにしていたり、他の昆虫や動物に寄生していたり、土や割れ目などに身を隠したりしているために、見つかりにくいものが多い。

昆虫は、植物を食べない動物にとって、直接的あるいは間接的に、もっとも豊富に存在する動物性食物源になっている。けれども、こうした動物にとって昆虫が重要なのは、ただそれが大量に存在するからだけではない。四五万種ほどいると推定されている植物を食べる昆虫〔植食性昆虫〕と、そういった昆虫を食べる他の昆虫〔捕食性昆虫〕や動物は、緑色植物と肉食性動物を結ぶきわめて重要なリンクになっているのだ。太陽のエネルギーを動物に与えることができるのは、光を取り込み、光合成によってそのエネルギーを糖類に変えることのできる緑色植物だけである〔厳密に言うと植物プランクトンや藻類も光合成を行う〕。だから捕食者は、植食性昆虫を食べることを通して、太陽のエネルギーを手にしているのだ。重要度はこれより低いが、他の昆虫を食べる捕食性昆虫が担っている大切な役割はほかにもある。ごく小さな昆虫を食べて、その栄養素を自分の体に取り込む捕食性昆虫は、自らごく小

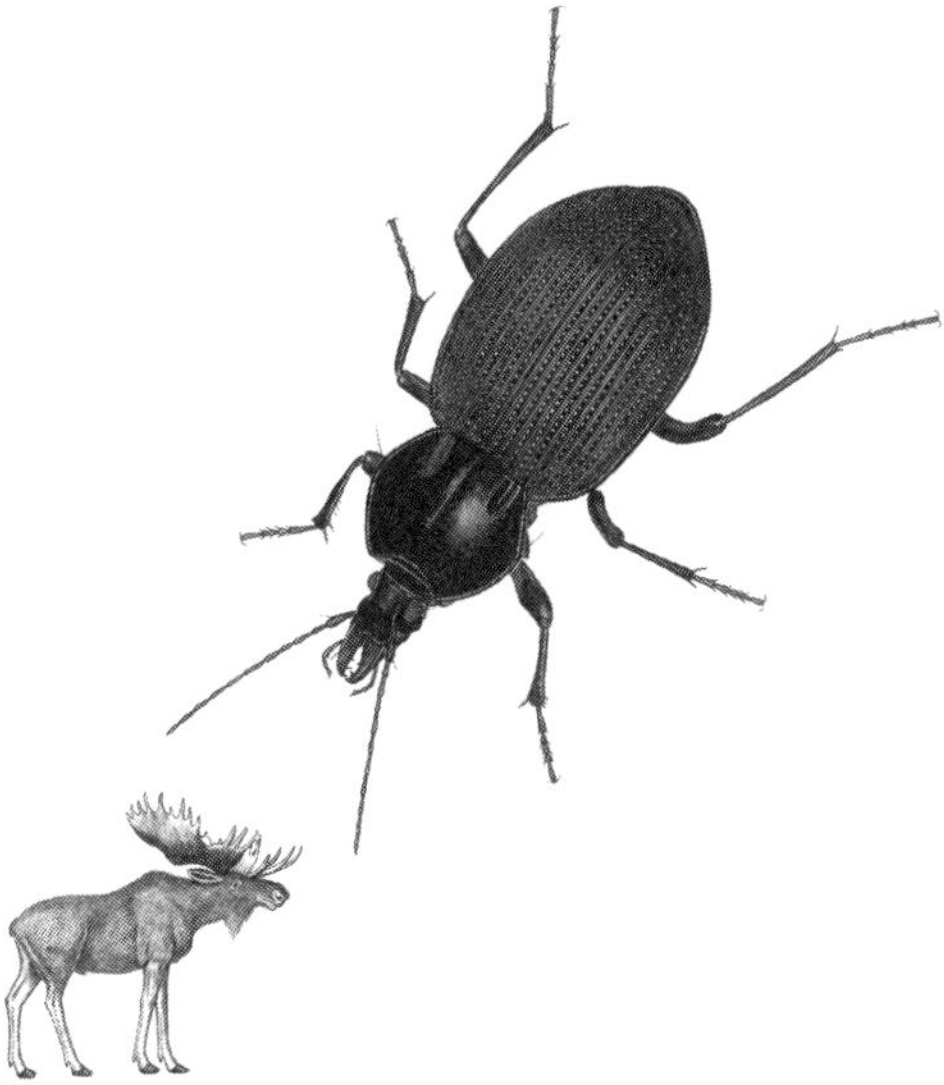

図1　ある生態系における1エーカーあたりの生物量。体重およそ450キロのヘラジカ（哺乳類、鳥類、その他の脊椎動物すべての合計）と小さな甲虫（すべての昆虫の合計）で表したもの。

さな昆虫を捕食したのでは効率の悪い、さらに大きな食虫生物の〝栄養補給食品〟になっているのだ。

食物連鎖に昆虫が果たしている重要な役割は、ユージーン・オーダムをはじめとする生態学者たちが個々の生態系について集めたデータによく示されている。たとえば、ノースカロライナ州にある草本植物〔茎と葉を持ち、果実を生産したあと地上部が枯れる植物〕の野原における昆虫の生物量を調べたところ、捕食性、寄生性、腐食性昆虫などを除いた植食性昆虫の生物量だけでも、その野原でもっとも目につき、個体数もダントツに多い脊椎動物であるスズメとネズミを合わせたものの九倍もあった。東アフリカの平原では、一エーカーあたり数百種いる昆虫のうち、たった二種類のアリだけで、おなじ面積に生息するヌーやシマウマやレイヨウといった大型の草食動物をすべて合計した重量に匹敵していた。昆虫は、これら二か所の生息環境や他のほぼすべてのところで、その個体数と生物量の両方で他を大きく引き離して存在する被食生物だ。当然のことながら、そして次の章でくわしく見ていくように、この栄養価が高くタンパク質に豊む食物を利用する生物は多く、クモも、サソリも、昆虫も、カエルも、トカゲも、鳥類も、哺乳類も、みな昆虫をえさにしている。

昆虫のライフルタイル、つまり生き延びて「日々の暮らしを営む」方法の多様さは、ほぼ確実に他のどの動物のグループをも上回っており、どんな生態学的地位《ニッチ》も、そのほぼすべてのものが、何らかの種の昆虫に占められている。ニッチとは単なる生息場所のことではなく、資源や食物や巣を営む場所や隠れる場所など、生物が必要とするあらゆるものを含んでいる。水の中にすむ種を除き、不完全変態〔脱皮を繰り返して幼虫から成虫になるが、さなぎの段階がない〕をする昆虫は、生まれてから死ぬまで基本的におなじニッチを占める。一方、完全変態をする昆虫は、幼虫期と成虫期に、それぞれ非常に異なるニッチを占めることが多い。

不完全変態をする昆虫には、トンボ、バッタ、ゴキブリ、カマキリ、カメムシ、シラミなどがいる。孵化《ふか》したばかりのバッタは、翅《はね》がないことを除けば親にそっくりだ。バッタの幼虫は、成長するにつれて脱皮を繰り返すうちに体の外側に翅がはえ、そのサイズは脱皮するたびに大きくなる。そして成長が止まって最後の脱皮を終えると、飛翔能力のある翅をそなえた成体になる。このような昆虫には、卵の時期、生育段階である幼虫期、成虫となって産卵する生殖期という三つの生活段階しかない。幼虫（若虫《ニンフ》）は姿も行動も親によく似ているが、水中にすむ種の大部分は例外だ。たとえば、トンボの成虫は飛行中の昆虫を捕える空中曲芸師だが、その幼虫であるヤゴは水生で、姿も親とはまったく異なり、他の水生昆虫や小魚まで食べてしまう獰猛《どうもう》な捕食者である。

一方、完全変態をする多くの昆虫の代表には、甲虫、ノミ、ハエ、カリバチ〔幼虫のえさとして昆虫やクモなどを狩るハチの仲間〕、ハナバチ〔幼虫のえさとして花粉や蜜を蓄えるハチの仲間〕、蛾、蝶などがいる。卵から孵化《ふか》したばかりの蝶の赤ちゃんはミミズのような蠕虫《ぜんちゅう》状の姿をしていて、親とは似ても似つかない。遠くの惑星からやって来た生物学者が見たら、蝶の幼虫と成虫は、鳥とヘビほどもちがう別々の種だと思うだろう。完全変態は四つの生活段階を経る。卵の時期、翅のない幼虫期（蝶や蛾の場合はイモムシやアオムシ、ケムシなどと呼ばれる）、さなぎ（幼虫が成体に変態するまでの移行段階）、そして翅を持つ成体としての生殖期だ。完全変態をする昆虫の幼虫《ラーヴァ》は親と見た目がちがうだけでなく、その行動も、ふつう非常に異なっている。たとえばイモムシやケムシには食物を嚙み切って咀嚼《そしゃく》するための口器《こうき》があり、ほとんどの場合、植物（とりわけ葉の部分）をえさにしている。翅のないさなぎの段階では、ごくわずかな例外を除いて、身をよじらせることはできても、歩いたり這ったりすることはできず、通常は土の中や樹皮の内側、あるいは絹糸で作ったまゆの中に安全に隠れている。成虫になると、蝶や蛾は大きな翅を持つ。これはさなぎの中で発達したもので、花から花蜜を吸い上げるためのストローのような長い口器も同様にさなぎの中で発達する。

完全変態をする昆虫は、幼虫も成虫も、特定の仕事をこなすための身体構造的および行動学的能力をそなえたスペシャリストだ。幼虫の仕事は、食べ、育ち、できるかぎりのことをして捕食者の裏をかくこと。一方、成虫は、交尾の相手を探し、卵を広い地域に産み付けるための飛行エネルギー源として、糖分を多く含む花蜜を吸うことに精をだす。大部分の蝶や蛾は、他の多くの昆虫とおなじように、好き嫌いの激しい（つまり寄主植物特異性を持つ）幼虫が嫌がらずに食べてくれる二、三種の植物にしか産卵しない。幼虫は「食べる機械」、成虫は、飛ぶ生殖腺――キャロル・ウィリアムズの言葉を借りれば「セックス専門の空飛ぶマシーン」だ。このような専門化のおかげで、今日地球上で発見されている昆虫の数から判断すると、完全変態は進化上、不完全変態より生き延びられる率が高い戦略であるらしい。なにしろ、不完全変態する昆虫一三万五〇〇〇種（一五パーセント）に比べて、完全変態する昆虫は七六万五〇〇〇種（八五パーセント）もいるのだ。

どちらのタイプの変態をする昆虫も、おなじようなニッチを占めることができる。バッタ、マメコガネ、コガネムシなどの多くの昆虫が占めるニッチは、成虫が葉を食べ土の中に産卵するという、かなり平凡なものだ。とはいえ、卵から孵化したバッタの若虫がただちに地表に出てきてイネ科植物の葉や草本植物を食べ始めるのにひきかえ、完全変態をするマメコガネやコガネムシの幼虫、つまり地《じ》虫《むし》として知られる白いC字型の幼虫は、孵化したあとも土の中にとどまり、木の根をえさにして成長する。そしてそのまま土の中でさなぎになり、さなぎの殻を脱ぎ捨てて成虫になってから、土をかきわけて、ようやく地上に姿を現す。

他の昆虫には、これより複雑で、より凝ったライフスタイルを持つものもいる。たとえばオスのシデムシは、小動物の死骸を運よく探しあてると、その上に乗って、メスを誘うにおい、すなわち性誘引物質のフェロモンを放出する。ほどなくしてメスがやってくると、カップルは協力して死骸の下の土を掘り、死骸が隠れるだけ深く掘り進めてから、上に土をかぶせる。そのあと埋められた死骸の周囲に隙間を作り、腐敗を遅らせるために、バクテリアを殺す液を分泌して死骸をおおう。このあとメスは死骸のまわりの土に三〇個ほど卵を産みつける。幼虫は孵化すると、親が用意した巣に這ってくる。そこで親から、消化して吐き戻した肉だんごを口移しでもらう。やがて幼虫も自ら死肉を食べるようになり、この時点で父虫は巣を離れるが、母虫はとどまって、子供たちがさなぎになる姿を見守り続ける。数週間後、成虫となった子供たちが地面に姿を現せば、シデムシの新たなライフサイクルの始まりだ。

一方、別の場所では、小さなメスのタマバチがオークの葉に卵を産み付けている。メイ・ベーレンバウムが『昆虫大全』〔邦訳一九九八年〕で紹介しているように、虫こぶ〔虫えい〕を作る昆虫は「植物のホルモン系をハイジャックして、植物に奇妙で異様なできもの〔虫こぶ〕を作らせ、すみかと、えさにする栄養豊かな植物組織を差し出させる」のだ。タマバチの卵から孵化した幼虫は、オークの葉にピンポン玉ほどにもなる淡褐色の異常なできもの（オーク・アップル）を作らせる。虫こぶを作るもうひとつの昆虫である、ある種の蛾は、春になると、生育途中のアキノキリンソウの茎に卵を産みつけて、直径二・五センチ近くにもなる卵型の肥厚部を作らせる。幼虫は夏に最大の大きさになり、次の春に、虫こぶに穴をあけて出口を確保してからさなぎになる。そうしてさなぎを脱ぎ捨て、ついに蛾の成虫として出現するわけだが、そこまで生き延びられるという保証はない。冬のあいだに腹ぺコのセジロコゲラが虫こぶに穴を開け、幼虫を引きずり出して食べてしまうことがあるからだ。

ここにあげたいくつかの例は、多様な昆虫の暮らしぶりをほんの少し紹介したものにすぎない。もちろん、虫を食べる生き物が獲物を捕えるには、身体構造と行動の両面で適応を遂げることが必要だ。たとえば鳥は、くちばしを使って成虫のバッタ、甲虫、タマバチ、タマバエなどを空中で捕えることはできるが、地中の卵や地虫やさなぎを見つけるには、土の中に穴を掘る動物やくちばしで地中を探る鳥でなければ無理だろう。また、虫こぶの中や樹皮の内側にひそむ幼虫に達することができるのは、おそらくキツツキの仲間だけだ。

現在地球上に暮らしている何百万種もの昆虫と、いまや化石でしか知ることのできない絶滅種の昆虫の進化が始まったのは、およそ四億年前。これから昆虫になろうという生物が、生命の源である水の中から徐々に陸に上がろうとしていたときだった。おそらくは、淡水の池の縁にへばりついていた湿り気のある有機物の残骸を伝って陸に這い上がったのだろう。上陸してからは、体内にえさを取り込む器官、つまり、まだ専門化していなかった原始的な口器で、朽ちかけた柔らかい有機物をむしゃむしゃ食べていたにちがいない。このような単純な生物が、植物の咀嚼に特化した口器を持つバッタから、花蜜を吸い上げるための管のような口器を持つ蝶、そして鳥や哺乳類や爬虫類を刺して血を吸い取るための口器を持つ蚊に至るまで、それぞれ大きく異なる特徴を持つ現在の多種多様な昆虫に進化してきたわけである。

植物も動物も、もちろん進化を続けている。とはいえ、進化とはどのように生じるのだろうか。進化の原動力は自然選択〔自然淘汰〕であるという優れた見識を示したのは、チャールズ・ダーウィンだ。これはちょうど犬のブリーダーが、望ましい形質を持つ犬を次の世代の親に選ぶという人為選択を繰り返して、新たな犬種を生み出すのと同じである（小さなチワワから大型のセントバーナードまで、あらゆる犬種はオオカミの子孫であることを思い出していただきたい）。自然選択では、うまく適応できない個体が間引かれる一方で、危険を回避してチャンスを生かすように適応した個体は有利になる。たとえば、ほかの者よりいくらかカムフラージュがうまい個体は、捕食者に気づかれる危険性がいくらか少なくなり、結果的に生き延びて親になるチャンスがいくらか多くなるだろう。次世代に受け渡すことが可能な適応的形質は子孫に伝えられ、じゅうぶんな時を経て、個体群の全メンバーに広まっていく。数百年、数千年と経つうちに、いっそう好ましい突然変異が個体群に蓄積されていき、そうした形質を持つ個体がおなじ種の他のメンバーと大きく異なるようになると、その個体群は生殖的に隔離された固有の独立種になる。すなわち、他の種のメンバーとのあいだに交配が生じない独立した種になるのだ。

新たな適応形質は、放射線、紫外線、宇宙線、そして遺伝子の材料そのものであるＤＮＡにそなわる要因などが引き起こす遺伝子の突然変異により、ひっきりなしに現れる。突然変異の内容はランダムで、好ましい変化であることもあれば、好ましくない変化であることも多い。とはいっても、進化は決してランダムなプロセスなどではない。その方向は自然選択に導かれており、好ましくない突然変異は除外され、好ましい突然変異は概して維持される傾向にある。これは、砂金すくいになぞらえるとわかりやすいだろう。ふるいの中には、砂利と小石、そして運がよければ砂金が入っている。ふるわれたあとに残るのは、他のものより重く貴重な金の薄片や塊だ。砂金は、それより軽く価値のない砂利や小石とはちがい、水の中でふるわれたときに流されることはない。これとおなじように、自然選択では、好ましい遺伝子は保存され、有害な遺伝子は排除されていく。

昆虫が遂げてきた重要な適応のいくつかは、生存を脅かす危険、つまり、あらゆるところにいる、おびただしい数の捕食者に対する対抗手段だ。もちろん、どんな生命体にとっても、究極の目標は、生殖活動を行って自らの遺伝子を子孫に伝えることにある。そしてこれを成し遂げるには、性的に成熟するまで生き延びることが前提条件だ。英国の偉大な博物学者ヘンリー・ウォルター・ベイツは、一八六二年に発表した「アマゾン川流域の昆虫相に関する論文——鱗翅目《りんしもく》のドクチョウ科について」で、こう記している。

自然界に暮らすあらゆる種は、寄せ来るさまざまな逆境に耐えることを可能にする天賦の資質により存在し続けているとみなすことができよう。その手段は、無限とも言えるほどの多様性に富み、あるものは攻撃を可能にする特殊な器官をそなえ、他のものは生命の闘いに耐え抜くことを可能にする受け身の手段をそなえている。旺盛な繁殖力は概して大いに有益だ。……非常に多くのものは、敵から身を隠す何らかの手段をそなえている。また、さまざまなものに変装することによって、絶滅から逃れたり、日々の糧を得たりしているものも多い。このようなものの中で特筆すべきは、無力な種が、繁栄している種――特定の強みを手にしていることを示唆している種――に姿を似せるという適応を遂げていることだ。

右の引用の最後の文は、無害な昆虫や一部の無害な動物が、ハッタリを駆使して捕食者を退けるという、本書の最終章で取り上げる魅力的なテーマに関連している。こういった昆虫や動物は、刺してくるとか、食べてもまずいなどといった理由で捕食者が避ける生物を、外見のみならず、行動までまねている。

子孫を残すことのほかにも、昆虫は生態系に対して、なくてはならない役割を果たしている。すでに述べたように、昆虫は、植物と、植物を食べない肉食動物とを結ぶもっとも重要なリンクだ。だがそれ以外にも、陸上と淡水のほぼすべての生態系において、昆虫が担っている重要な役割は数多くみられる。まず、昆虫の主な役割のひとつが植物の授粉であることは、みなさんもよくご存じだろう。緑色植物の大部分は、被子植物《アンジオスパーム》(ギリシア語で「子宮に包まれた種子」の意)と呼ばれる、花をつける植物だ。そして、花のおしべから別の花のめしべに精子が入った花粉を届ける役目は、ハチドリ、コウモリなどのごくわずかな動物を除き、昆虫が担っているのである。ほとんどの花は、ハナバチや蝶などの受粉昆虫《ポリネーター》と共進化してきた。花は、色やにおいで昆虫を誘い、受粉してもらったお返しに花蜜や花粉を差しだす。花蜜や花粉を食べる昆虫は多いが、何千種類もいるハナバチ(北米だけでも三五〇〇種以上いる）にとって、それらは実質的に唯一の食糧源だ。花を咲かせる植物のどれほどまでが昆虫による受粉に頼っているかはわからないとはいえ、スティーヴン・バックマンとゲアリー・ナバンの報告によると、世界中で栽培されている九四種類の主要作物では、一八パーセントが風による受粉、八〇パーセントが昆虫による受粉、そして二パーセントが鳥による受粉だという。

それ以外にも、生命の網において昆虫が果たしている役割は多々あるが、ここではそのごく一部を紹介するにとどめよう。まず、植食性昆虫は、植物の個体数が生態系の安定を損なうほど増えないよう抑制している。一例をあげると、アメリカ大陸にとって外来種の雑草だったセイヨウオトギリソウ（ヨーロピアン・クラマスウィード、セントジョーンズワート、ロコウィードとも呼ばれる）がカリフォルニアに到達したとき、天敵がいなかったせいでこの雑草が爆発的に蔓延し、牧草を根絶やしにして、家畜の放牧ができなくなってしまった。そこで、セイヨウオトギリソウを食べるヨーロッパのハムシを導入したところ、この雑草は激減し、ハムシに襲われることの少ない日陰に細々と生き残るだけになった。昆虫の最大の敵は昆虫だ、と言った農業昆虫学者がいるが、その言葉は真実を突いている。他の昆虫を捕食する昆虫は、知られているだけでも、おそらく三〇万種を超える。ピーター・プライスは、昆虫、とりわけアリは「土を耕してくれる世界一の生物」だという。その貢献度は、通常その名誉が冠されるミミズよりも高いそうだ。また、タマオシコガネ〔いわゆるフンコロガシ〕のような糞を食べる昆虫がいなかったら、ちょっと大げさに言わせてもらうと、わたしたちは膝まで糞に浸かって暮らさなければならなくなる。さらに、アリや他の昆虫は、ある種の植物の種の散布に役立っている。

次の章では、昆虫を食べる数多くの動物の一部——クモやサソリから、ヒキガエル、鳥、コウモリ、マウス〔ドブネズミ（ラット）とは異なる小型のネズミ類〕、そしてクマにまで——に出会うことになる。昆虫にとって、こうした食虫生物の脅威は甚大だが、これからの数章で見ていくように、昆虫のほうでもただ手をこまねいて見ているわけではない。彼らもまた、食べられないようにするために、しばしば目を瞠らせられるような、さまざまな方法を進化させてきた。とはいえ、昆虫にせよ他の生物にせよ、捕食を完全に免れることはできないという事実は心に留めておかれたい。さもなければ、その種の個体数は爆発的に増加し、生態系が大混乱に陥ってしまうことになるだろう。

第二章　虫を食べるものたち

時刻は真夜中。枝から垂らした数本の絹糸の先に、小さなナゲナワグモがぶらさがっている。腹をすかせたこのクモは、蛾が近くに飛んでくると、先端にネバネバした玉が付いた長い絹糸を投げつける。これがナゲナワグモのボーラ〔先端に球状のおもりが付いた投げ縄〕だ。運よく玉に蛾がくっつけば、クモは糸をたぐり寄せて獲物にかぶりつく。こんな武器を使う動物は他にない――ただしヒトを除けば、だ。人間も、家畜を捕える投げ縄のラスーや、アルゼンチンのガウチョが使うボーラ（ナゲナワグモの英名「ボーラス・スパイダー」もここからきている）などを発明してきた。ナゲナワグモは、たまたま虫がやってくるのを無為に待つようなことはしない。獲物――常に蛾――をおびき寄せるのだ。そのエサは偽のシグナル。メスの蛾がオスを惹き寄せるのに使う性誘引物質のフェロモンを模したにおいを漂わせるのである。化学を利用したこの驚くべき詐欺をあばくことになった手がかりは、ただ一種類の蛾のオスしか犠牲にならないことだった。

ナゲナワグモは、昆虫を食べる数十万種の生物の一例にすぎず、獲物を捕える独創的な方法を進化させてきた唯一の生物でもない。昆虫を食べる生物の大部分は昆虫自身で、そういった捕食性昆虫の種の数は少なくとも三〇万種にはなる。その他の昆虫捕食者は数こそずっと少ないものの、動物界にあまねくいきわたっている――クモ、サソリ、ムカデ、魚、カエル、サンショウウオ、カメ、ワニの仔、トカゲ、ヘビ、そしてキツツキやゴジュウカラ、アマツバメ、ツバメ、ムシクイ類といった鳥、アリクイやアルマジロ、スカンク、トガリネズミ、マウス、コウモリ、そしてクマまでを含む哺乳類は、みな昆虫の捕食者だ。

昆虫の捕食者は、この大量に存在する生物の自らの取り分を見つけて捕食するために、数かぎりない戦術や戦略を進化させてきた。水面を低空飛行するトンボは、トゲのある脚をかごのように組んで蚊をすくいとる。見事にカムフラージュしたウスバカマキリは、身じろぎもせず辛抱強く待ち続け、通りすがりの昆虫を鎌のような捕脚で捕まえる。鳥類もさまざまな戦術を駆使する。カラフルなムシクイ類は、枝から枝へと飛びまわって葉を調べ、すばやくイモムシを探す。タイランチョウは、とまっている枝から矢のようにダッシュしては、飛んでいる虫をつかまえる。アオカケスは、昼間ときおり、樹皮に溶け込むようなカムフラージュで休んでいる蛾を探すことがある。コウモリは夜、ソナー(反響定位)を使って飛んでいる昆虫を探知する。哺乳類のアルマジロは、細長い鼻で落ち葉や柔らかい土を掘り起こし、現れたアリや甲虫などをネバネバした長い舌で捕食する。リスは菜食主義者だと思われがちだが、ウィリアム・バートは、ジュウサンセンジリスが土を掘り起こして地虫《じむし》(コガネムシの幼虫）を探すところを見たことがあるそうだ。ナゲナワグモの戦術は他に類を見ないものだとはいえ、他のクモもさまざまな狩猟戦術を駆使している。おなじみのクモの巣を粘着性のある絹糸で編み、飛んでくる虫を罠《わな》にかけて捕えるクモもいれば、コモリグモのように獲物を追いかけるクモもいる。また、揚げ蓋のあるトンネルにひそみ、一本の絹糸で作った仕掛け線に昆虫が触れると、飛びかかって毒を注入するトタテグモもいる。

造網性のクモが張る平らで丸いおなじみのクモの巣は、うっかりやってくる不用心な虫を捕まえるためのネバネバしたレース細工だ。それは工学的に見ても見事な構造物だが、詩のように美しい対称性を持つ芸術作品でもある。とりわけ早朝、巣に付いた朝露がビーズのようにきらめく様子は息をのむほど美しい。車輪のスポークのように中心から放射状に広がる長くてまっすぐな絹糸には粘着性がないが、それらの糸のあいだに張られる長い横糸は非常に粘着性が高く、中心からクモの巣の縁に向かって螺旋《らせん》状に狭い間隔で張られている。

巣の中心でじっと待ちかまえているクモは、巣に獲物がかかると、獲物がもがいて立てる振動を感知して、中心から放射状に伸びている糸を一本ずつはじく。クモの専門家、レイナー・フィーリックスによると「どうやら、それぞれの糸にかかっている荷重を調べているらしい。言いかえれば、そうやって獲物の正確な位置を知ろうとする」のだそうだ。そのあとクモは「［ネバネバしていない］放射状に延びる糸を伝って、巣の中心から獲物に急行する」。クモが獲物を咬んで毒を注入するのは、獲物を絹糸でぐるぐる巻きにしてからだ。「そうしてから、きちんと巻かれた〝小包〟を網目から切り離して巣の中心に運び、短い糸で固定したあと食事にとりかかる」

コガネグモ科のクモの巣から逃れられる虫は、蛾を措いてほとんどいないことを発見したのは、トマス・アイスナーと共同研究者たちだ。蛾は、翅と体をおおっている非常に細かくて容易に脱落する鱗粉《りんぷん》（蛾や蝶をつかんだときに指先に付く、あの色のついた〝粉〟）のおかげで命拾いをすることがある。クモの巣に触れてしまった蛾は「ほんのわずかな時間クモの巣にとらわれただけで、ほとんどの場合、何の影響も受けなかったかのように飛び去った」とアイスナーは書いている。「とはいえ、ネバネバする糸には、蛾の翅や体をふだんおおっている鱗粉が必ず残されていて、影響があったことを物語っていた。鱗粉におおわれてクモの糸が粘着性を失ったために、蛾は逃げおおせることができたのだ」

よく晴れた六月のある日、ミシガン州の北部で、わたしはカナダ・アネモネ〔春咲き秋明菊〕の大きな白い花の上に、おもしろい姿をした虫を見つけた（実のところ、それはスズメバチを擬態したハエだった。擬態については、後の章でくわしくご紹介しよう）。この虫は奇妙なことにまったく動かず、姿勢も不自然だった。よく見てはじめてわかったことだが、それは白い花の上でほとんど目につかない白いカニグモにしっかりつかまれていたのである。そのときのクモとおなじように、カニグモ科のクモの多くは伏兵だ。花の中に身をひそめ、ハエやハナバチなどが訪れるのをじっと待ち続ける。なかには、一週間ほどのうちに、隠れている花の色にあわせて、白から黄色へ、あるいは黄色から白へと体色を変えることさえするものもいる。「鋏角《きょうかく》〔はさみ〕の弱さを埋め合わせる強力な毒を持つカニグモは、自分より大きな昆虫や他のクモを襲う恐ろしい生き物だ」とフィーリックスは記している。カニグモが体色を変える能力を進化させたという事実は、捕食者がひそんでいる危険性に気づき、カニグモがいるかもしれない花にとまらないよう用心している昆虫が少なくとも一部は存在することを示唆している。W・S・ブリストウが『クモの世界（*The World of Spiders*）』に記した簡単な実験を読むと、この示唆は正しいようだ。ブリストウは芝生の上にタンポポを一六本並べ、その半数の花の上にカニグモとおなじ大きさの黒い小石を置き、残りの半数には、カニグモとおなじ大きさだが、色はタンポポとおなじ黄色の小石を置いた。三〇分間観察した結果、黒い石が置かれたタンポポにとまった昆虫は七匹しかいなかったが、黄色い小石が置かれたタンポポには、合計五六匹のハエやアブとハナバチがとまったという。

ある種の昆虫、たとえば、おなじみウスバカマキリなどは、トラやオオカミのように一生のあいだに多くの獲物を捕え、おおかたの場合直ちに殺して、その場で食べる。だがリチャード・アスキューは、カリバチの多くやヤドリバエ科のすべてのハエは、卵の段階から成熟した幼虫になるまで同一の宿主に寄生し続けると指摘する。宿主は通常、イモムシや地虫、あるいはバッタの若虫といった未成熟の昆虫だ。こういった昆虫に寄生する虫は「捕食寄生者」と呼んだほうが適切だろう。というのは、人間や他の哺乳類の体内に寄生する真の寄生虫はふつう宿主を殺すようなことはしない。一方、捕食寄生者は最初こそ比較的無害な存在で、宿主の血液から栄養素を吸い取っているだけだが、最終的には捕食者となり、宿主の体内組織をむさぼり食って宿主を殺してしまうからだ。

他の昆虫に寄生する数千種の昆虫の中でも、タマゴヤドリコバチ属（*Trichogramma*）のカリバチ（一般名はない）にはとりわけ興味が惹かれる。なぜかと言うと、その習性がおもしろいだけでなく、葉を食べるイモムシから農作物を守るために農業専門家が農場に撒く益虫でもあるからだ。最大のものでも一ミリ程度の体長しかないこれらのごく小さなカリバチは、数多くの種類の蛾や蝶の卵の中に自分の卵を産み付ける。そして卵からかえった幼虫は、宿主である蝶や蛾の卵の中身を食べることによって、宿主を殺してしまう。アスキューによると、卵から出現する成体のサイズ、さらにはその体の構造は、宿主である卵のサイズと種によって変わるという。たとえば、ヨトウガの大きな卵を宿主として育ったタマゴヤドリコバチ属のカリバチは、もっと小さな、穀物を食べる蛾の卵を宿主として育ったおなじ種の二倍近くにもなった。また、ある種の蛾の卵を宿主とした種のオスには正常な翅が生えたが、センブリの卵を宿主とした同種のハチにはまったく翅が生えなかった。タマゴヤドリコバチ属のカリバチは、商業的に生産されるバクガのコロニーの卵を使って数百万単位で育てることができる。そのため、綿花などの農作物が蛾の幼虫に深刻な被害を受けそうになると、バクガが細長い紙に産みつけた卵の中でこのカリバチの幼虫を育て、畑に放つことがよくある。

虫を食べる非寄生性の昆虫の多くは、獲物を活発に追い求めるハンターだ。ムシヒキアブ（ムシヒキアブ科 Asilidae）は、低木の枝の先端などから飛びだして、飛んでいる虫を襲う。そして地面に降り立つと、獲物を殺す毒素と、その体内組織を溶かす酵素を含む分泌物を注入し、獲物の体内が空になるまで吸い尽くす。北米に生息する二六〇〇種以上のオサムシのほぼすべては、虫を食べる捕食性昆虫だ。たとえば、体長二・五センチほどの、カラフルで木登りが得意なカタビロオサムシ（カタビロオサムシ属 *Calosoma*、英名は「キャタピラー・ハンター」）はその一例である。また、黒と黄色の縞模様を持つ体長四センチ弱のカリバチであるセミクイバチ（学名 *Sphecius speciosis*）は、成虫こそ花蜜をえさにする菜食主義者だが、地中の巣に隠した幼虫に食べさせるために、エゾゼミの仲間の「ドッグデイ・シケイダ」（*Tibicen canicularis*）を木々のあいだに探して捕獲する。

他方、待ち伏せ型の捕食性昆虫は、ふつう巧みに擬装しており、獲物がやってくるのを身じろぎもせずに辛抱強く待ち続ける。俗に「アンブッシュ・バグ」と呼ばれるサシガメ科の虫は、前述した白色のカニグモとおなじように、花（とりわけアキノキリンソウ）にひそみ、ハナバチやカリバチや蝶といった花蜜を吸う昆虫に鎌状の捕脚で襲いかかる。植食性、肉食性を問わず、すべてのカメムシ類の口器は尖った吸い口状になっているが、アンブッシュ・バグの口器もその例にもれない。肉食性のアンブッシュ・バグは、カマキリなどの他の非菜食主義者が咀嚼《そしゃく》用の口器で獲物を噛み砕くのとは異なり、この尖った口器で獲物の昆虫を刺して、その体液を吸い尽くす。

待ち伏せ型の捕食性昆虫がとる擬態の最たる例は、東南アジアに生息するハナカマキリ（*Hymenopus bicornis*）のものだろう。このカマキリは、マレー語でセンドゥダックと呼ばれる低木マラバルノボタンのピンク色の花に擬態する。この驚くべき捕食性昆虫の外見と行動については、ネルソン・アナンデイルが、ケンブリッジ大学の遠征隊員としてマレー半島に出かけた際の報告書で一九〇〇年に記しているが、ヒュー・コットは自著の中で、アナンデイルが記した内容を要約して紹介している。身をひそめるマラバルノボタンとおなじ鮮やかなピンク色をしたカマキリは、次の獲物が前脚の届くところにやって来るまで、身じろぎもせずに辛抱強く待ち続ける。その擬装は、花弁のようにふくらんでいる中脚と後脚のおかげで一層効果てきめんだ。カマキリの体の上にとまって花蜜を探そうとする虫は、ヴォルフガング・ヴィックラーが言うように「見返りを命で支払うことになる」。ヒュー・コットの言うところの「魅惑的な彩色」がその花を食べる虫を惹きつけるおとりになっているのだ。これは多岐にわたる攻撃的擬態の一形態で、潜在的な獲物をだまして油断させる手管である。ハナカマキリの擬態は、自分の命を守ることにも役立っている。巧みなカムフラージュのおかげで、トカゲや鳥といった食虫生物に見逃されるチャンスが高くなるのだ。

ハナカマキリの策略は、自分の姿によく似た花にひそんだときにもっとも効果を発揮する。適切な隠れ場所を探すために不断の努力を払う例を、ネルソン・アナンデイルの記述に見てみよう。センドゥダックの大きな枝近くの地面に置かれたハナカマキリは——

体全体を左右に大きく振りながら、枝に向かって悠々と歩いていき、一本の小枝に登り始めた。しかしこの小枝には、緑色のつぼみと、まだ熟していない果実しかついていなかった。小枝の先端まで登りつめて、花がないことに気づいたハナカマキリは、数秒間じっとしていたかと思うと、体の向きを変え、歩いてきたときとおなじように大きく体を揺らしながら小枝を降りはじめた。地面に降りると、ふたたび別の小枝に登り始めたが、この小枝にも花はついていなかった。カマキリはまたその小枝から降りて、三本目の小枝の登攀《とうはん》を開始した。この小枝の先には満開の花々が大きく固まって咲いていた。カマキリは、二対の後脚のかぎ爪を使って花にしがみついた。そのままの姿勢で数分間不動の姿勢をとったのち、歩いていたときとおなじように、体を左右に振り始めた。

コットの引用による次のアナンデイルの記述は、ハナカマキリの攻撃的擬態がいかに見事に獲物をだますかを教えてくれる。

ハナカマキリが花部に落ち着くやいなや、この種類の低木によく見られる、小さくて黒っぽい色をしたハエが後脚で降り立った。ほどなくして、おなじ種とみられる他のハエも次々に仲間に加わった。ハエたちは、花弁だろうがハナカマキリの体や脚だろうが、おかまいなしにとまっていた。……ハナカマキリは小さなハエたちを追い払おうとも、捕まえようともしないようだった。なぜそう思えたかというと、その動きは、ハエを退かせるより、むしろ惹きつけているように見えたからだ。しばらくして、もっと大きな、ふつうのイエバエとおなじくらいのサイズのハエが、ハナカマキリの攻撃用の捕脚が届く範囲の花部に降り立った。そのとたんカマキリは行動に移り、ハエを捕え、引き裂いて、むさぼり食ってしまった——集まって見つめていた現地の人々には、いささかも頓着せずに。

こうした形の擬態は、今まで見てきた昆虫にかぎらない。植物でさえ昆虫を利用している。たとえば、メスのカリバチやハナバチを擬態して受粉を手伝わせ、交尾できないと知ったオスをがっかりさせる蘭もその一例だ。ヴィックラーは、とびきりおもしろくて示唆に富む、海の中の攻撃的擬態についても記している。それによると、サンゴ礁には「掃除魚」として知られる小魚たちの縄張りがある。他の魚は掃除魚がいる場所を知っているだけでなく、その特徴的な外見と、客を呼びこむために行うちょっとした「ダンス」によって掃除魚を見分けるすべを身につけており、ちょうどわたしたちが理髪店や美容院に行くように、身ぎれいにしてもらおうと定期的に掃除魚のすみかに出かけて行く。そして、体についた寄生虫をとってもらうために、掃除魚に自由に体に触れさせるのだ——えらや口の内部にまで。掃除魚のほうは、こうした寄生虫をえさにしているのだが、この掃除魚に擬態しているのがニセクロスジギンポという魚だ。この魚は、掃除魚の姿だけでなく、ダンスまでまねる。掃除してもらおうとやってきて擬態にだまされた魚には、痛いショックが待っている。ニセクロスジギンポの大きく開けた口でヒレを噛みとられることになるからだ。被害者は驚いてさっと周囲を見回すが「偽の掃除魚は、まるで何も知らないかのように落ち着いてその場にとどまる。掃除魚の扮装のおかげで、追い払われることもない」そうだ。

イモムシの一部にも、他の昆虫を食べる攻撃的擬態者がいる。現在判明している、全世界にいる一二万五〇〇〇種の蛾と蝶（鱗翅目《りんしもく》（チョウ目））のほぼすべての種は、幼虫期に植物の葉や他の部位をもぐもぐ食べる菜食主義者だ。しかし、そのおよそ五〇種は例外であることが、数十年前から知られている。ウォルター・バルダフの報告によると、こうした種のイモムシは、植物に固着しているか、ほとんど動くことのできないカイガラムシ類を食べるという。スティーヴン・モンゴメリーはほんの三〇年ほど前に、シャクガ科の蛾の幼虫であるシャクトリムシには、活発に動き回る昆虫を捕えて食べる「待ち伏せ型捕食者」が一五種類いるという驚くべき事実を発見した。これらは、全世界に一〇〇〇種ほどいる植食性のシャクガ科カバナミシャク属（*Eupithecia*）の唯一の例外である。捕食性シャクトリムシが生息するのはハワイだけだ。五〇〇万年以上前に火山噴火によってハワイ諸島が形成され、この外部から隔離された諸島に植食性の祖先がすみつき、その後捕食性に進化したのである。それぞれ適切にカムフラージュされた個々の種は、緑の葉や茎、褐色の小枝や落ち葉といった異なる場所で獲物を待ち伏せる。通常のシャクトリムシがしばしば目立たないように身を隠すのにひきかえ、待ち伏せ型捕食者のシャクトリムシは体をさらしたまま、腹部の末端にある疣足《いぼあし》で体を基部に固定し、斜め方向に体全体をまっすぐに伸ばして、そのままじっと静止する。小枝の上にいれば、そこから生えている枝にうりふたつだ。モンゴメリーによると、「獲物が体の後部に触れるやいなや、突如体を反らして丸め、胸脚で獲物をつかむと……すぐに体をまっすぐに伸ばして、そのままの姿勢で獲物を食べ始める。攻撃の開始から終了まで、ほんの一二分の一秒しかかからない」。細長い胸脚には「大きなトゲ状の肩毛《かたげ》と鋭い鉤爪がある」という。

　巣を張るクモ〔造網性のクモ〕が数多く存在するのにひきかえ、獲物をしとめるための罠をこしらえる陸生昆虫はごくわずかしかいない。しかし数年前、アラン・ドゥジャンと共同研究者たちは、仏領ギアナに生息する樹上生活者のアリ（*Allomerus decemarticulatus*）が罠を作ることについて論文を発表した。他の多くのアリと同様に、このアリも、特定の植物とのあいだに相利共生関係を築いている。この植物は、アリが巣にする袋状の葉という居住環境を提供し、アリはその見返りとして植物を食べようとする昆虫を退治するのだ。ドゥジャンたちは、次のように報告している。「アリは、自分たちよりずっと大きな昆虫を罠にかけるため、寄主植物の茎にはえている毛を刈り取って、罠を作るために育てた真菌の菌糸体〔細い糸状の物質〕と混ぜ、〝地下道のある〟穴だらけの表面を築く。表面の下の地下道を動き回るアリたちは、複数の穴から獲物の脚を捕えて動けなくし……運ばれた獲物は、大群の巣の仲間によって解体される」

　罠を作る昆虫の中でもっともよく知られているのは、脈翅目《みゃくしもく》（アミメカゲロウ目）のウスバカゲロウだろう。これは、アブラムシを捕食するミドリクサカゲロウの近縁種だ。ハロルド・バスティンは、ウスバカゲロウの幼虫であるアリジゴク〔英語の一般名は「アントライオン」〕が土を掘って罠を築く様子を次のように描写している。

この幼虫は奇妙な姿をしている。輪郭はやや楕円形でずんぐりとしており、平らな頭部には、湾曲した恐ろしい大あごがある。あとずさりしかしないという習性を持ち、出っ張った腹部を鋤《すき》のように使う。有名な落とし穴を作る際は、ふつう、作ろうとしている穴の縁に合わせてまず円形の溝を掘る。そのあと、シャベルのような頭部で砂を飛ばしながら、中心に向かって徐々に円周を狭め、ぐるぐると溝を掘ってゆく。完成した作品はじょうごのような穴で、その底には、穴の製作者が醜い顎だけを突きだして隠れている。落とし穴の縁の内側に入り込んでしまった小さな昆虫は、崩れる砂によって底に滑り落ちることになるが、その落下は、アリジゴクが吹き上げる砂により、さらに促進される。

毒素と、獲物の体内組織を溶かす消化酵素を牙のような大顎で注入したあと、アリジゴクは事前消化された食事を吸い上げる――ちょうどムシヒキアブやアンブッシュ・バグが獲物の体を吸い尽くすのとおなじように。

シギアブの仲間であるアナアブ科（Vermileonidae）のアブ（*Vermileo* 属）の幼虫、すなわちウジ虫〔英語の一般名は「ワームライオン」〕も独自に落とし穴の罠を発明したという事実は、進化が見せる驚異のひとつだ。『塵にひそむ悪魔（*Demons of the Dust*）』の中で、著者のウィリアム・モートン・ウィーラーは、ワームライオンによる落とし穴の作り方を次のように説明している。

アリジゴク〔アントライオン〕が円周を描きながら罠を作るのとはちがい、ワームライオンの罠の作り方は実にシンプルだ。というのも、体の前端を土の中に差し込んで体を丸め、そのあと急激に体を伸ばすという動作によって、砂を表面に投げ上げるだけなのである。その動作をとりながら、多かれ少なかれ体を長軸として回転させていくため、砂が投げられる方向は、その都度いくらか変わる。このようにして、中心に幼虫がひそむ小さな円錐形の落とし穴はすぐに築かれる……落とし穴が完成すると幼虫は獲物を待ち受ける……通常……体の後端部を砂に埋め、薄く砂をかぶった胸部体節と腹部の第一体節が落とし穴の底を棒のように横切る状態で、仰向けに寝そべる。

昆虫が落とし穴に落ちると、ワームライオンは「猛烈に獲物に襲いかかり、体のどこかの部分を大顎で固定できるまで、何度でも攻撃を繰り返す」。そのあと「獲物に毒を注入して、体液を飲み始める」という。

大草原地帯《グレートプレーンズ》とフロリダ南部に生息する、コマツグミほどの大きさの可愛らしいアナホリフクロウは、とても変わった鳥だ。おおかたのフクロウとはちがって、部分的に昼行性で、脚がとても長く、約二・四メートルにも達する深い穴を掘ってその中に巣を営み、盛り土の上から巣穴の周囲を見張って一日の大部分を過ごす。バードウォッチャーや近寄ってくる捕食者などに脅かされると、興奮して――そして、ほほえましいことに――おじぎをするように首をぴょこぴょこ振りながら、けたたましい声で鳴きわめく。

この小さなフクロウについてさらに特筆すべきは、馬糞や牛糞の塊を巣穴の入口周囲にばら撒くことだ（ご先祖はアメリカ野牛《バイソン》の糞を撒いていたことだろう）。糞は彼らにとって明らかに大事なものらしい。というのも、糞を取り除くと、通常またどこからか持ってきて巣穴の入り口に置くからだ。糞の役割はまさにミステリーだったが、ダグラス・レヴィーと共同研究者たちがついにその謎を解明した。タマオシコガネ〔フンコロガシ〕の仲間である食糞性コガネムシ（糞虫）を食べるアナホリフクロウは、虫を誘う撒き餌として、馬糞や牛糞を置いていたのである。レヴィーと研究者たちは、まず、アナホリフクロウが暮らしている二〇個の巣穴周辺から、糞、糞虫の残骸、フクロウが吐き出したペリット（甲虫や他の獲物の不消化部分が含まれている）をすべて撤去し、そのあと「穴の入口に通常見られる典型的な量」の牛糞を半数の穴の入口周囲に置き、残り半数には何も置かないままにした。その四日後、すべての穴の入口から、糞虫の残骸と、消化されずに吐き出されたペリットを回収した。この実験をふたたび、牛糞を置いた穴のグループと置かなかった穴のグループを入れ替えて行い、地面から回収した糞虫の残骸とペリットに含まれていた糞虫の残骸を調べた結果「フクロウは、穴の入口周辺に糞があった場合には、糞がなかった場合に比べて、一〇倍の個体数の糞虫を食べており、糞虫の種類も六倍におよんでいた」ことが判明した。このことから必然的に導き出される結論とは、アナホリフクロウは糞虫をおびき寄せるエサとして糞を利用していたということである。エサを使った昆虫の捕獲は、鳥では非常に珍しいが、まったくないわけでもない。アメリカササゴイが、公園の池の端にパンくずを落としておびき寄せた魚を捕える姿は何度も目撃されている。

鳥はそのほかにも、昆虫を食料にするための、見事な身体構造学的、生理学的、行動学的適応を遂げてきている。鳥と昆虫を生態学という文脈に位置付けたロジャー・トーリー・ピーターソンの次の言葉は、これから昆虫捕食者としての鳥の姿を見ていくうえで恰好の前置になるだろう。

地球上のほぼすべての地表面に侵攻した昆虫も、土をほじくり、落ち葉をひっくり返し、樹皮を探り、木の幹を掘り下げ、生えている枝や葉をしらみつぶしに調べる鳥たちをかわすことはできない。水の中も安全な隠れ家にはならないし、空中も、夜の闇もしかりだ。どんなところにでも、ほぼすべての

図2　糞虫をおびき寄せるために、牛糞を巣穴の回りに撒く、つがいのアナフクロウ。

昆虫について、それらを追い求める鳥がいる。ムシクイ類やモズモドキ類は丹念に木の葉を調べる。ツバメやアマツバメといった飛翔昆虫のハンターは、目覚めている時間のほとんどを飛ぶことに費やし、空中で電撃戦を展開するために毎日何百マイルも飛び回る。

鳥と昆虫の攻防の物語は、およそ一億五五〇〇万年前に生息していた、あの有名な始祖鳥《しそちょう》（*Archaeopteryx*）とともに始まる。始祖鳥は、現在発見されている最古の鳥類で、その美しい完璧な化石は、ドイツのバイエルン州にある石灰石の採石場で発見された。始祖鳥は鳥類と爬虫類の両方の特性をそなえており、最近中国で発見された羽毛恐竜とおなじように、鳥が恐竜の直接の子孫であることを指し示している。それからの一億二〇〇〇万年のあいだには数多くの鳥が進化することになったが、虫を食べる鳥は比較的少なかった。しかし、今から三〇〇〇万年ほど前に始まった中新世に、花をつける植物とそれを利用する何十万種類もの昆虫が急激な進化を遂げた。そしてフランク・ギルが言うように、そのことが食虫性の鳥の爆発的な進化的放散を導いたのである。その主なものはスズメ亜目（スズメ目）の美しい鳴き声を持つ鳥で、現在知られている一万種近くの全鳥類のうち六〇〇〇種近くまでを占めるに至っている。

鳥類の大部分は、昆虫を食生活の一部に取り入れている。ごく少数の例外（とくにハト類）を除き、アトリ類、ホオジロ類、シメ類、ショウジョウコウカンチョウ類といった果実や種子しか食べない筋金入りの菜食主義者であっても、ひな鳥には高タンパクの動物性のえさを与える。そのえさの大部分が昆虫だ。ジョスリン・ヴァン・タインが観察したショウジョウコウカンチョウの行動は、そのことをよく物語っている。「五月二四日の正午、巣に戻る途中のオスの成鳥が、わたしのえさ台に立ち寄った。くちばしには、わたしがよくひなに与えてきたような緑色の虫〔イモムシ〕がいっぱい詰まっていた。鳥はすぐに虫を台の上に置くと、ヒマワリの種を割って食べ始めた……そのあとまた虫をくちばしにはさんで道の向こうに飛んでいき、ひな鳥に与えた（と思われる）」

食虫性の鳥は、虫を捕える場所と方法を専門化することを通して、食い分けや棲《す》み分けを行って競争を避けている。トウヒチョウやゴマフスズメのような地面で採餌を行う〝地面のあさり屋〟は、落ち葉が地表をおおう林床で昆虫や種子を探す。ムシクイ類、コガラ類といった〝葉っぱの探り屋〟は、葉のあいだにイモムシなどの昆虫を探す。ゴジュウカラ類やアメリカキバシリ類は〝樹皮の探し屋〟だ。〝木の幹や樹皮のつつき屋〟であるキツツキやコゲラの仲間は、木の幹に穴を開けて中に隠れている甲虫の幼虫などを見つけだす。タイランチョウ類は――そしてときにはその他の多くの鳥も――枝から飛び出して空中で虫を捕える〝空中突撃屋〟だ。最後に、空中プランクトン〔空中浮遊生物〕を探す鳥のグループがある。これには、多かれ少なかれ常に空中を飛び回りながら飛翔昆虫をすくい取るツバメ類、アマツバメ類、ヨタカ類などが含まれる。

ピーターソンがくわしく述べているように、食虫性の鳥は、昆虫を食料に利用する方法を多岐にわたって専門化させてきた。その例として、飛びながら飛翔昆虫を捕える多くの鳥を見てみよう。アメリカとカナダに生息している三〇種以上のタイランチョウ（タイランチョウ科 Tyrannidae）のほとんどは、周囲がよく見渡せる、葉を落とした枝などに静かにとまり、虫が飛んでくると飛び出して捕まえる。そしてふつう、おなじ枝またはすぐ近くの枝に戻ってきて、次の虫が飛んでくるのをふたたび待ちかまえる。なかでもおなじみは、田舎の道に沿う鉄条網にとまっている姿をよく見かけるオウサマタイランチョウだろう。灰色と白に塗り分けられたこの鳥はほんとうに好戦的な暴君《タイラント》で、縄張りに近づきすぎた鳥なら、カラスだろうが、タカだろうが、果てはハゲワシまで攻撃して追い払う。ネブラスカ州から南方のテキサス州にかけては、真珠色がかった淡い灰色とピンク色の羽根を持つ、こよなく美しいエンビタイランチョウが生息している。二股に分かれた尾の長さが体長の二倍もあるこの鳥は、道ばたの電話線に好んでとまる〝電話線鳥〟だ。ぴくぴく上げ下げする尾が特徴の小さな茶色のツキヒメハエトリは、橋の下や母屋の外の離れの垂木《たるき》に泥で作った巣をよくかけるが、三月というまだ寒い時期に、真っ先にアメリカ北東部に帰ってくる渡り鳥でもある。エドワード・フォーブッシュとジョン・メイは、「ときおり、早く渡ってくるそんな鳥が、三月の吹雪をついて、羽を休めているところから飛び出すのを見かけることがある。虫を捕まえているのだろう」と書いている。

タイランチョウは飛んでいるものならたいてい何でも食べるが、ほかにも、小さなイモムシや、長い絹糸を使った〝バルーニング〟〔クモの幼体がタンポポの種子のように糸を上昇気流に乗せて移動すること〕によって空中を飛ぶクモも捕食する。カリバチやハナバチさえ捕えて食べる種もいくつかいる。というのも、こういった鳥は、刺されないようにする手段、あるいは刺さないオスバチを見分ける手段をそなえているからだ。養蜂家の中には、養蜂場のミツバチを食べるシロハラオオヒタキモドキは、働き蜂を捕食してしまう害鳥だと思い込んでいる者がいる。だがハーバート・ブラントは、『アリゾナとそこにすむ鳥の生活（*Arizona and Its Bird Life*）』の中で、ある明敏な養蜂家の話を伝えている。この養蜂家も、初めはそんな噂を信じていた。しかし「二〇年にわたってかなりの量のシロハラオオヒタキモドキの胃の内容物を調べてきた彼は、ただの一度も働き蜂《ワーカー》の残骸を見たことはなく、鳥の口の中やのどにミツバチに刺された形跡もまったくなかったため、この鳥は、働き蜂を捕食するようなことはせず、ドローン〔針を持たないオスのミツバチ〕だけを食べていると確信するに至った」とブラントは書く。

抗しがたいほど近くに虫が飛んでくると、ご都合主義者になる鳥は多い。わたし自身も、近くに飛んできた虫を捕まえるために、イモムシ探しを中断して葉の茂った枝から飛び出す複数の種類のムシクイ類を何度も見かけたことがある。幹にとまって虫を探している最中のゴジュウカラでさえ、樹皮の探索を中断して、飛んでいる虫を追いかける。ヒメレンジャクはふだん、チョークチェリーやブラックベリーなどの小粒のベリー類をえさにしている。けれどもフォーブッシュとメイによると「晩夏と初秋には、ヒメレンジャクは飛翔昆虫の捕食者に変身する。通常、池や川の近くの背の高い木の梢にとまり、そこから飛んでいる虫めがけて、川面や牧草地の上を飛んでいく」という。この時期に捕えられたヒメレンジャクには、くちばしに昆虫がいっぱい詰まっている。

英語で「ゴートサッカー〔ヤギを吸う者〕」という通称を持つヨタカ類（ヨタカ目。この目の学名*Caprimulgiformes*は、ラテン語の「ヤギ」と「乳」に由来する）は、めったにお目にかかることのない、実質的に昆虫だけをえさにする夜行性の鳥だ。（奇妙な通称は、ヤギの乳を吸うというヨーロッパの神話からきている）。夜に北米のヨタカのほとんどの種がたてる明瞭で大きな鳴き声は、その存在を知らしめるだけでなく、それぞれの種の通称の由来も明かしてくれる。その鳴き声は、「ウィップ・プア・ウィル」（ホイップアーウィルヨタカ種）、「プア・ウィル」（プアーウィルヨタカ種）、そして「チャック・ウィルズ・ウィドウ」（チャックウィルヨタカ種）と聞こえる。アメリカヨタカ種はヨタカの中の変わり者で、夜だけでなく昼間も空を飛び、他の種とはちがって都市にすむことが多く、巣ならず砂利でおおわれた平らな屋根に、よくカムフラージュされた卵を産み付ける。

ヨタカの口は裂けたように大きく広がり、それを使って空中を飛ぶ虫をすくい取るが、アメリカヨタカ以外のヨタカの口の周りには剛毛が生えているおかげで〝すくい取る〟能力がいっそう高まっている。ヨタカは夜間空中を飛ぶ昆虫であれば、ほぼなんでも捕食する。その主なものは蚊、コガネムシ、羽《は》アリ、蛾だが、中には、セクロピア蚕《サン》やオオミズアオ、ポリフェムス蚕《サン》といった、開張《かいちょう》〔翅を広げたときの左右の長さ〕が一〇～一三センチにもなる大型の蛾を捕えるものもいる。他のヨタカより大きく、三〇センチほどもあるチャックウィルヨタカは、小鳥さえ捕えて食べてしまう。ヨタカ類は、夜に飛翔する昆虫やバルーニングで空をけぶらせるクモを捕える夜間シフトの鳥だ。これからすぐに見ていくことになるが、このシフトには、ほとんどのヨタカ類よりもずっと高い位置を飛ぶコウモリも加わっている。

アマツバメ類、ツバメ類、ヨタカ類――ヨタカ類は、昼間はパートタイムでしか働かないが――は、空中プランクトンを食べて生活する昼間シフトの鳥だ。こうした鳥たちのあいだで競争が生じることはほとんどない。というのは、ヨタカが大群になることはめったになく、アマツバメとツバメは非常に数が多いとはいえ、空を共有する手段を身につけているからだ。ツバメ類は通常、地上二、三メートルという地面に近い位置で採餌する。一方、アマツバメ類は、もっと高い位置を飛ぶ。北米大陸の東部に生息する唯一のアマツバメ科の鳥、エントツアマツバメは、都市部や街なかにすみ、日の出から日没まで、ほぼ一日中、教会の尖塔よりずっと高いところを飛び続ける。新世界〔アメリカ大陸〕にヨーロッパ人が入植する前、エントツアマツバメは枝で作った巣を木のうろの中にかけていた。けれども今では、ほぼすべてのエントツアマツバメが、煙突の中に巣をかけるほうを好んでいる。

北米に生息する八種類のツバメのいくつかも、人間とのつながりを築いている。ツバメ科の中でももっともおなじみの、尾が二股に分かれているカラフルなツバメ（英名「バーン・スワロー」）に愛着を感じる人は多いだろう。この種は、納屋《バーン》や離れ屋の壁や垂木に、羽根で縁取った泥の巣をかける。機を見て敏なツバメは、昆虫がやすやすと手に入る機会を逃さない。フォーブッシュとメアリーはこう書いている。「ツバメは、野原にいる牛を追う。あるいは、丈のある草のあいだを駆け抜ける犬の周囲を飛び回って、犬の不器用な走りに平和を乱されて飛びあがる虫たちをむさぼる。草刈り機が畑にやってくると、カタカタ音をたてる刃の上、草が地面に落ちようとするまさにその場所で、ツバメの翼がひらめき続ける。ツバメは、虫を駆り立てるものなら、誰だろうが何だろうが大喜びで後をつける。あの現代の怪物——自動車——でさえ、彼らをおじけづかせることはない」

同様のチャンスを利用する鳥はほかにもいる。春になると、イリノイ州中部にある耕されたばかりの畑で、クロワカモメ（カモメ科 Laridae）の群れが、鋤に掘り返された土の中にすむ虫をついばむ姿をときおり見かける。おそらく食べているのは、成長すれば夜飛び回る蛾になるはずのむっちりしたネキリムシ（ヨトウムシ）や、コガネムシの幼虫であるC字型をした白い地虫、コメツキムシの幼虫である茶色の細いハリガネムシ、そしてアメリカタバコガの越冬中の幼虫などだろう。アフリカ大陸では、大型の草食動物が駆り立てる昆虫をアマサギがかすめとる。アマサギはアメリカ大陸でも、オンタリオ州の南部や、島嶼《とうしょ》を除く全米各地の家畜放牧地で見られる。この鳥が大西洋の西側で見られるようになったのは一〇〇年ぐらい前からで、最初に目撃されたのは南アメリカ大陸の北部だった。おそらく貿易風に助けられて大西洋を渡ってきたのだろう。南米の熱帯地方では、アリドリ（アリドリ科 Formicariidae）がグンタイアリの群れのあとをつけ、林床を進むアリが駆り立てる昆虫を捕食する。

すでに見てきたように、樹木とかかわりを持つ食虫性の鳥は、採餌方法に応じてはっきり分かれる複数のグループに分類することができる。このような専門化は、手に入る昆虫を分け合うことを強いる種間の競争に促されて生じたものだ。

一九三四年、ソ連の生態学者G・F・ガウゼは、次のような指摘を行った。「競争の結果、ふたつの類似した種が類似したニッチを占めることはほぼまったくなくなり、それぞれの種が他の種に勝る固有のえさと生活様式を手に入れるという形で、互いを排除しあうことになる」。これが「競争的排除則」である。

「たとえば草原やトウヒの森といった、一見すると一様な生息環境に共存している種は、ニッチをいっそう細かく分けている場合がある」とフランク・ギルは書いている。南米の熱帯地域と北米のトウヒの森を行き来する五種類のカラフルな食虫性の鳥、モリムシクイが、トウヒの木の異なる部分で食い分けを行って共存していることを発見したのは、ロバート・マッカーサーだった。マッカーサーの観察を簡潔にまとめたギルの次の言葉は、ムシクイがどのようにして競争を避けているのかを教えてくれる。「キヅタアメリカムシクイは、主に地面から三メートル未満という、トウヒの木の下層部で採餌活動を行っていた。ノドグロミドリアメリカムシクイは中層、そしてキマユアメリカムシクイはおなじ木の頂頭部で採餌していた。葉を食べる昆虫を探すノドグロミドリアメリカムシクイと中層部を共有していたのは、樹液を吸う昆虫を樹皮に探すホオアカアメリカムシクイ。張り出した枝の先端近くの虫と飛翔昆虫を捕えていたキマユアメリカムシクイと頂頭部を共有していたのは、幹に近いところにいる昆虫を探すクリイロアメリカムシクイだった」

米国とカナダで見られる五〇種類のムシクイ類のほぼすべてのほかにも、えさになる虫を枝葉のあいだに探す鳥はたくさんいる。いくつか例をあげるとすれば、モズモドキ類、ムクドリモドキ類、フウキンチョウ類、キクイタダキ類、シジュウカラ類、アメリカコガラ類などだ。元気いっぱいの小さなアメリカコガラは身のこなしの軽い曲芸師で、枝から枝へと敏捷に跳び移り、ときには逆さまにぶら下がって葉の中に次のごちそうを探す。たいていそれはイモムシだ。アメリカコガラにはとりわけ興味をそそられる。というのも、この鳥は獲物を探すとき――少なくともわたしの観点から言えば――知性としか言いようのないものを示すのだ。ベルンド・ハインリッチとスコット・コリンズも、彼らの狩猟行動が驚くほど賢くて洗練されていることを見出している。第九章でくわしく紹介することになるが、アメリカコガラは部分的にかじられた葉、つまりぼろぼろになっていたり、穴があいたりしている葉を探す。イモムシが近くにいる合図だと知ってのことだろう。

ある種の鳥は、木の幹や太い枝に専念する。〝樹皮の探し屋〟のアメリカキバシリやカオジロゴジュウカラ、〝樹皮や幹のつつき屋〟であるキツツキ類、そしてなにより非常に独特なガラパゴス諸島のフィンチ〔アトリ類〕などがその例だ。アメリカキバシリには、木の幹の上で昆虫やクモや他の小さな生物を探すためのエネルギー効率の良い独特の習性があり、卵も樹皮の割れ目に収める。この鳥の採餌方法とは、木の幹の基部から上に向かって、幹の周囲をらせん上に登りながら獲物を探すというものだ。次の木に移るときは、エネルギーを節約するため、翼を広げて近くの木の幹の基部まで滑空し、そのあと、またえさを探してその木に登る。一方、カオジロゴジュウカラは、頭を下にして、木の幹を上から下に降りることが多い。このアングルからなら、アメリカキバシリが見逃してしまうような獲物もおそらく手に入れられるだろう。冬になると、ゴジュウカラ類は植物性のえさも食べる。ドングリやヒマワリの種などがそういったえさだが、それらを蓄えとして樹皮の割れ目に隠すことも多い。「ナットハッチ〔木の実を開ける〕」という英語の通称も、この習性からつけられたものだ〔割れ目にはさんだ木の実をくちばしで叩き割って開けるため〕。

　ロジャー・ピーターソンは、キツツキ類（北米には二〇種類以上が生息している）について、こう書いている。「キツツキ類は、体を幹や枝にしっかり固定することによって、生涯の大部分を地面に対して垂直な姿勢で過ごす。硬い尾は留め具の役割を果たし、それぞれの脚にある、二本が前方、あとの二本が後方を向いている湾曲した鋭い爪が、デコボコした樹皮をしっかりとつかむ。そして、のみのように硬いまっすぐなくちばしを、頭と首の強靭な筋肉を使って、トリップハンマーさながら木に打ち込む」。くちばしは、硬い木をえぐって木の中にひそむ昆虫を見つけるため、そして巣穴にするうろを幹深く掘るために使われる。虫をとるときは、くちばしの五倍も長く伸びる、先端に鉤《かぎ》のようなトゲのある舌を穴に差し込んで引き出す。この舌はあまりにも長いため、頭蓋骨にそって巻き込む形で後頭部に収納しなければならない。スティーブ・ネイディスは、キツツキはなぜ「頭痛や脳震《のうしん》瀆などの脳への損傷を引き起こすことなく破壊槌として」頭を使うようなことがなぜできるのか、なぜ死んでしまったり死にかけたりしているキツツキが田舎に散乱するようなことがないのか、と疑問を抱いた外科医の話を紹介している。この医師は、キツツキの頭を解剖して、答えの一部を見つけた。頭を叩きつけた際に脳が頭蓋骨内で動かないようにするため、頭蓋骨と脳の間の隙間がほとんどなく、頭蓋骨周囲は衝撃を吸収する筋肉でおおわれていたという。

驚くべきキツツキフィンチは、ガラパゴス諸島にしか生息していない十四種のフィンチ類の一種だ。一八三五年にダーウィンによって発見され、一般にダーウィンフィンチ類と呼ばれているこれらのフィンチは、採餌行動がそれぞれはっきり異なり、食べるえさに応じてくちばしの形状を適応させてきた。デイヴィッド・ラックによると、ダーウィンフィンチ類には、それぞれ昆虫、種子、葉、花蜜、サボテンの葉状茎《ようじょうけい》を採餌する種がいるという。それらすべての種が単一の種の群れから進化したことについては、おおかたの合意を見ている。この群れは、どうやってか、南米大陸のもっとも近い地点から太平洋を一〇〇〇キロも旅し、最近（地質学的に言えば、だが）火山活動によって形成され、もともと生物の存在していなかったガラパゴス諸島にすみついた。競合する他の種の鳥がほとんどいなかったため、まだ占有されていなかったニッチを利用する異なる方法を進化させることにより、仲間同士の競争を避けたのである。

ラックによると、道具を使うキツツキフィンチを初めて観察したのは、一九一四年にガラパゴス諸島で調査を行っていた鳥類学者だそうだ。キツツキフィンチも木に穴をあけて中にひそむ昆虫を捕食するが、このフィンチには、真のキツツキ類が甲虫の幼虫や他の昆虫を穴から引き出すのに使う長く伸長可能でトゲのある舌がない。ザビーナ・テビッヒとその同僚の報告によると、キツツキフィンチは「小枝やサボテンのトゲを使い、それをくちばしにはさんで……木の穴や割れ目にひそむ昆虫を押したり、突き刺したり、てこのように使ったりして取り出す。……さらには、長すぎる小枝を折って短くしたり、穴に入れるのにじゃまになる分枝を折って除いたりと、道具の加工まで行う」という。

そのほかにも道具を使うことが知られている鳥の種は、おそらく二、三ダースほどいる。それでも、虫をとるために道具を使う鳥はほんの一握りしかいない。ジェフリー・ボズウォールは、オーストラリアにいる三種類の鳥、すなわちハシブトモズガラ、ハイイロモズツグミ、オーストラリアゴジュウカラは、小枝を使って割れ目にいる昆虫を取り出すと指摘している。ダグラス・モースは、ルイジアナ州タンギパホア郡で、チャガシラヒメゴジュウカラがダイオウマツの樹皮をはがしたものを樹皮のあいだに差し込んで、そこに隠れた虫を取り出そうとする姿を見かけたという。

ネイサン・エメリーとニコラ・クレイトンは、二〇〇四年の『サイエンス』誌の論文で、野生の「カレドニアガラスは……そのままでは捕獲できない獲物を手に入れるために、道具を作成して使用するという驚くべきスキルを見せる」ことを明らかにした。木の穴から昆虫を取り出す道具は「機能的な鉤型の道具になるまで枝を折ったり削ったりして加工する」という。もうひとつの道具は、パンダナス（タコノキ）の葉を切り取って「常に標準的な規格に加工する」もので、「落ち葉の堆積物の下にすばやく入れたり出したりして昆虫を探し、鋭い先端に突き刺すか、あるいは返しのような葉のトゲの部分にひっかけることによって獲物を捕える」という。えさを探しに出かけるときは、こうした道具をどこにでもくわえていく。ある飼育されているカレドニアガラスは「鉤型の道具を使った以前の経験に基づいて、類推による推論を立てる能力を持っているように見受けられる。というのは、機能性のない新たな材料（針金）を、えさをとるための鉤型に加工したからだ」とエメリーとクレイトンは記している。

冬になると、アメリカコガラ、エボシガラ、ゴジュウカラ、アメリカキバシリ、アメリカキクイタダキ、セジロコゲラなどの群れが、昆虫を探して森をさまよう。こういった鳥たちは、言わば団結して昆虫を襲うのだ。野外調査の結果をまとめたキンバリー・サリヴァンは「鳥の個体は、群れの一員になることで、捕食されるリスクを減らし、採餌効率を向上させるという恩恵を手にすることが示された」という。群れのメンバーは、自分の存在を示し、群れの団結を維持するために、常にコンタクト（ソーシャル）コールという鳴き声を立てる。たとえばコガラの「チック、ア、ディー、ディー」という鳴き声がその例だ。さらに、タカなどの捕食者が近づいていることを警告する鳴き声も立てる。コガラの場合、これは「ズィー」という甲高い鳴き声で示される。スーザン・スミスによると、小型の鳥のほとんどは、自分の種や他の種の鳥が発する警告音を耳にすると、動きを止めて静止するか、物陰に隠れるという。サリヴァンが観察によって確認したのは、セジロコゲラが群れで行動しているときには、単独で行動しているときよりも、採餌行動に割く時間が増え、頭を左右に振って捕食者を見張る行動に割く時間が減るということだった。これは、仲間が常時立てるコンタクトコールにより、群れの他の構成員も捕食者を見張っているとわかるからだ。この件については、ふたたび第九章でくわしく見ていくことにしよう。

四五〇〇種ほどいる哺乳類の多くは、小さなトガリネズミやコウモリやマウスから大型のクマに至るまで、さまざまな程度で昆虫を食生活に取り込んでいる。たとえばアフリカのツチブタや南米のオオアリクイといった一部の哺乳類はアリやシロアリなどの昆虫しか食べない。一方、クマ、アライグマ、オポッサム、シマリス、キツネ、リス、マウス、スカンクといった雑食性の哺乳類は、えさの一部として昆虫を捕食する。

キツネザル、メガネザル、モンキー〔原猿と類人猿を含まないサル〕、ヒヒ、チンパンジー、ヒトなどの霊長類も雑食性の哺乳類で、さまざまな程度で昆虫を食べる。一九六〇年代初頭、動物行動学者のジェーン・グドールが有名な発見をした。チンパンジーが小枝で道具を作り、それを使って大好物のおやつであるシロアリ（大きなセメント状のアリ塚を作る熱帯種のシロアリ）を〝釣る〟ことを見出したのである。雨季のはじめには、生殖階級《カースト》に属す何千匹ものオスとメスのシロアリの群れが、働きアリ（職蟻《しょくぎ》）により空けられたトンネルを通ってアリ塚を後にする。だが働きアリは時期が整うまで、つまり生殖虫が飛び立って新たなコロニーを作る条件が整うまで、この出口を薄いおおいで閉じておく。グドールが発見したのは、このおおいでおおわれた穴を見つけた腹ペコのチンパンジーが、人差し指でおおいをはがしたあとに、道具を穴の中に差し込んですぐに引き出し、道具にかじりついてきたシロアリを食べる姿だった。アフリカに住む子供たちも、おなじテクニックを使っておやつのシロアリを捕まえるが、同地の大人たちは、シロアリの大群を一網打尽にする巧妙な罠を仕掛ける。現地の人にとってシロアリはごちそうで、ローストすると、とりわけ美味なのだそうだ。拙著『虫と文明』〔邦訳二〇一二年〕で紹介したように、非西欧文化圏に住む人々のほとんどには昆虫食の文化がある。

それも、特別なごちそうとして位置づけていることがふつうだ。

　夜空の帝王であり、真の飛翔能力を持つ唯一の哺乳類でもあるコウモリは、目が見えないわけではないが、暗闇の中で方向を探るのに反響定位《エコーロケーション》と呼ばれるソナー技術を活用する。人間の耳には聞こえない高周波の音を飛行中に発生させ、障害物や獲物（通常は昆虫）にぶつかって戻ってくる反響音《エコー》を聞き取ることによって、それらの存在を察知するのだ。ノーベル賞を受賞した科学者、ニコ・ティンバーゲンが観察したように、わたしたちにとっておだやかな夏の夕べは、飛び回るコウモリと、その声が聞きとれる蛾にとっては「おだやかさなどとは縁遠い、叫び声に満ちた混乱の極みだ。それぞれのコウモリが、一〇〇分の一秒より短い叫び声を立て続けにたてまくっているのだから」。第九章では、このコウモリの反響定位についてよりくわしく検討し、コウモリの声が聞きとれる蛾がどんな恩恵をこうむっているかについて見ていくことにしよう。


　三グラムほどの体重しかない種もあるトガリネズミ類は、地上でもっとも小さな哺乳類だ。そして、心拍数が一分間に一二〇〇回におよぶものもいるという、そのとてつもない新陳代謝率のせいで、きわめて貪欲な昆虫食の哺乳類でもある。おそらく、あらゆる哺乳類の中で、もっとも食欲旺盛な動物だと言ってもいいだろう。トガリネズミは二四時間ごとに、自分の体重に相当する量あるいはそれを超える量の昆虫や節足動物を捕食し、ときにはマウスや他の小型哺乳類まで捕えて食べる。彼らの生活圏と狩猟場所は、地面と、そのすぐ上の広い範囲におよぶ。

　マウスほどの大きさで、カナダ南部とアメリカの東半分の地域でよく見られるブラリナトガリネズミ（*Blarina brevicauda*）は、年間を通じて昼も夜も活発に活動する、世界に数種類しかいない毒を持つ哺乳類だ。このトガリネズミが咬みついたときに唾液とともに注入する毒素は、小型哺乳類（ほとんど襲わない）にも、昆虫（最も重要なえさ）にも作用する。アーウィン・マーティンが行った実験では、コオロギとゴキブリは、ブラリナトガリネズミの毒により動けなくなったものの、咬まれてから三〜五日後までは生きながらえていた。その理由について、マーティンはこう考えている。「毒は、獲物の動きを止めると同時に、緩効性の毒として作用する。三〜五日間動けなくするということは、腐敗しない生のえさを、そのあいだ確保できるということだ。これによりブラリナトガリネズミは、昆虫が突如大量に出現する機会を最大限に活用して、獲物をためておくことができる。もしためこんだ昆虫がみな死んでしまったら、その多くは腐敗し、食べる前に大部分の栄養価値が失われてしまうことになるだろう」

もちろん、昆虫の捕食者たちは、生態系に悪影響をおよぼすレベルにまで昆虫が爆発的に増える事態を防いでいる。とはいえ、この危険性は常に存在しているのだ。というのも、種にもよるが、昆虫は一個体で数個から数千個もの卵を産むからである。もし平均して、メスが産んだ卵のうち二個だけが生殖可能な成虫になるまで生き延びたとすれば、母虫と交尾相手は、自分たちの存在を次世代に置き換えたことになり、その種の個体数が増えることはない。しかし、もしそのほかにも二個の個体が生き延びたとしたら、個体数は世代ごとに二乗されることになり、あっという間に生態系に悪影響をおよぼすレベルに達してしまう。明らかに、メスが産む仔の数十四、いや数千匹は、滅ぼされなければばならない運命にある。そしてその消滅を主に助けているのが捕食者たちなのだ。

小さなカニグモから鳥、さらには巨大なクマまで、多くの食虫生物は膨大な数の昆虫を捕食しており、そうする中で、大きな選択圧を昆虫に加えている。その結果昆虫たちは、捕食者を避けたり、捕食者の攻撃から身を守ったりすることにより、生き延びるための多くの方法を進化させてきた。農業に関して次に紹介するいくつかの例は、捕食者が与える選択圧がどれほど大きいかを示している。

一八八七年、オーストラリアから侵入した樹液を吸うワタフキカイガラムシがカリフォルニアのオレンジ畑に蔓延し、壊滅的な被害を引き起こした。オーストラリアではこのカイガラムシがほとんど見られず、植物に壊滅的な被害をもたらしてもいないことを知っていた昆虫学の偉大な先駆者チャールズ・V・ライリーは、オーストラリアでこの昆虫の大繁殖を抑えているのは、カリフォルニアには存在していない天敵にちがいないと推測した。そして、この天敵をカリフォルニアに導入すれば、ワタフキカイガラムシの個体数が激減すると主張したのだった。こうしてオーストラリアから、この虫を捕食するベダリアテントウが数百匹輸入され、二年も経たないうちに、生き残ったワタフキカイガラムシは問題を引き起こさない程度にまで激減して、蔓延を抑えているわずかな数のベダリアテントウと共存するようになった。ところが、一九四五年になって、他の農業害虫を駆除するために、オレンジ畑に農薬のDDTが散布された。DDTは、ベダリアテントウを殺してしまうが、カイガラムシは殺さない。当然予想された通り、ふたたびワタフキカイガラムシが大発生して、オレンジ畑は壊滅寸前に陥った。しかし、DDTの使用が中断されると、ワタフキカイガラムシとベダリアテントウの調和のとれたバランスは回復した。ロバート・L・メトカーフとロバート・A・メトカーフは、二種のアメリカ在来昆虫にかかわる次の例を引いて、害虫防除における捕食者の重要性を強調している。それによると、一八九九年のメリーランド州において、ふるいを使って生のエンドウマメを梱包していたところ、たった二日のあいだに、アブラムシを捕食するハナアブ類の幼虫が二五ブッシェル〔一ブッシェルは約三五リットル〕分も選り分けられたという。「それはあまりにも大量だったので、畑全体のエンドウヒゲナガアブラムシは、ほぼ壊滅状態に追い込まれた」そうだ。

一九七九年、リチャード・ホームズと共同研究者は、鳥類だけでも植物を食べる昆虫の数を顕著に減少させられることを実験で示した。研究者たちは、ニューハンプシャー州の広葉樹林で、ペンシルベニアカエデの低木に網をかけた。この網の網目は、鳥は排除するが、昆虫は通り抜けられる大きさのものだった。そして対照群として、その近くにある、おなじくらいの広さで、同程度のペンシルベニアカエデが生えている場所を選び、そこには網をかけなかった。その結果、鳥――とりわけカマドムシクイ、ノドグロルリアメリカムシクイ、ヴィーリチャイロツグミ、オリーブチャツグミ――が近づけなかったことにより、葉を食べるイモムシの数は有意に増加していた。

ロバート・マーキーとクリストファー・ウィーランがミズーリ州で行った同様の実験では、食虫性の鳥が、ホワイトオークの苗木を食べる昆虫の数を半分に減らし、それに応じて地上部の苗木の生育が三分の一増加したことが示された。ホームズたちとおなじように、この実験も、苗木の一部を網でおおって鳥が近づけないようにし、他の苗木は網で覆わないままにして行われた。

バッタが空中に跳びあがり、翅を使ってさっと逃げる姿を目にしたことがある人は多いだろう。わたしが夜に研究室の照明を付けるときも、パニックに陥ったゴキブリがすばやく物陰に逃げ込む（昆虫学者は研究室で殺虫剤が使えない。それを使ったら、ゴキブリだけでなく、実験対象も殺してしまうことになるからだ）。しかし、カムフラージュしたり、隠れていたりするために、ほとんどの脅威に対して逃げるという反応をとらない昆虫も多い。隠れている場所は、葉の裏や、地面の朽ちた葉の下、あるいはその他の目立たないところだ。とはいえ、中には侵入者が近づきすぎると――すなわち昆虫の種によって異なる〝臨界距離〟に侵入者が迫ってくると――隠れていた場所を離れて逃げ出すものもいる。次章では、鳥やカマキリやマウスといった食虫生物のえさにならないために、捕食者から逃れる方法として逃げたり隠れたりする昆虫の行動について見ていくことにしよう。

第三章　逃げる虫、隠れる虫

うまく隠れられる昆虫は、大部分の捕食者から、とまでは言えなくても、かなり多くの敵から身を守ることができる。とはいえ自然選択とは情け容赦ないものだから、捕食者たちも必然的に、身体と行動を専門化させて、ごく巧みに隠れた昆虫でさえ探し出して捕えられるように進化してきた。たとえば、冬季の森林地帯で斧を振るような音が響いたとしたら、それはおそらく、現存する北米最大のキツツキであるカンムリキツツキが、カミキリムシの幼虫をほじくりだそうとして立てている音だろう。このキツツキは、のみのような強靭なくちばしで子供のこぶしほどもある木片を削りとり、幹の奥深く隠れた幼虫をえぐり出す。コメツキムシの幼虫や地虫のように土の中に隠れている昆虫も、モグラや、土にくちばしを差しこんで獲物を探るクロムクドリモドキのような鳥には見つかってしまう。それでも隠れることは——常にうまくいくとはかぎらないものの——身を助けてくれる手段になりうるため、あらゆる種類の昆虫、ひいては他の動物までもが、生き延びるためにこの戦略を身に付けて

きた。

昆虫のライフスタイル、とりわけその採食行動が姿を隠しながら行われ、それにより少なくともいくらかの潜在的捕食者から身が守られているとすれば、自然選択は、そういったふだんのライフスタイルに有利に働く――ときに極端に思えるほどにまで。ふつう、植物組織や土の中にもぐって身を隠すのは、未成熟な段階にいる幼虫だけだ。そして、ほとんどの場合まったく動けなくなるさなぎの段階には、一般に子孔《しこう》〔木にうがたれたトンネル状の穴〕や土の穴の中に隠れ続ける。だが幼虫よりずっと活動的な成虫は、花蜜などのえさ、交尾の相手、産卵に適した場所などを求めて飛び回ったり走り回ったりするあいだに、クモや昆虫、鳥、マウス、トガリネズミ、コウモリといった数多くの捕食者に身をさらしてしまう。昆虫のメスはたいていたい数百個の卵を産み、一種類、あるいはごく近縁の一握りの植物だけに、一個ずつ、または一腹卵数《ひとはららんすう》〔一回に産む卵の数〕の卵を産みつける作業を広い範囲にわたって繰り返す。こうして長い距離を飛ぶあいだに、多くのものが捕食者に出くわすことになるのだ。

七月と八月には、都会や街なかでも、エゾゼミの仲間「ドッグデイ・シケイダ」のオスの〝ラブコール〟が、耳をつんざくような大音量で梢から降り注いでくる。一方、メスのほうは、たえず移動していることが多い。鋭い産卵管で木の枝に傷をつけて裂け目を作っては、卵を産みつけてゆくからだ。卵からかえったばかりの小さな若虫は、地面に落下して土の中に深い穴を掘り、二年あるいはそれ以上の歳月をかけて五センチほどの成虫に育つまで、木の根から樹液を吸って成長する（世代が重なり合っているために毎年出現するように見えるセミの種類もある）。

土の中にいる若虫は比較的安全だが、成虫はさまざまな鳥に食べられる。セミクイバチという、見た目は恐ろしいが無害な単独性（非社会性）の大型カリバチも、セミの成虫を木々に探す捕食者だ。セミクイバチは、麻痺はさせるが死には至らしめないだけの毒をセミに注入すると、地中の巣にある複数の幼虫室に引きずり込み、幼虫室ごとに二、三匹のセミを蓄えて、卵を一個産みつける（ごく一部の非寄生性のカリバチを除き、ほとんどのカリバチは、捕えた昆虫またはクモを幼虫のえさにする）。セミクイバチの幼虫は麻痺しているセミを食べ、翌夏に成虫として地上に姿を現すまで土の中に留まる——セミの若虫とおなじように。

このセミクイバチと同様に、他の数千種類におよぶ単独性のカリバチやハナバチも、仔に隠れ家を用意する。そのほとんどは、セミクイバチの幼虫の巣のように、土に掘った穴だが、仔を守る構造物を地上に築く親バチもいる（ノーベル賞を受賞したカール・フォン・フリッシュの著書『動物が作る構造物（*Animal Architecture*）』には、このようなシェルターに関する愉しい説明と図がある）。たとえば、ドロバチ科（Eumenidae）のトックリバチ類には、陶工さながら泥でトックリ形の巣を作り、その中に麻痺させたイモムシを蓄えるものがいる。とはいえ、そのまた一方で、陶工らしきところなどどこにもないトックリバチもおり、その幼虫が育つのは、植物の中空の茎の中だ。

仔を捕食者の目から守るために巣を隠す昆虫は他にもいる。ときおり大きなマルハナバチに間違われるクマバチ類（クマバチ亜科 Xylocopinae）は、木に約三十センチもトンネルを掘って巣を作る〔英名は「大工蜂《カーペンタービー》」〕。あるとき、わが家のペンキを塗っていない杉の羽目板にクマバチが巣を作ろうとしたことがあった。が、ハチはすぐにあきらめてしまった。二・五センチほどの厚さしかない羽目板では、巣にしようがなかったからだ。褐色の小さな単独性のヒメハナバチ（ヒメハナバチ科 Andrenidae）

は、春先に忙しく飛び回って、可憐な春の花々から花蜜と花粉を集める。そして土の中に長いトンネルを掘り、トンネルの中心から枝分かれしている小さな幼虫室に集めてきた収穫物を詰める。幼虫室には卵が一個ずつ産みつけられ、孵化した幼虫は、蓄えられた花蜜と花粉を食べて育つ。ヨーロッパにすむハキリバチ科のツツハナバチ「オスミア・バイカラー」(*Osmia bicolor*)が幼虫に用意する巣は、驚くことに、カタツムリの抜け殻だ。あのグルメの好物エスカルゴが入っていた殻も、きっと巣にしてしまうことだろう。このツツハナバチは、カタツムリの殻を見つけると、えさを詰め、卵を一個だけ産み付けて入り口をふさぐ。フリッシュによると、「何度も出かけていっては、ありとあらゆる種類の乾燥した茎、草の葉、細い小枝、果ては松葉までかき集め……それらの材料を使って、カタツムリの殻をおおうテント状の屋根を作る。最終的には、それで殻を完全におおい隠してしまう」という。単独性、社会性を問わず、すべてのハナバチがそうするように、ツツハナバチが幼虫に与えるえさも、花粉と蜂蜜を混ぜた〝蜂パン〟だ。

　交尾の相手を探す、産卵場所を探す、といった行動をとらなければならない成虫が常に姿を隠し続けるのは至難のわざだ。不可能であるとさえ言えるだろう。マメコガネやコフキコガネ、そして他の植食性のコガネムシの成虫は、灌木や樹木の葉をえさにする。メタリックグリーンとブロンズ色のマメコガネは、葉の上で肩を寄せ合うようにしてかたまり、よく目立つ集団を作る。しかし、マメコガネもコフキコガネも、そしてそれらの近縁種も、卵は深い土の中に産む――わたしたちの庭の芝生の下にも。地虫《じむし》として知られる、このずんぐりしたC字型の幼虫は、地下で木の根を食べて育つ。よく隠されていて、危険な捕食者に遭遇する危険性も成虫よりはずっと少ないが、それでも特定の昆虫、鳥、モグラのえじきになる可能性はある。そんな捕食者の一種が、ツチバチ科（Scoliidae）のカリバチだ（一般名はない）。ジョン・ヘンリー・コムストックは、このツチバチについて、次のように書いている。「おおかたのジガバチが示すような知性は持ち合わせていないらしい。というのも、巣も作らなければ、肉食の幼虫に獲物を運ぶこともしないのだ」。地虫を土の中に見つけると、このツチバチは針を刺して毒液で麻痺させ「その周囲を簡単な幼虫室のようなものにして、卵を一個……地虫に直接産みつける」。ツチバチの幼虫は地虫を食べ、まゆを作り、地下の幼虫室の中で変態を遂げて成虫になる。

幼虫の中には、植物の内部に隠れるものもある。甲虫、蛾、ハエやアブ、カリバチのごく小さな幼虫で葉にもぐる種類のものは、葉の表面と裏側のあいだの狭いスペースにもぐり込み、葉肉を食べながらトンネルを掘り進む。このトンネルは、葉の半透明な表皮を通してはっきり見える。おなじく小さなモモハモグリガは、卵を葉の裏に貼り付けるようにして産むが、その幼虫は孵化すると、卵の殻から直接葉肉に入り込む。多くの甲虫の幼虫やヨーロッパアワノメイガのような蛾の幼虫は、非木材植物（草）の茎にトンネルを掘る。一部のゾウムシは、鼻のように見える細長い口先にある大顎でドングリなどの木の実に穴を開けたあと、反対向きになって穴の中に卵を一個産みつけ、また別のドングリに卵を産み付けに出かける。その幼虫は成熟すると地面に落下したドングリから外に出て、土の中にもぐってさなぎになる。リンゴミバエのようなハエ類の幼虫や、悪名高きリンゴの害虫であるコドリンガの幼虫などは、くだものの果肉にもぐりこむ。リンゴミバエの幼虫も成熟するとリンゴから出て土の中でさなぎになるが、コドリンガの幼虫はリンゴから出たあと、樹皮のはがれ目の下や木の幹の上などでまゆを作ってさなぎになる。

あらゆる昆虫の暮らしぶりのなかでも、おそらくもっとも変わっているのは、「スロースモス」と呼ばれる蛾のものだろう。この蛾は、独特のライフスタイルのおかげで、卵、幼虫、さなぎの全段階を通じてほとんどの、いや、おそらくすべての捕食者から身を守ることができ、成虫段階でも危険にさらされる時期は、ほんの一時だけですむ。ヨーロッパアワノメイガ（メイガ科 Pyralidae）の遠縁にあたる、この四種類の「スロースモス」の生活環境とは、新世界の熱帯林の梢の上で葉を食べて暮らす緩慢な動きの哺乳類「ナマケモノ」の密生した毛の中なのだ。ナマケモノ一頭の体には、この蛾が、数匹から一〇〇〇匹以上すみついている。

一九世紀に初めてスロースモスが発見された際には、成虫と幼虫の両方がナマケモノの体表にすみ、幼虫は、ナマケモノの毛に豊富に生えている緑藻類か毛そのものをえさにしていると考えられた。しかし一九七六年になって、新たな事実がジェフリー・ワーゲとG・ジーン・モンゴメリーによって報告された。彼らが調査したところ、ナマケモノの体表には確かに成虫の蛾はいたが、卵も、幼虫も、さなぎも見つからなかったのである。結局、幼虫は地面にあったナマケモノの糞の中にいた。ナマケモノは、一週間に一度ほど、地面に降りて糞をする。木のつたにぶらさがって、後ろ足の先にある大きく曲がった長い爪で穴を掘り、そこに一握りの糞の塊を落とすと、落ち葉でおおうのだ。その際、メスのスロースモスはすばやくナマケモノの体を離れ、落ち葉でおおわれる寸前の糞に卵を産みつける。幼虫は糞を食べてさなぎになり、羽化して糞の穴を出ると、木々の上方に飛び上がってナマケモノを探す。この蛾は、交尾もナマケモノの体の上で行う。卵を抱えたメスがナマケモノから離れるのも、産卵に費すごく短い時間だけだ。

昆虫の中には、隠れ家を自ら作るものもいる。北米に生息するアメリカオビカレハ（*Malacosoma americanum*）の孵化したばかりの幼虫、東部テンマクケムシは、数百匹が一丸となって絹糸を吐き、小さなテント状の幕を作る。成長につれて幕は拡張を続け、ついには六〇センチほどの長さになる。野生の桜の木々の股にピラミッドを逆さにしたような形で張られたこのテントは、春の田舎道の風物詩だ。テレンス・フィッツジェラルドの『テンマクケムシ（*The Tent Caterpillars*）』によると、幼虫は、夜間や、早朝および夕方といった日中の涼しい時間帯には、数多くの寄生虫や捕食者から守ってくれるテントの中に身をひそめている。そして気温がじゅうぶんに温かくなると一斉にテントを抜け出し、一直線に数珠つなぎになって、えさにする葉の茂った枝に向かう。その際にはフェロモンの跡を残し、帰りは、それをたどって巣に戻るそうだ。

主に幼虫の時期に協力して絹糸を吐き、集団で巣を作る昆虫は他にもいる。さまざまな種類の葉の茂った木の枝にアメリカシロヒトリ（*Hyphantria cunea*）の乱雑な巣がかけられている様子は、夏の終わりにカナダ南部とアメリカの各地でよく見られる光景だ。アメリカシロヒトリのようなウェブワーム〔葉や枝にクモの網のような巣をかける蝶や蛾の幼虫〕は、春から初夏にかけて、落ち葉や樹皮のはがれ目の下に隠されたまゆから羽化し、葉の裏に数百個単位で卵を産み付ける。エフレイム・フェルトによると、幼虫は孵化するとただちに「協力して幕を張りはじめ、そのおおいの下で葉を食べる。この保護幕は次々に別の葉へと拡張され、ついには枝の大部分をおおってしまう」という。幼虫は葉の表面だけを食べ、葉脈と葉の裏側は残すため、葉は部分的に骨組みだけになる。「骨組みの残った葉は、やがて巣の中でひからびて褐色に変色する。これらとケムシの糞粒《ふんりゅう》および脱皮した殻が散らばる巣は、とても見苦しい様相を呈するようになる」

ミノムシ（ミノガ科Psychidaeの蛾の幼虫）という名は、言いえて妙だ〔英名は「袋虫」を意味する「バッグワーム」〕。ミノムシは、絹糸で作ったまゆのような袋にすみ、それを葉の切れ端や小枝で飾り立てる。袋の開口部からは頭部と胸部が突きだせるので、幼虫は這って葉を食べることができる。袋の底にも穴があり、糞粒はそこから排出される。アメリカ人におなじみの「エバーグリーンバッグワーム」（*Thyridopreryx ephemeraeformis*）は、主にエンピツビャクシンやニオイヒバの葉をえさにし、おなじ科の他の種と同様に、ほぼ全生涯を袋の中で過ごす。翅を持たないメスが産んだ卵は袋の中で越冬する。春の訪れとともに孵化した幼虫は袋を出ると、ただちに自分の袋を作りはじめ、成長するにしたがって袋を拡張していく。秋が来ると、成熟した幼虫は袋の中でさなぎになる。翅のあるオスは袋を出るが、口器が退化していてえさが食べられないので、ほぼ一日しか生きられない。性誘引物質のフェロモンに惹かれてメスのところにやってきたオスは、伸縮する腹部をめいっぱいメスの袋の中に伸ばしてメスに授精する。一方、触角も脚も翅もなく、イモムシのような姿をしているメスの成虫は、卵を産み終えると、初めてさなぎの皮を脱ぎ捨て、袋から落下して命を終える。

まゆは、さなぎの段階にある多くの昆虫を守ってくれる。なかでも有名なのは蛾が作るまゆだ。さなぎの段階にいる幼虫は実質的にまったく動けないので、逃げることも身を守ることもままならず、捕食者に対してとりわけ無防備になる。コムストックは、さなぎの段階に進む前に、イモムシは「体を包む甲冑を絹糸で作ることによって、この無力な時期にそなえる」と書いている。第九章でくわしく紹介することになるが、北米のヤママユガ（ヤママユガ科Saturniidae）は、とても大きくて硬いまゆを作り、その中でさなぎとなって冬を越す。たとえば、巨大なセクロピアサンの幼虫は、長さ七・五センチ以上もある二重壁のまゆをつくり、それを頑丈な木の枝に縦向きにしっかり固定する。

わたしは一九七八年に、「緑の革命」の原動力になった二つの拠点のひとつ、フィリピンのルソン島にある国際稲研究所（IRRI）に招かれ、稲に深刻な被害をもたらすメイガ科Pyralidaeの一種「コブノメイガ」に対する耐性を数千品種の稲について試験する方法の開発に携わった。難問は、試験ハウスで稲の品種比較試験を行う際に使うコブノメイガを、いかにして大量に研究室で育てるかということだった。自然にまかせて戸外で試験を行えば、たまたまその年、コブノメイガがまったく発生しなかったり、発生しても個体数が少なすぎたりといった状況が生じる可能性が高く、試験結果が不確実なものになってしまう。そのため、ハウスを使った試験が必要だったのだ。

ちょうどおなじころ、ずっと前にわたしが博士号を取得することになった研究を指導してくれたゴットフリート・フランケルも、コブノメイガに関するおなじ問題のために、スリランカ中央農業研究所に招聘《しょうへい》された。そして、わたしが国際稲研究所に着任してから半年ほどたったころ、スリランカに赴く途中の彼が、フィリピンにいるわたしのもとに立ち寄った。そのときわたしは、研究の進捗状況を尋ねた彼に、開発したばかりの、稲におけるコブノメイガ耐性試験方法をまとめた発表間際の原稿を見せた。こうしてわたしは、かつてのボスに一歩先んじることになったのだった。

スリランカについたフランケルは、この虫に関する他のプロジェクトも手がけた。そのひとつに、彼とファヒーマ・ファリルがオランダの学術誌に発表したすばらしい研究がある。「コブノメイガの特徴的な行動は、イネの葉を筒のように縦に巻くことにある。葉の両端をつむぎあわせ、この筒の中で表皮と葉肉を食べるが、筒の外側の層にはいっさい影響を与えない」。つまりそうやって自分の存在が知られないようにカムフラージュしているのだ。幼虫は、細長い稲の葉に縦にとりつくと、おなじ場所で頭部を一〇〇回ほども左右に振りながら絹糸を吐き、こうして作った太い帯で葉の両端を結びつける。葉に沿って少しずつ移動しながら、この動作を繰りかえすことにより、幼虫は三〇本もの帯をつむぎだす。フランケルとファリルは、「新しくつむぎだされた帯は、すぐに縮んで短くなり……葉の両端を近づける……帯が作られるたびにこの距離は短くなり、ついに葉は完全に筒状に巻かれてしまう」ことを発見した。

もしある昆虫のライフスタイルが、隠れて暮らすことを不可能にするものだったら――あるいは身を守る物理的手段や化学的手段をもっていなければ――その虫は、捕食者から身を守る他の何らかの方法を身につけている可能性が高い。第四章と第五章でくわしく見ていくことになるが、昆虫の中には、カムフラージュしたり、背景に溶けこんだり、食べられないものに姿を似せたりする方法をとるものもいる。しかし一般的に言って、ほとんどの無力な種は、脅威を感じとると逃げて隠れることが多い。たとえカムフラージュしている虫でも、その擬装がばれたときにとる手段は遁走《とんそう》だ。

二〇〇八年にオズワルド・シュミッツが行った報告によると、アカアシバッタ（*Melanoplus*

femurrubrum）は、待ち伏せる〝座して待つ〟タイプのクモと、〝徘徊《はいかい》して積極的に狩りを行う〟タイプのクモに対して、それぞれ異なる反応を見せるという。待ち伏せタイプのクモがいる場合は、栄養豊かな草という好みの植物を離れて、一番のお気に入りではないがクモに襲われる危険の少ないアキノキリンソウに移動する。けれども、徘徊性のクモについては、この反応は示さないそうだ。

ゴキブリのほとんどは、トマス・アイスナーと共著者が適切に表現しているように「隠れるのが大好きだ。ゴキブリと台所を共有している人ならよくご存じのように、彼らは日中は物陰に隠れている。夜間には照明がともると、一目散に逃げて物陰に身を隠す」。これは、家屋害虫になった一握りの種のゴキブリだけではなく、世界に四〇〇〇種いる、自然環境に生息するゴキブリのほとんどにそなわっている習性だ。

割れ目や落ち葉の下、樹皮のはがれ目、岩、または土の塊といった場所に隠れる昆虫にとっては、もし目が頭にだけでなく腹部の終端にもあったらどんなに好都合だろう。そうなれば、体全体が隠れ場所にうまく収まっているかどうかを知ることができる。しかし残念なことに、どんな昆虫もどんな節足動物も、腹部終端に目を持つものはいない。ただしM・S・ブルーノとD・ケネディーによると、ある種のザリガニ、イセエビ、小エビは、サー・ヴィンセント・ウィグルズワースが〝皮膚光感覚〟と名付けたものを腹部の終端に――言いかえれば〝皮膚〟つまり外骨格（キチン質の体壁）に――そなえているらしい。実際には、光を感知するのは皮膚ではなく、その下にある神経系の一部だ。ハロルド・ボールは、ワモンゴキブリや他の種のゴキブリ、そしてほかの多くの昆虫も、おそらく腹部終端部に光を感じるセンサーをそなえているだろうという。そこにある神経節――神経細胞と一部の腹《ふく》神経索《しんけいさく》の塊（おおざっぱに言うと、ヒトの脊髄《せきずい》に当たるもの）――が、その上の半透明の皮膚を抜けてくる光を感知するのだ。ボールや他の研究者は、皮膚光感覚の存在を実験で例証している。ワモンゴキブリや他の昆虫は、頭部にある目を黒い塗料で塗られたときも、光と闇を見分けることができたのだ。

ゴキブリのような昆虫は、危険を間近に察知すると、隠れられる場所に向かって一目散に逃げる。一方、台所で追い払われたイエバエなどは、あわてて逃げはするものの隠れることはなく、少し離れた壁などに体を見せてとまる。だが、どちらの場合も、早めの警戒が大いに役立っていることは確かだろう。マルコム・エドマンズはこう書いている。「捕食者にとって味のいい種では、捕食者に気づかれるより早く相手に気づくこと、そして、捕食者に気づかれる前に――あるいは気づかれたとしたら、できるだけすみやかに――積極的な防衛態勢（つまり逃走行動）がとれることが強みになる」

被食者は、感触、視覚、あるいは聴覚をつかさどる器官などによって、早期警戒すべきときを察知する。半翅目《はんしもく》（カメムシ目）を除き、不完全変態をする昆虫には、腹部の終端部に一対の触角のような突起（尾角《びかく》と呼ばれる触覚受容器官）があるとR・F・チャップマンは指摘する。尾角は、空気の動きや接触に非常に敏感に反応する細かい毛でおおわれている。これはもちろん、背後から近づく潜在的な脅威の存在を昆虫に知らせる早期警戒システムの仕組みのひとつだ。昆虫学者で神経生理学者でもあるケネス・ローダーは、尾角によって早期警戒信号が発せられる様子を見るには、次のようにするといいと言う。「観察者は、ゴキブリが最も活動的になる夜間に、障害物のない場所、つまり壁や床などの真ん中近くでじっと静止している一匹のゴキブリに近づくといい。尾角に向けて、ふっと息を吹きかけると……ゴキブリはあわてて走り去り、すぐに見えなくなるだろう」

早期の警戒行動を引き起こす神経刺激は、昆虫の腹神経索を通って尾角から胸部の神経節に伝わる。そして脚の動きをつかさどっているこの神経節が、昆虫に逃避行動を促す。警告シグナルが伝わる速度は、速ければ速いほどいい。ゴキブリを含む、ある種の昆虫の腹神経索を構成する神経線維には、他の昆虫に比べて一四倍もの太さを持つ巨大繊維が六本から八本含まれている。巨大繊維の利点は神経刺激が迅速に伝わることだ。ローダーによると、他の繊維の伝達速度が秒速六〇センチほどであるところ、巨大繊維では秒速約七メートルにもなるという。

目は、遠くにあるものを察知できるため、早期警戒システムでもっとも役に立つ器官だ。ほとんどの成虫および若虫〔不完全変態をする昆虫の幼虫〕には頭部に二個の複眼があるが、その多くのものには、複眼のあいだに、さらに複数の単眼がある。一方、完全変態をする昆虫の幼虫には単眼しかない。わたしたち人間や他の脊椎動物の目とははなはだしく異なる複眼の独特な構造は、動きをとらえる飛びぬけた能力を昆虫に与えている。複眼は、それぞれ独立した受光素子が隙間なく詰め込まれたものだ。チャップマンは、「複眼を構成する……小さなユニットからなるシステムは、物質のわずかな動きが引き起こす刺激の変化を感知するのに役立つ」と説明する。つまり、複眼は非常に高感度の早期警戒システムなのだ。たとえば、静止しているハエを手で捕まえようとしたら、こちらが目も止まらない速さで手を出さないかぎり、手が届くずっと前に飛び去ってしまうだろう。

ロバートおよびジャニス・マシューズは、ある種の鳴く虫を除けば「人はふつう、虫には耳があるとは思わないだろう」という。おなじみのセミ、コオロギ、キリギリスといった鳴く虫のオスは、メスを惹きつけるための〝ラブソング〟を大声で歌う。もちろんメスには、それを聞き取る耳があるにちがいない。だがオスにも耳はある――ライバルのオスの声を聞き取るために。鳴かない虫の大部分には耳がない。とはいえ、鳴かない虫でも、耳を持つものは、関連性のない複数のグループにわたって存在する（蛾、クサカゲロウ、カマキリなど）。おなじ種の仲間の声を聞いているのではないとしたら、何を聞きとるためなのだろう？　その答えを実証して教えてくれたのがローダーだ。こういった虫はその耳で、夜間飛び回って昆虫を捕食するコウモリの声を聞き取っているのである。

わたしたちは第二章で、ドナルド・グリフィンの発見、すなわちコウモリが反響定位技術を駆使して闇の中で方角を知ることについてすでに見てきた。コウモリの多くの種には非常に大きな耳があり、その非常に発達した聴覚を使って、障害物や飛んでいる昆虫を察知する。わたしたちの耳には聞こえない高周波の音を出し、それが対象物にぶつかって跳ね返る反響音を聞き取るのだ。ローダーは、コウモリの声を聞きとった昆虫が、回避行動をとることを発見した。その行動は昆虫の種によって異なるが、エンジン全開で急降下したり、翅をたたんで地面に落下したり、進路を変えたり、飛翔速度を速めてジグザグに飛んだりするという。

昆虫は、走ったり、跳びはねたり、泳いだり、飛んだりして捕食者から逃げようとする。だが、ただ単に地面に落下するものも多く、とくに植食性の昆虫では、この行動がよく見られる。ごく少数の例外を除き、即座に地面に落下できれば、生き延びられる確率は高い。木や低木の枝や葉がゆさぶられたら、それは、捕食者到来の合図かもしれない。おそらくは、葉のあいだに虫を探して枝から枝に飛び移る鳥である可能性が高いだろう。ある種の昆虫は、こういった合図に反応して、地面に落下することで危機を回避する。この〝失踪〟は、鳥が虫に気づく前に生じることもある。とりわけアブラムシには、鳥や、テントウムシやアリマキジゴク（クサカゲロウの幼虫）などに脅かされると、植物から地面に落下するものがいる。とはいえマルコム・エドマンズによると「地面への落下は常に成功率の高い逃走手段ではあるものの、捕食者から逃げようとして落下するアブラムシはそう多くない。落下して逃げることにまつわる難点のひとつとして、えさにできる植物を探してよじ登るのが困難になるからだ。落下した昆虫が未成熟だったり、翅を持たなかったりする場合には、この難点は、とりわけ問題になる」。しかしこの点は、葉を食べる数多くの種類のイモムシやある種のクモにとっては問題にならない。細い絹糸を吐いて体の位置を下げたあと、ふたたび上によじ登ればすむからだ。

　ゾウムシなどの甲虫には、脚を体に引きつけて地面にころがり、しばらくじっと動かないままになるものがいる。スティーヴン・マーシャルの百科事典のような『昆虫――その自然史と多様性（*Insects: Their Natural History and Diversity*）』に掲載された美しい写真にあるように、地面にころがったゾウムシは、茶色い糞塊か土の塊にしか見えない。土の塊に擬態するグループには、五ミリほどの大きさのスモモゾウムシ（*Conotrachelus nenuphar*）もいる。この虫の褐色の体色には白い斑点があり、背中（鞘翅《さやばね》）に四つの大きなコブ状突起がある。果物農家はこの昆虫の逃避行動を利用し、スモモ、モモ、リンゴなどの木から落ちた個体数に応じて、殺虫剤に投資する価値があるかどうかを判断している。ロバート・L・メトカーフとロバート・A・メトカーフによると「早朝、枝をゆすって、地面に広げたシートの上に虫を落とせば……農家は木にたかっている個体数を推し量ることができる」という。

オスの頭の後方に一対の〝ツノ〟のような目立つ突起があることから「フォークト・ファンガス・ビートル」（*Bolitotherus*）と呼ばれるゴミムシダマシの一種がいる。この虫がとる逃走行動は、スモモゾウムシに似てはいるが、さらに手のこんだものだ。北米東部に生息するこのゴミムシダマシの成虫と幼虫は、朽ちた木の幹によく生えているキノコの傘をえさにする。マーシャルによると、成虫がとる「最初の防衛行動は、突起部分を引っ込めて、地面に落ちる」ことだそうだ。脚と触角を体にある特殊な溝に収めるのである。虫は静止して〝死んだふり〟をする。その姿はスモモゾウムシよりさらに土の塊に似ているので、地面で見分けるのはむずかしい。そのうえこの成虫は化学的な防衛手段をそなえている。腹部の先端にある二股に分かれた腺をめくり返して、刺激性の物質を分泌するのだ。しかし、この虫のもっとも目覚ましい点は、その早期警戒システムにある。ジェフリー・コナーと共同研究者が指摘しているように、このゴミムシダマシは「哺乳類の息を、その温度、湿度、流動力学によって」認識し、腺をむきだしにするのだ。しかし機械が送る空気の流れには反応しない。この虫の「哺乳類の息を認識する能力は、地面で採餌活動を行う哺乳類（シロアシネズミなど）の潜在的に致命的な攻撃に先んじることを可能にしている。腺をめくり返すことは、捕食者の口に取り込まれたまさにその瞬間、噛まれる前にまずく思わせることによって、命拾いの可能性を高める」のである。

多くの昆虫、とりわけ地面を生息域にしているゴキブリや甲虫は、早期警戒システムのシグナルを受けとると全速力でその場から逃げる。とはいえ驚くことに、その速さがどれほどのものであるかを示す記録はほとんど存在しない。わたしの友人かつ同僚のフレッド・デルコミンは神経生理学者で、昆虫の歩行と走行における神経制御研究の第一人者だが、昆虫の走る速さを計測するのは非常に難しいという。なぜなら、長い距離を一直線に走るようなことは、まずしないからだ。G・M・ヒューズとP・J・ミルによると、ワモンゴキブリは世界で最も速く走る昆虫のひとつであるそうだ。その最高速度は秒速約一・三メートル、時速にすると約四・七キロにもなる。この時速は速いとは思えないかもしれないが、体長に比較して考えてみていただきたい。ワモンゴキブリは、一秒間に、約三・八センチという体長のほぼ三四倍もの距離を走るのだ。これは、体長(尾を除く)八五センチほどのコヨーテが時速約一〇五キロで疾走するのに相当する。とはいえわたしには、コヨーテがそんなに速く走れるとは思えない(というのは、以前、運転中にコヨーテに出くわし、パニックに陥ったコヨーテが、車を引き離そうとして道路脇の溝の盛り土の上を時速約七四キロで疾走するのを測ったことがあるのだ)。だから、公平な比較に基づいて考えると、ワモンゴキブリは、パニックに陥ったコヨーテよりおそらく俊足のランナーだと言えるだろう。とはいえ、戸外でくらす数千種のゴキブリの中には——その敵は、腹を立てている家の持ち主などよりずっと多いはずだ——家屋害虫のワモンゴキブリとおなじくらい、あるいはもっと速く走れるものもいるだろうことに留意されたい。

突然空中に跳びあがることも、捕食者から逃げるもうひとつの有効な手段だ。だとすれば、関連性のないグループに属す多くの様々な昆虫が、個々にこの逃避戦略を進化させたことは驚くに値しない。こうした昆虫では、跳躍方法がそれぞれ非常に異なっているだけでなく、跳躍するための器官さえ異なる。バッタ、コオロギ、キリギリスは近縁関係にあり、おそらく共通の祖先から跳躍用の後脚を受け継いだと思われる。しかし、ノミ、ノミハムシ、そしてアブラムシやセミのある種の近縁種（ヨコバイやウンカなど）の跳躍用の後脚は、明らかにそれぞれ独立して進化したもので、そのデザインもかなりちがう。これから紹介する昆虫たちの近縁種であるコメツキムシやトビムシなどは、空中に跳びあがるのに、脚を使うことさえしない。

ほとんどの人にとって、すぐ頭に浮かぶ跳ぶ昆虫と言えばバッタだろう。その前脚と中脚は通常の歩行用の脚と変わらないが、後脚は明らかに跳ぶために改良されている。脚を構成している部位の中で、もっとも長く細い部分である脛節《けいせつ》（人間の膝から下の部分に当たる）は、腿節《たいせつ》（人間の大腿部に当たる）と関節で接合されており、脚の部位の中でもっとも大きな部位である腿節は、脛節を動かす強靭な筋肉を収めているために大きく膨らんでいる。まさに跳びはねようとしているバッタは、二対の歩脚〔歩行に用いられる脚〕で体の前部を持ちあげ、後脚の脛節と腿節をつなげている関節を曲げる。そして、腿節のがっちりした筋肉によって、突然ものすごい勢いで脛節を伸張させる。これで脚がまっすぐに伸び、脛節が地面を蹴ると、バッタの体は、高さにして三〇センチ近く、直線距離にして七六センチほども空中に跳ねあがるというわけだ。この距離は、バッタの体長のおよそ一五倍にもなる。

ノミの成虫は昆虫界の跳躍チャンピオンだが、その驚くべき能力は、主に血を吸う寄生動物に跳び移るために使われる。敵から逃れるときも跳ねるが、その敵とは、ノミを食べる捕食者というよりも、後ろ肢で体をかく犬といった宿主そのものであることが多い。ノミの後脚は跳ぶために見事な適応を遂げているものの、その機能はバッタのものとは異なる。ノミの後脚の付け根にある基節を収めているソケットの内部には、「レジリン」と呼ばれるタンパク質の詰め物がある。ノミが跳ぶときには、強靭な大腿筋が、レジリンに基節を強く押し付けて、鉤爪のような仕組みでロックする。これにより、レジリンは強く圧縮される（レジリンは、本章の終わりで翅について見ていく際にふたたび登場することになる）。そしてハワード・エヴァンズの端的な説明にあるように、トリガー機構が「銃鉄の引かれた」状態の後脚を解放すると「伸長するレジリンが脚を下方向に押し出し、強靭な脚の筋肉がノミの体を空中に跳ねあげる。その際ノミは前方回転して、頭から落ちる」のだ。

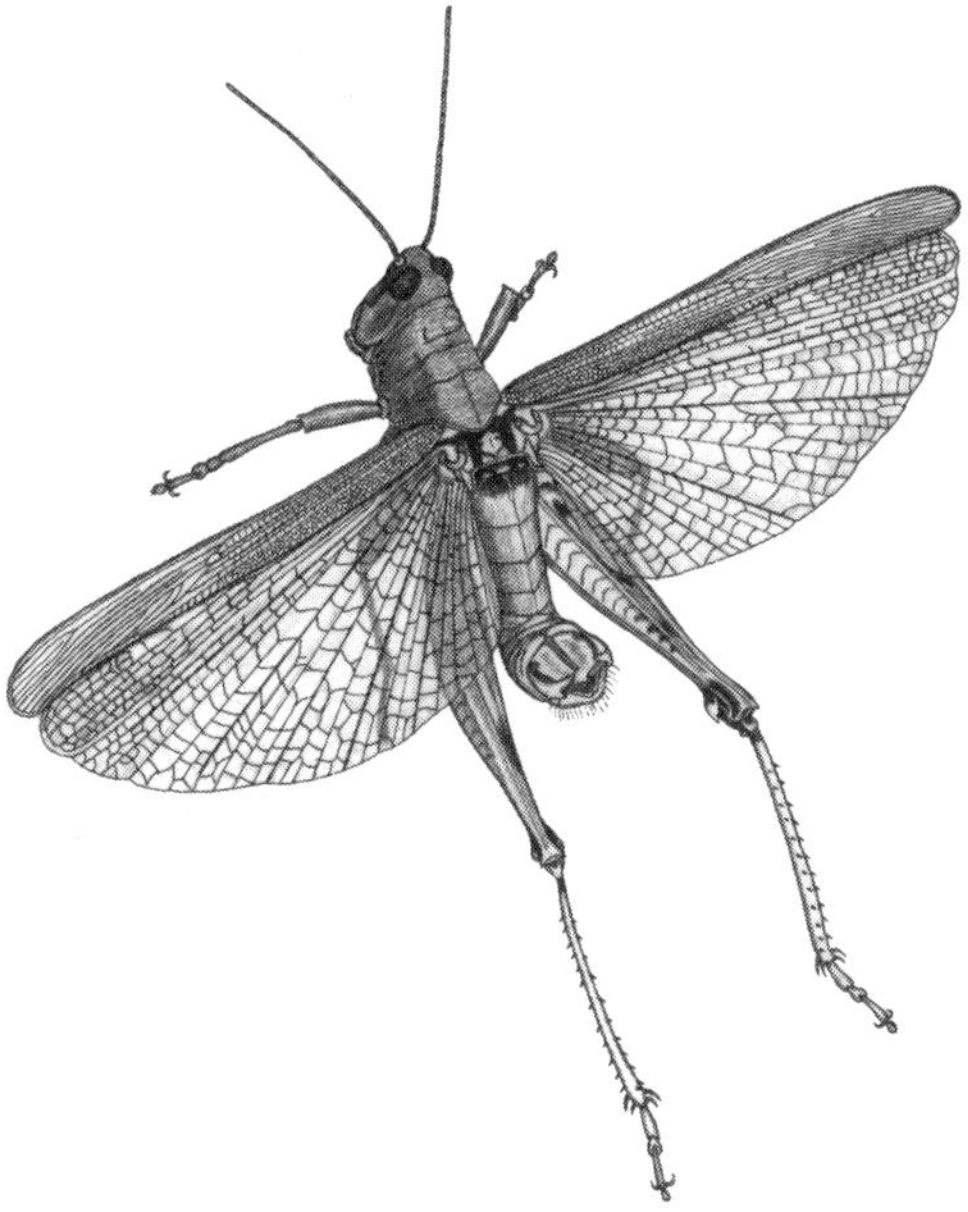

図3　バッタは捕食者が迫ると、空中に跳びはねたあと、飛んで逃げる。

植食性のコメツキムシ（コメツキムシ科 Elateridae）は、脚を使わずに体を空中に跳ねあげることができる数少ない昆虫および昆虫の近縁の一種だ。コムストックはこう書いている。「田舎に暮らす子供たちのなかで、曲芸師のようなコメツキムシの技をおもしろがった経験のない子はほとんどいないだろう。この虫は、触ると、すぐ脚をすくめて丸くなり、銃で撃たれでもしたかのように地面に落下する。ふつう仰向けに着地し、そのまましばらく死んだようにじっとしているが、突然パチンという音がしたかと思うと、空中に一〇センチほど跳びはねる。仰向けに着地すると、腹を下にした姿勢がとれるまで何度でも跳躍を繰り返し、ようやく脚が地面に着くと、そのまま走って逃げうせる」。仰向けに着地したコメツキムシは、体の前部と後部だけが地面と接触するように体をのけぞらせる。そのあと、筋肉をこわばらせて、体をまっすぐに伸ばそうとする。この張力が、引き金のようなメカニズムによって急激に解き放たれると、コメツキムシの体はパチンという音とともに急にまっすぐになり、その際に地面を叩きつけて、空中に跳びあがるのだ。

ウォルター・リンセンマイヤーは、次のように観察している。「通常、この虫が独特の能力を活用するのは、危険から逃れるときだけだ。よくある状況は、植物の上にいるときに脅威を感じるというもので、ただちに地面に落下して死んだふりをする。そして突然、地面に体を叩きつけて、空中に跳びあがる」。捕食者は、虫が跳びあがったこと自体に、虚を突かれるにちがいない。だが、数種類のコメツキムシ（たとえば北米に生息する「アイド・イレイター」）の胸部の背側には、よく目立つ目玉模様（眼状紋）があり、こういった種類のコメツキムシは腹を下にして着地すると、脚と触角をすくめて隠し、じっと静止する。その姿は、ハロルド・バスティンが指摘するように「彼らを極悪の小型爬虫類のように見せる。この擬態は、おそらく敵をしりごみさせ、追い払うのに役立っているだろう」。アイスナーと同僚がコメツキムシを造網性のクモに与えたときには「クモたちは例外なく攻撃を繰り出したが、コメツキムシは捕まるやいなや音を立てて跳びあがり、多くの場合、逃げおおせることができた。コモリグモで実験したときも、おなじような結果が得られた。マウスとカケスでも似たような状況が再現されたものの、この二種類の脊椎動物の場合には、コメツキムシが逃げおおせることはまずなかった」という。

最近まで昆虫とみなされていたトビムシ類は、今では昆虫綱《こんちゅうこう》から外され、内顎綱《ないがくこう》（六本脚を持つが、昆虫と異なり、顎が体の中にあるグループ）にある独自の「トビムシ目」に分類されている。このきわめて小さな節足動物は、植物あるいは腐食物をえさにし、主に土中に生息している。その跳躍メカニズムは独特で、体の後端に蝶番《ちょうつがい》のようなしくみで取り付けられている二股に分かれた叉状器《さじょうき》（跳躍器）を使う。この叉状器は、腹部の下で前方に折り曲げて、保帯《ほたい》と呼ばれるフックのようなもので腹部にひっかけることができる。大きな張力のもとでは、保帯にかかる叉状器の圧力が高まり、保帯が突然外れると、叉状器が下および後ろの方向に勢いよく振り下ろされ、トビムシの体を空中に跳びあがらせる。こうして、脅威をもたらした捕食者の元を離れることができるのだ。

アメリカアオイチモンジは花蜜を吸う。しかし、わたしが捕虫網を手に追いかけていた個体が示したように、糞の汁も吸うことがある。この習性を持つ蝶は、ほかにもいくらかいる。摂餌作業に没頭しているかに見えたわたしの獲物は、わずかな動きを察知して、網を振り下ろすより速く、空中に舞い上がって飛び去ってしまった。空中に舞い上がり、できるだけすばやく飛び去ることが、迫りくる捕食者から逃れるもっとも迅速な手段のひとつであることは疑いの余地がない。そのため昆虫の成虫の大部分は、機能的な翅をそなえている。とはいえ、若虫や幼虫の段階で翅をそなえている昆虫は、一種としていない。R・F・チャップマンは「ある種の昆虫が特殊な飛翔行動をとる理由は、この逃避反応に関係がある」と指摘する。たとえば、雑草だらけの野原を歩くと、バッタが跳び出してくるが、その行動は、突然空中に跳びあがり、短い距離を飛んだかと思うと、急降下して着地するというものだ。フィリップ・キャラハンは、複数の種類の蛾は逃げるとき、頻繁に急角度で曲がったり、高速で急上昇したりといった不規則な飛び方をすることを発見している。彼は、よくハチドリと間違われる昼飛性の敏捷な蛾、アカオビスズメ（*Hyles lineata*）が、「急上昇と急旋回からなる回避行動によって」ズアカキツツキやマネシツグミ、アメリカオオモズなどといった鳥から簡単に逃げおおせるところを観察した。ズアカキツツキが、アカオビスズメを追いかけて六〇メートルほども急上昇した末に、追跡をあきらめた姿も目にしている。

昆虫はどれぐらい速く飛べるのだろうか？　対地速度は種によって異なり、環境によっても変化する。たとえば、チャップマンはこう指摘している。「昆虫が追い風を受けて走っている場合、その対地速度は対気速度を上回るかもしれないが、向かい風を受けている場合は、おそらく逆のことが成り立つにちがいない」。さらに彼は次のように述べる。「飛翔行動は大きく二つのカテゴリーに分かれる。そのひとつは短距離の日常的な飛翔で、採餌や交尾を行う際にとる飛翔行動だ。もうひとつは、長距離の渡りを行うときの飛翔行動で、この時期には飛翔を最優先するため、日常的な活動は抑制される」。しかしチャップマンは、三番目の非常に重要なカテゴリー、すなわち捕食者から逃げるための飛翔行動については触れていない。この飛翔カテゴリーにおける逃避速度は、ふだんの飛翔の速度、つまり「巡航速度」を大幅に上回るものと思われる。

ハワード・エヴァンズによると「大型のトンボは、時速約二九キロ、ミツバチは時速約二二・五キロの速度を出すことができる」という。サー・ヴィンセント・ウィグルズワースは、複数の飛翔昆虫について判明している対地速度（おそらく巡航速度だと思われる）をまとめている。それによると、ミドリクサカゲロウは時速約二キロ、モンシロチョウは時速約九キロ、マルハナバチは時速約一七・七キロ、アブは時速約五〇キロ、スズメガは時速約五四キロだという。残念ながら、昆虫の逃避速度に関するデータは非常に少ない。メイ・ベーレンバウムは、オーストラリアに生息する、ある大型のトンボの最高速度（逃避速度のことだろう）は、時速約五八キロだったと報告している。チャップマンは、トノサマバッタの飛翔速度は、地面から跳びあがったときが最高になり、その後の巡航速度は、その半分ぐらいに低下するという観察結果を紹介している。このことから、脅威を感じたバッタの——そしておそらく他の多くの昆虫の——逃避速度は、巡航速度より大幅に速いことがうかがわれる。

虫と鳥の飛翔速度のバランスは生態系に重要な影響を与える。というのは、鳥類は昆虫にとってあらゆるところに顔を出す存在で、とりわけ巣作りの季節には、日中におけるもっとも貪欲な脊椎動物の捕食者になるからだ。フランク・ギルによると、大部分の鳥は、時速約三〇・五キロから約五九・五キロのあいだで飛行するという。また、ロジャー・トーリー・ピーターソンは、昆虫を食べる鳥の大部分を占める小型の鳥が時速約四八キロを超える速さで飛ぶことはほとんどないと指摘する。明らかにほとんどの鳥は、最も速い虫を除けば、昆虫より速く空を飛べる生物だと言っていいだろう。さらに鳥の攻撃速度は、巡航速度を超えるかもしれない。わたしが知るかぎり昆虫食の鳥に関する攻撃速度のデータはないものの、ギルによると、ハチドリは「花蜜の詰まった花に到達しようとするライバルを出し抜こうとするときには」通常より高速で飛ぶそうだ。飛翔速度が遅いという昆虫の短所は、初期警戒システムがタイミングよく発動することと、すばやく身をかわすための不規則な飛翔により、少なくともある程度までは補われていると考えていいだろう。

鳥は、体のサイズが小さければ小さいほど、羽ばたきの回数が増える。ピーターソンによると、体長九〇センチを超える大型の鳥、ダイサギの羽ばたき回数は、一秒間に二回だそうだ。体長約二五センチのマネシツグミは一四回、そして体長約七・六センチしかないノドアカハチドリは、一秒間に最大五三回も羽ばたくという。ウィグルズワースによると、このことは昆虫についても言える。開張が約一〇センチから一三センチにもなるヤママユガは一秒間に約八回羽ばたく。それよりずっと小さいミツバチやイエバエは一秒間に一九〇回、さらに小さな蚊は六〇〇回、そして開張が約〇・〇三ミリしかない極小のヌカカは、驚くことに一秒間に一〇四七回も羽ばたきをする。

ほとんど信じられないほどの速さで昆虫が羽ばたきを行うメカニズムについては、長年のあいだ二つの仮説が存在していた。そのひとつは、翅の筋肉がものすごく（そして信じがたいほど）効率よくできているというもの。もうひとつの説は、翅を下から上に上げる際に〝ばね〟が伸び、翅を上から下に打ちおろす際に、この〝ばね〟が縮むことによって、そこに蓄えられていた力が加算されるというもので、この説の正しさは、後にマイケル・ディキンソンとジョン・ライテンにより証明された。

この〝ばね〟の成分が前述したレジリンだ。レジリンは、おそらく今までに発見されたあらゆる物質の中でもっとも伸縮性のある物資で、引き伸ばしたあとに放すと、蓄えたエネルギーの九七パーセントまでを放出する。つまり、引き伸ばすのに使われたエネルギーが熱として失われる割合は、ほんの三パーセントにすぎないのだ。

わが家のリクライニングチェアに座って窓の外に目をやると、芝生の上にワタオウサギがちょこんと座っていることがある。誰かが近づいても、すぐには逃げ出さない。身じろぎもせずに、じっとその場に凍りついている。そして、いよいよ闖入者《ちんにゅうしゃ》が危険なほど接近したときになって初めて、全速力で走りだす。茶色と灰色の毛皮が周囲に溶け込むことによって、体をさらしたまま隠れられるとあてにしていたものの、それがだめだとわかって逃げ出すわけだ（どうやら、緑色の草の上では、茶色の毛皮はよく目立つことに気づいていないらしい）。ワタオウサギをはじめ、その他多くの小型哺乳類やほとんどの――おそらく大部分の――昆虫は、少なくとも最初のうちは、鳥や他の捕食者に気づかれないだろう。というのは、次の章で見ていくように、葉だろうが、砂だろうが、はたまた落ち葉だろうが、背景に溶け込んで身を隠していることが多いからだ。

第四章　姿を見せたまま隠れる

見事にカムフラージュした動物に初めて出会ったのは、かれこれ六〇年以上も前のことだ。しかし、そのときのことは脳裏に刻み込まれ、もっとも印象深い擬態の記憶として今でも鮮明によみがえってくる。実は、その相手は昆虫ではなくヘビだったのだが、このわたしの経験は、カムフラージュの効果を示す格好の例になるだろう。そのときわたしは、コネティカット州トランブルにある高い崖のふもとで、教官のサム・シルバーといっしょにゴツゴツした岩の斜面に立ち、双眼鏡でモリツグミを観察していた。左足を置いていた凹んだ岩は、森の地面にふつうに見られるさまざまな濃さの褐色や赤褐色の落ち葉でおおわれていた。そのときふいに、何かが長靴をつついたように感じて足元を見たのだが、何も変わったものは見つからなかった。が、また何かが長靴をつつき、ふたたび見たが、今度も何も見えなかった。そして三度目に長靴がつつかれたとき、よく目を凝らして見ると、なんとそこに毒を持つアメリカマムシがいたのである。運よくヘビは小さかったので、長靴のへりの上を咬むに

は至らなかった（が、あとで見たら、長靴にしっかり毒液が付着していた）。ヘビの体色は完璧なほど落ち葉にそっくりだったので、わたしはすぐに見分けることができなかったのだ。しかし、ひとたび気づいたあとでは、まるで魔法のようにヘビの姿が背景から浮かび上がってきた。そこで思い出したのが、目の錯覚を利用した幾何学的トリックである。凹んでいるように見える二次元の格子模様が、見方を変えることによって紙から浮かび上がって見える、あのトリックだ。

カムフラージュ、つまり隠蔽手段は、大部分の、とは言わずとも数多くの小型動物にとって防衛手段の最前線だ。読者の方も、マウスやウサギ、リス、ウッドチャック（マーモット）、マスクラットなどが、みな目立たない茶色や灰色の毛皮をまとっていることにお気づきだろう（露骨なほど目立つ黒と白の毛皮を着ているスカンクは例外だが、もちろんそれは、それなりの理由があってのことである）。ウサギに近づくと、凍ったように固まってしまう。カムフラージュをあてにして身を守ろうとするからだ。だが、もっと近づくと、ふだん隠している尾の下の白い毛をひらめかせながら一目散に走って逃げる。昆虫も同様だ。イモムシやキリギリス、そしてその他の葉を食べる昆虫のほとんどは緑色をしている。夜間飛行する蛾の多くは、日中は木の幹にとまって休むが、保護色の翅のおかげで、ほとんど目につかない。シャクガの幼虫であるシャクトリムシは、夜間は葉をむしゃむしゃ食べるが、日中は見つけるのがとても難しい。小枝の突起をまねて、じっと動かずにいるからだ。

花蜜を吸う虫は、鮮やかな多色の花の上で姿を見えなくするための色と模様を身につけていることがある。リンカーンとジェイン・ヴァン・ザントのブラウワー夫妻は、アメリカ西部に生息し、花弁が黄色と赤に塗り分けられたデイジーのようなテンニンギク（*Gaillardia*）の花蜜を吸う小さな蛾

（*Schinia masoni*）の興味深い生態を発見した。この蛾が花にとまるときは、通常、テンニンギクの中央の黄色い部分に黄色い頭部と胸部をのせ、こげ茶色の後翅《こうし》〔二対ある翅の後ろの一対〕をおおい隠している赤い前翅《ぜんし》はテンニンギクの縁側の広く赤い部分の上に来るようにして休む。ブラウワー夫妻の観察では、二〇個体のうちの一七個体までが、体色のパターンと花のパターンを一致させて休んでいた。

デニス・オーウェンは次のように主張する。「カムフラージュするバッタ、カマキリ、さなぎ、イモムシ、その他の多くの動物がいること自体が、厳しい選択的捕食の存在を示唆している。もしこの選択圧がなければ、動物たちは背景になじもうなどとはしないだろう」。さらには、ヒュー・コットやマルコム・エドマンズがまとめている、さまざまな科学者による過去の実験やシステマティックな観察の結果を見れば、目立たないことが、捕食者に見つかって食べられる危険性を実際に減少させていることは明らかだ。ただし、カムフラージュも他の手段も、完璧な防衛手段にはなりえないことには留意されたい。腹ペコの捕食者のごちそうにされる個体は、いつだって必ず存在する。

昆虫のカムフラージュに関して行われた最も初期の実験のひとつは、オックスフォード大学のA・P・ディ・チェズノーラが一九〇四年にイタリアで行ったものだ。実験対象はヨーロッパに生息する大型のウスバカマキリ（*Mantis religiosa*）だったが、この種類は今では北米にもすみついている。このカマキリには、淡緑色と淡褐色という二種類の型があり、ディ・チェズノーラは、「面白いことに、緑色の個体は常に緑色の草の上におり、褐色のほうは常に日に焼けて褐色になった草の上にいる」と書いている。彼はこの実験で、緑色のカマキリ二〇匹を緑色の植物に結びつけ、他の二五匹を褐色の植物に結びつけた。さらに、褐色のカマキリ二〇匹を褐色の植物に、四五匹を緑色の植物に結わえた。

八月一五日から九月一日まで毎日様子を観察した結果、結びつけられた植物と体色が一致していたカマキリは、すべて生き延びることができたが、「褐色の植物の上にさらされた緑色の個体二五匹のうち、最後まで生き残っていた個体が殺されたのは……実験開始後一一日目のことだった。緑の草の上に置いた四五匹の褐色の個体のうち、九月一日に生存していたのは一〇匹だけだった」という。結局、残っていたカマキリは、九月一日の夜半に吹き荒れた強風にさらわれてしまった。それ以前に命を落としたカマキリを食べたのは、ほとんどの場合、鳥だった。

クロキアゲハ(*Papilo polyxenes*)のさなぎにも二種類の色型がある。たとえば、秋に孵化して翌年の春に成虫になるものは、常に、冬枯れの草の中で見分けるのがむずかしい褐色のさなぎになる。一方、夏に孵化した幼虫は、木の幹や他の暗い色を持つものの上では褐色のさなぎになるが、緑色の植物の上では緑色のさなぎになる。ウェイド・ヘイゼルと共著者によると、さなぎの色は、さなぎになる直前に幼虫の胸部にある神経分泌細胞から分泌される「褐色化」ホルモンによって決まるという。このホルモンが分泌されると、さなぎは褐色になり、分泌されないと緑色になるのだ。ヘイゼルのグループが行った実験では、さなぎの保護色が、昼間獲物を探す捕食者から身を守る重要な手立てになることがわかった。戸外の環境のもとで、褐色と緑色の両方のさなぎを、同色の背景および対比色の背景に貼り付けて実験を行ったところ、緑のさなぎは背景が緑色であった場合に、そして褐色のさなぎは背景が褐色であった場合に、生存率が有意に高いことが示されたのである。

同様の実験を行った研究者は他にもいる。テキサスでは、F・C・アイズリーが、四種類の異なる体色のバッタを、体色とおなじ色および異なる色の芝生と土の上につなぎとめた。その結果、体色と異なる背景につながれたバッタは、複数の種からなる一〇〇羽以上の野生の鳥の気づくところとなり、八四パーセントまでが食べられてしまった。一方、背景に溶け込んで見つけにくかったバッタが捕食された率は、三四パーセントにとどまったという。

オランダでは、L・デ・ルイターが、シャクトリムシに出会ったことのない人工飼育されたヨーロッパのカケスを使って実験を行った。殺したばかりのシャクトリムシを、よく似た短い枯れ枝とともにケージの床に無作為に撒いて与えたのだが、七羽のカケスのうち一羽は一分以内にシャクトリムシを見つけたものの、残りの六羽が虫を発見するのにはもっと時間がかかり、平均では二四分かかったという。デ・ルイターは、観察結果をこう記している。「多くの……鳥は、イモムシを……偶然発見すると、その後、イモムシによく似た形のあらゆるものを、くちばしでつつき始める。……そのため鳥にとっては、しばらくのあいだ、小枝しか見つからない状態が続く可能性が高い」。しばらくすると、うんざりした鳥は、小枝もシャクトリムシもつつかなくなるという。

わたしがかつて大学院で指導したオーブリー・スカーブラーも、生存競争におけるカムフラージュの威力を目《ま》の当たりにした者のひとりだ。小ぶりのリンゴの木に網をかけて、セクロピアサンの幼虫を育てていたとき、とても大きな緑色のイモムシにまじって、突然変異の青い幼虫が一ダース以上発生したことがあった。ところが、おそらくいたずら好きの少年と思われる不届き者が、この目立つ青いイモムシを網目越しにBB弾の銃で撃ち殺してしまったのである。生き残った青いイモムシは三匹だけだったが、もっとずっと数の多かった目立たない緑のイモムシは、一匹たりとも殺されなかった。カムフラージュの下手な昆虫を間引くのは、ふつうは少年ではなく鳥だ。とはいえ少年も鳥も、色を見わけることのできる目を使って狩りをする。その後何年も経ってから、わたしは、アメリカモンキチョウの幼虫に生じた類似の突然変異についてジョン・ジェロールドが一九二一年に記した論文を見つけた。それによると、突然変異の青い個体はすぐに鳥に見つかって食べられてしまったが、保護色である緑色のイモムシが鳥に気づかれることはほとんどなかったという。

英国や他の国々における大気汚染が、オオシモフリエダシャクという蛾（*Biston betularia*）におよぼした影響は、意図せずに非常に広い地域で行われた保護色の実験だと言えるだろう。この事象は、工業暗化《こうぎょうあんか》として知られている。この〝実験〟の結果は、カムフラージュの効果を実証するとともに、自然選択の働き方（この場合は蛾の体色の変化）を示す説得力のある事例になった。オオシモフリエダシャクは白っぽい翅に胡椒を撒いたような小さな黒点模様のある蛾で、産業革命が到来する前には、日中、樹皮に生えている白っぽい色の地衣類《ちいるい》の上で動かずに休んでいても、目立つことはなかった。ところが十八世紀の末、蒸気機関の発明とともにイギリスで産業革命が起こり、石炭を燃やす工場が激増した。工場町近くの森林地帯では、煤煙で木の幹の色が黒っぽくなり、樹皮に生えていた地衣類も枯れてしまった。こうなると、白っぽい色の蛾は、暗い色の木の幹の上で目立つ存在になる。黒いオオシモフリエダシャクの最初の一匹がマンチェスター郊外で発見されたのは、一八四八年のことだった。ブルース・グラントとL・L・ワイズマンによると、一八九五年までには、マンチェスター近郊に生息する個体の九八パーセントまでが黒い色になり、かつて珍しかったこの黒型のオオシモフリエダシャクは、煤煙で汚染された他の地域でも繁栄するようになったという。しかし、汚染されていない地域では、白型の個体が優勢な型に留まった。

工業暗化に関する先駆的な業績を残したのは、オックスフォード大学のH・B・D・ケトルウェルだ。彼は、煤煙に汚染された地域で白型の蛾を排除し黒型の蛾を通常残した自然選択の媒介者は、幹に虫を探して食べる鳥だったという仮説を提唱し、結果的にこの仮説を実証した。ケトルウェルはまず、白黒にかかわらず、体色とおなじ色の幹に置かれたオオシモフリエダシャクは、「不適切な色」の幹に置かれた個体よりも、夕方まで生き延びられる率が高かったことを示した。これは「夜が訪れて飛び去ろうとする生き残った蛾を捕えることによって調べた」という。次のステップは、夜が訪れる前にいなくなった蛾に何が起きたのかを調べる番だった。ケトルウェルは身を隠して観察を行い、鳥が蛾を捕食する姿を目撃した。鳥は体色と異なる幹の上にいる蛾を見つけて捕食することが多く、体色とおなじ色の幹にいた蛾には、ほとんど気づかなかったという。

イギリスでは、一九五六年の大気浄化法の成立にともなって大気汚染が改善し、工場町近郊の木々にふたたび地衣類が育つようになった。そして、いま一度、白っぽい体色のオオシモフリエダシャクが優勢になった。一部の者には驚きだったかもしれないが、大方の者が予想していたとおり、生息環境の変化によって黒っぽい体色が有利に働かなくなったために、自然選択の進路がすみやかに反転したのである。グラント、デニス・オーウェン、C・A・クラークは、こう報告している。「リバプールの西一八キロに位置するコルディ・コモンでは、オオシモフリエダシャクの個体数に関するサンプル調査を一九五九年から毎年行ってきているが、そこでは、黒い型の発生頻度は、一九六〇年に測定された最高値の九四・二パーセントから、現在（一九九四年）の最高値一八・七パーセントにまで低下している。……同様の傾向は、英国の他の地域でも、記録により確実に裏付けられている」

有利に働く保護色や行動への適応は、一見するほど簡単ではない。一九五七年の著書『動物の適応色（*Adaptive Coloration in Animals*）』において、ヒュー・コットは次のように記している。「もっとも単純かつ普遍的な隠ぺい模様は、動物の輪郭を、多かれ少なかれ、コントラストの強い色からなる、形の定まらない複数のパッチに分断する役目を果たす。しかしこのパッチの形は、動物の輪郭を完全にわからなくするとはいえ、何か別の特定の形を示唆するわけではない」。次にコットは、非常に重要な洞察を示す。「そのため動物は、通常身をさらしている特定の環境に非常によく似た分断色のデザインを身に付けると、目立たなくなるためのさらなる手段を講じる」（このあとのわたしの説明も参照されたい）。

つまり、カムフラージュする動物は、適切な背景を認識してそれを模倣するだけでなく、コットが強調しているように「模倣している環境に［隠ぺい］模様を合致させるため」姿勢や行動まで環境に合わせることが求められるのだ。たとえば、夜行性の蛾は、オオシモフリエダシャクとおなじように、昼間は静かに木の樹皮の上で眠っている。一般的に、こういった蛾は翅を広げてぴったり樹皮に体を張り付けることにより、三次元の輪郭を露呈してしまう影を排除しようとする。また多くの蛾の翅には、横または縦に走る縞模様があり、コットの言葉を借りれば、ほとんどの蛾はこうした模様が「樹皮の縦の裂け目や陰影に」添うような形で幹にとまる。翅を縦に走る模様は、蛾が縦向きに幹にとまれば樹皮の裂け目に正しく沿うだろうし、横に走る模様は、樹皮の裂け目に直角にとまれば裂け目に一致するはずだ。すでに見てきた、テンニンギクにとまる小さな蛾（*Schinia masoni*）は、〝正しい〟

位置付けの完璧な例である。

八月のある日、もうじき明け方を迎えようとするほの暗い時刻に、開張が約五センチもあるシタバガの一種（ヤガ科 Noctuidae カトカラ属 *Catocala*）がシラカバの木の幹に舞い降り、前翅で後翅をおおい隠す。そのとたん、その姿は突然かき消えてしまう！　いや、ほんとうに消えるわけではないのだが、数本の黒い筋がついた白い前翅があまりにも見事にシラカバの白い樹皮に溶け込むので、まったく見えなくなってしまうのだ。ジョン・ヒンメルマンは「シラカバの樹皮をはがせば、この蛾の双子が手に入る」と書いている。ヒンメルマンの言うとおり、木の幹で休んでいるこの蛾のカムフラージュは見事で、虫を食べる鳥や他の腹ペコの捕食者も、なかなか見つけ出すことはできないだろう。シタバガは木の幹にじっとしがみついたまま日中をやり過ごし、夜の闇にまぎれてどこかへ飛び去っていく。そして次の日の明け方近くになると、本能に導かれるまま、ふたたびシラカバの木の幹に翅を下す。不思議なことに、シラカバの葉は、この蛾の幼虫の好物ではない。幼虫はふつうアスペンやポプラの葉を食べ、フランク・ルッツによると、シラカバの葉をえさにするのはごくまれだそうだ。

この蛾の近縁種、つまりカトカラ属のすべての蛾は、みなおなじ戦略をとって、昼間えさを探す食虫性の鳥から身を守るが、日中とまって休む木々の樹皮の色はシラカバより濃いため、その前翅は通常、こげ茶色または灰色のジグザグ模様でカムフラージュされている。それでも、カトカラ属のほとんどの蛾の後翅は、露骨なほどよく目立つ。地の色は黒だが、その上を、鮮やかな黄色、だいだい色、赤など、種によって異なる太いカラフルな帯が横切る。唯一の例外は、日中シラカバの幹にとまって過ごすオビシロシタバ（*Catocala relicta*）という種だ。この蛾の後翅は黒だが、左右の翅に、くっきりと目立つ太くて真っ白な帯が走っている。カトカラ属の蛾が「アンダーウィング」〔和名は「シタバガ」〕という通称で知られる理由は、多くのものがカラフルな後翅を持つことからきている。だが、蛾が休んでいるとき、この後翅は保護色の前翅で完全におおい隠されていて見えない。セオドア・サージェントは著書『夜の軍団（*Legion of Night*）』の中で「カトカラ（Catocala）」という言葉は、ギリシア語で〝後部《ビハインド》〟を意味する「カト（kato）」と、〝美しい《ビューティフル》〟という意味の「カロス（kalos）」に由来すると紹介し、「ビューティフル・ビハインド――本書のタイトルは、これにしておくべきだったかもしれない！」と書き添えた〔ビハインドという英語には〝お尻〟の意味もある〕。後翅が目立つことには、重要な意味がある。というのは、次章で見ていくように、カムフラージュという防衛手段の最前線が機能しなかったときに、蛾の命を救うことになるからだ。

　オビシロシタバは、アメリカとカナダ南部に生息する一〇〇種以上のカトカラ属の中で、ヒンメルマンが最も愛している蛾だが、彼の故郷、コネティカット州キリングワース近郊では、この北方にすむ蛾には二度しかお目にかかったことがないという。それを見つけたのは、夜間に〝糖蜜採集〟を行っていたときだったのではないか、とわたしは想像したくなる。友人のジム・スターンバーグやわたし自身を含め、蛾の愛好家たちは、みな糖蜜採集が大好きだ。これは日没の少し前に、発酵した甘い液体をエサとして木の幹に塗っておき、その後、真っ暗闇のなか懐中電灯を片手にその場に立ち戻って、酔っぱらった蛾を探すというものである。（よく晴れた日には、美しい大型のアメリカアオイチモンジが、木から落ちて朽ちかけているリンゴの液を吸っている姿を見かけることがあるが、そんなときの蝶はすっかり酩酊してまっすぐ歩くこともできず、指で簡単につかめるほどぼうっとしている)。サージェントはこう書く。「採集者は、さらに魅力的な〝醸造《じょうぞう》ブランド〟を作ろうと、それぞれ工夫を凝らす……そして多くの者は、秘蔵にすることも多い自分のレシピに自信を持っている」。サージェント自身も、黒糖と気の抜けたビールを混ぜたシンプルなレシピを使っている。わたしのお気に入りは、糖蜜と砂糖、缶詰の桃、気の抜けたビールをまぜたあと、ひと晩かふた晩寝かして発酵させたものだ。ウィリアム・ホランドは一九〇三年に、彼の糖蜜採集について次のように書いている。

ここに、バケツと、きれいに洗ったしっくい用のブラシがある。バケツの中には、四ポンド〔約一・八キロ〕の砂糖が入っている。さて、この中に、気の抜けたビール一本とラム酒を少々入れよう。……夜のとばりがおりる前、まだかろうじて小道を伝って歩ける時刻になったら、木の幹一本一本に、この甘くて酔いやすい混合液を塗ることにしよう。……周囲が暗くなってきた……ここで石油ランプに火をともし、……もと来た道をたどって、湿らした幹を一本ずつ見ていこう。……湿らせた箇所のすぐ上にとまっているのは、見事なカトカラだ。灰色の前翅は広げられ、黒と深紅の美しい帯模様のある後翅を見せている。ランプの黄色い光に照らされた翅は、陽の光のもとで見るより、ずっと鮮やかだ。両目は炎のように光っている!……さて、次の木にいこう。……どうやら蛾たちは集会を開いているらしい。ほら! 液を塗った場所にかなりの数が群れている……あそこに、黒い後翅に白い帯が走るオビシロシタバがいる。くっきりとしたコントラストの配色で優美な線が描かれるとき、シンプルな色はなんと美しく見えることか!」

カトカラ属の蛾は、他の多くの昆虫とおなじように、冬の時期を卵の状態で過ごす。夏になると、成虫は卵を「木の幹に一個またはまとめて産み付ける。通常、卵は樹皮の割れ目に隠される」とサージェントはいう。およそ九か月後の翌年の夏に卵が孵化するまで、こうした卵は、ゴジュウカラ、アメリカキバシリ、セジロコゲラといった〝樹皮の探し屋〟に捕食される危険性がある。とはいえ、サイズが小さく、目立たない灰色で、ざらざらした感触があるため鳥に見つかることは少なく、かなりの数の卵が孵化するまで生き残る。

カトカラ属の蛾の幼虫は、その親とおなじように、夜間活動して葉を食べ、日中はじっと動かずに過ごす。大きくなると、ほとんどの種の幼虫は、小枝や枝や木の幹の樹皮に張り付いて、垂直に体を伸ばすため、その姿はとてもよくカムフラージュされている。体色は樹皮の色に非常によく似ており、葉や枝が落ちた跡のように見える体の模様が、擬装効果を一段と高めている。多くの種には、体の両脇に短い繊維からなる房縁《ふさべり》があり、それが樹皮に垂れて、体と樹皮の間の隙間と影を目立たなくしている。成熟した幼虫は地面に降り、落ち葉で身をくるむと、吐いた絹糸で開口部を閉じ、その中でさなぎになる。それから成虫として羽化するまでの三～四週間、このもろい隠れ家が、ある種の捕食者から身を守ってくれることになるのだが、トガリネズミやシロアシネズミのような捕食者をかわすのはおそらく無理だろう。

夜間は眠って昼間元気に活動する動物には、昼間寝て夜活動する動物にはほとんど、あるいはまったく見られない、カムフラージュ効果を高める特徴がある。すなわち、アイマスク、分断色、カウンターシェイディング（逆濃淡）、敵をあざむく動作、周囲の環境に手を加えるといったことだ。

脊椎動物の特徴である標的のような目の形と、焦点の定まった丸く黒い瞳孔《どうこう》は、どんなにうまくカムフラージュしている魚、カエル、ヘビ、鳥、あるいは哺乳類でも、捕食者の注意を惹きつけてしまうだろう。ヒュー・コットの著書には、黒い線やアライグマのアイマスクなどが、いかに脊椎動物の目を目立たせなくするかを説く数多くの例が紹介されている。昆虫の目には瞳孔がないため、通常は（必ずではないが）脊椎動物の目より目立たない。しかしコットは次のようにも書いている。ブラジ

図4　目を黒い線でおおい隠す模様を持つ動物は多い。たとえば、アライグマ、ヨコバイ、アメリカオオモズには、アイマスクのような模様がある。

ルのバッタは「緑色の昆虫だが、その茶色の目は緑色の体色とくっきり対比をなしており、……その特徴は注意を惹きつける可能性が高い……しかし、分断された環境の中でこのバッタを見ると……その目はほとんど目立たない……二本の太い茶色の縞模様に埋もれているからだ……それぞれの縞は目から体の後ろのほうに頭部を越えて伸び、途切れないまま胸部を経て、翅までずっと続いている」。それはまるで、バッタの絵を描いている画家が「目の部分がまだ乾いていないうちにうっかり指でこすってしまい、絵具をバッタの体まで引っ張ってしまったように見える」

多くの動物には「体色より濃い、あるいは薄い帯状の縞模様がある。このような模様は分断色と呼ばれ、特徴的で目立つ体の輪郭を寸断する働きをしている」と指摘するのはデニス・オーウェンだ。分断色による模様は、魚、カエル、鳥、哺乳類、そして多くの昆虫のカムフラージュを助けている。タバコスズメガの幼虫（トマトの葉を食べる大型の緑色の〝ミミズ〟）には、体の両脇に、白い分断色の線が斜めに何本も走っている。トラフアゲハの輪郭は、前翅と後翅につながって走る黒い線によって、わかりにくくなっている。分断色を持つ最も有名な（少なくとも北米の昆虫学者のあいだでは有名な）蝶は「ホワイトアドミラル」と呼ばれるアメリカイチモンジだ。アメリカアオイチモンジ（英語の通称は「レッドスポテッドパープル」）とおなじ種（*Limenitis arthemis*）の蝶だが、アメリカアオイチモンジのほうには分断色の模様はない。分断色の縞模様は、オオイチモンジ属（*Limenitis*）に属す二〇種類以上の種のほとんどに見られる特徴で、これは、熱帯に生息するベニオビタテハ属（*Anartia*）のように、タテハチョウ科（Nymphalidae）の一部の属にも見られる。

わたしがジム・スターンバーグとアーサー・ゲントとともに発表した論文に書いたように、カナダ南部とアメリカ北部に広がる原生林「ノースウッズ」に生息するアメリカイチモンジの翅には、黒っぽい地の色から浮かび上がる白い帯の模様が、前翅の前縁から後翅の後縁までつながっている。この蝶を、標本箱の中といった自然界以外の場所で見ると、白い帯がくっきりと目立ち、とてもカムフラージュの役目を果たしているとは思えない。ところが、ミシガン州のアッパー半島でこの蝶を採集したとき、とりわけ未舗装道路の縁の小さな岩陰で地中の水分を吸っていたときには、簡単には周囲と見分けがつかなかった。イリノイ州にいるアメリカアオイチモンジは、数メートル離れたところからでも見つけられるのだが、ミシガン州の岩のあいだにいるアメリカイチモンジはいつも周囲と見わけがつかず、近づきすぎて網をかける前に飛び去られてしまう。第一〇章でくわしく見ていくことになるが、アメリカイチモンジの生息域の南部に生息するアメリカアオイチモンジは、捕食者を追い払う非常に異なる方法を進化させたために、分断色を手放してしまったのだ。

分断色が捕食者から動物を守る傾向があるという仮説を証明するために自然界で行われた実験はいまだかつてただ一つしかない。驚くことに、それが明記されたのは、二〇〇五年という、ごく最近のことだ。イネス・カットヒルと共著者が二〇〇五年に『ネイチャー』誌で発表した論文で言及したこの実験とは、ロバート・シルバーグリードが共同研究者とともに、パナマのバロ・コロラド島〔スミソニアン熱帯研究所がある〕で行い、一九八〇年に『サイエンス』誌で発表したものである。シルバーグリードらは、ベニモンシロオビタテハ（*Anartia fatima*）の黒っぽい翅の表面にある白い帯状模様（アメリカイチモンジの模様によく似ている）を黒いマジックで塗りつぶした。そして対照群の蝶の模様は塗りつぶさないかわりに、模様に近接する黒い部分に対照用の標識を付けた。その後、二一週間にわたって、採集と放蝶を繰り返した結果、寿命と翅の損傷については、実験群と対照群とのあいだに有意な差がなかったことが判明した。シルバーグリードらはこれをもって、この蝶の分断色は、視覚により獲物を狩る捕食者から身を守る手段にはなっていないと解釈したのである。

しかし、ジム・スターンバーグとわたしは、白い縞模様を黒く塗ったことにより、対照群は、同地域に複数種生息している味の悪い黒い蝶に姿が似るという結果を招いた事実を指摘した。言いかえれば、分断色を黒く塗られた可食性のベニモンシロオビタテハは、不快な味がすることによって捕食者を遠ざけている他の蝶を人工的に模倣することになったわけである。シルバーグリードのグループのデータの解釈と我々のデータの解釈のうち、どちらを選ぶべきかを客観的に判断する方法はないため、この実験はまだ最終的な結論を導くには至っていない。

自然界における動物の分断色の隠蔽効果を示す明白な証拠は今日に至るまで得られてはいないとはいえ、カットヒルのグループが人工的なモデルを使って行った野外実験は、分断色の仮説におけるふたつの重要な予測を支持するものになった。すなわち「分断色は、体の端にあるときのほうが、ランダムに散らばっているときより隠蔽効果が高い」、および「コントラストが強い色は、弱い色より分断効果が高い」という予測の正しさが証明されたのである。(ちなみに、科学とは、こうやって機能するものだ。仮説は、それから導かれる予測が正しいかどうかを調べることによって検証されていく)。この実験のモデルとは、樹皮とおなじ地の色の上にさまざまな色や模様を施した三角形の紙に、死んだミールワーム(甲虫のジューシーな幼虫)をピンで留めたもので、実験は、それらを英国の自然保護区の木の幹に留めることによって行われた。その結果、仮説から予測されたように、コントラストの強い分断色の模様が三角形の縁にあったモデルは、コントラストの弱いモデルより鳥に発見される率が低かった。統計上、この差異が偶然に生じた確率は一〇〇〇分の一でしかない。

コットは次のように書いている。「動物あるいは他のどんな個体も、戸外で観察すると、入射光が空から降り注ぐために、上部表面は下部より明るく照らされる。この上からの光の効果により、体の上のほうの色調は明るく見え、体の影になる下のほうの色調は暗く見える」。この光と影のコントラストがあるからこそ、二次元の写真に写っている円筒やボールも、実際は立体物であるとわかるのだ。そのため、どれほど保護色によって見事に背景に溶け込んだとしても、明らかに三次元の動物は、鳥や他の捕食者にいずれ見つかってしまう。

おそらく読者の方も、魚やヘビ、鳥、ウサギ、昆虫といったほぼすべての動物では、背中のほうが腹よりも色が濃いことにお気づきだろう。これは、カウンターシェイディング（逆濃淡）と呼ばれる配色だ。もし動物の背と腹の表面がおなじ色をしていたら、体の陰になる腹側は、光をより多く浴びている背側より暗く見えて、動物の立体的な姿をあらわにしてしまう。だが、もし腹側の色調が、より明るく見える背側の色調に継ぎ目なく溶け込むようなものであれば、立体感を表わすコントラストは打ち消される。コットの次の言葉は、わたしが説明するよりも、ずっと端的にこのことを表現してくれるだろう。「画家は、光と影の技を駆使して、平面の上に丸みという幻想を作りだす。一方、自然は、カウンターシェイディングを正確に用いることにより、丸みのある面の上に平面という幻想を生みだす」

イモムシには背側が濃い色で腹側が淡い色のものもいるが、たとえばタバコスズメガの近縁の蛾の幼虫のように、背側が淡く腹側が濃いという、カウンターシェイディングとは反対の配色を持つものもいる。その理由はもちろん、こういったイモムシは通常、茎の裏側に逆さまに張り付いて体を伸ばしているからだ。コットの本には、戸外で撮ったヨーロッパウチスズメ（スズメガ科 Sphingidae）の幼虫の写真がある。小枝や茎の裏側といった通常の位置に逆さまのポジションでしがみついているときには、背と腹のコントラストが完全に打ち消されているので、イモムシは目立たない。だが、コットが小枝の上に背中を上にして載せたイモムシの姿は、背と腹のコントラストが際立ち、まるで腫れた親指のように目立って見える。

ふつう、カムフラージュしている動物——たとえば、その場に凍りついたウサギや木の幹で休んでいる蛾、次の獲物を待ち伏せるカマキリ——は、動いてしまうと、そこにいることがばれてしまう。しかしときには、動くことがカムフラージュの効果を高める場合もある。インドのコノハチョウ〔英名は「枯れ葉蝶」を意味する「デッドリーフ・バタフライ」〕は、その名の通り、枝からぶらさがっている枯れ葉のあいだで休むことによって鳥などの捕食者から身を守っているが、この種だけでなく他のコノハチョウも、風に吹かれる木の葉を模しておだやかに体を左右にゆらす。本書を書いている今、わたしの目の前には、額に入ったアジアのコノハチョウの標本がふたつ壁に掛っている。一方の標本の広げられた翅の表側（表翅）はよく目立ち、枯れ葉のようにはまったく見えない。しかし、翅を閉じて休んでいる姿勢で枯れ枝にとまっているもう一方の標本は、じゅうぶんに枯れ葉として通用する。灰色がかった翅の裏側〔裏翅〕に走る線の模様は、葉の主脈と側脈にそっくりだ。後翅の先にある、ぴったりと重なっている短い尾状突起は、葉と茎とをつなぐ葉柄《ようへい》に見え、前翅の先端にある、重なってカーブしている突起は、熱帯の木の葉に特有の「ドリップティップ」〔大雨の水滴を落とすための尖った葉の先端〕を思わせる。

一九二九年に英領ギアナ〔現ガイアナ共和国〕へ向かうオックスフォード大学の遠征隊を率いたR・W・G・ヒングストン少佐は、『ギアナの森の博物学者（*A Naturalist in the Guiana Forest*）』で、まだ成虫になっていないカマキリが見せた、カムフラージュ効果を高める動作について記している。カマキリは、逆さまになって樹皮にしがみつき、不用心な昆虫が近づくのを静かに待つ。腹部以外は樹皮とおなじ灰色をしていて、樹皮に生えた地衣類に似せた緑色と黄色の模様がある。しかし、逆さになったカマキリの背の上に折り返すように垂れ下がった灰緑色の腹部は木の葉にそっくりで、体自体は動かないものの、この腹部は風にそよぐ木の葉を模して揺れる。「ときにはかすかに、ときには活発に。まるで木の葉が、かすかな風になびいたり、強い風にあおられてはためいているかのように見える」とヒングストンは描写している。

カムフラージュ効果を高めるために周囲の環境に手を加える昆虫については、初期の博物学者の記述がいくつかある。コットは「緑色をした驚くべき南米のイモムシは……自分に大ざっぱに似た形が数か所残るように葉を食べ……食べ残した形それぞれの一端が主脈に接するようにする。そのあと、自分の体も、一端が主脈に接するように、食べ残した形の隣に位置づける」と記している。こうして静止したイモムシは、いわば群衆の中に身を隠すように目立たなくなる。ヒングストン少佐は英領ギアナで、似たような擬装を異なる方法で行うイモムシを観察している。こちらの方のイモムシは、細長い葉をえさにし、葉の先の三分の一ほどを、主脈を残して食べる。そのあと、葉の葉身《ようしん》〔葉の本体の部分〕から自分の体の大きさほどの一片を切り取り、裸になった主脈に絹糸を吐いてくりつける。イモムシの体色はこの葉身とほぼおなじなので、主脈の先端にいると、まったく目立たなくなるという。

ウォルター・リンセンマイヤーは、美しい挿絵に彩られた『世界の昆虫（*Insects of the World*）』の中で、「若い昆虫、とりわけカメムシ類や甲虫類の幼虫は扮装するものが多い……砂や土、さらには自分の糞まで使って体をおおう。そういったものを体にある鉤のような突起や剛毛などでつなぎとめるのだ」と書いている。マーク・モフェットは、エクアドルで観察したカクレウロコアリ（*Basiceros singularis*）という珍しいアリは「飛び抜けて汚い。体じゅうが泥にまみれているのだが、この泥を体に生えた細かな毛がつなぎとめている」と記述している。さっさと逃げるありふれたアリとはちがい、この非常に動きののろいアリは周囲とまったく見分けがつかない。動く速度はまるでカタツムリだ。だが、これはカクレウロコアリにとってはまったく問題ない——好物はカタツムリなのだから。

サシガメ（サシガメ科 Reduviidae）には、〝トコジラミを狩る覆面ハンター《マスクト・ベッドバグ・ハンター》〟として知られている一種がいる。覆面と呼ばれるわけは、その科の他のいくつかの種と同様に、体をごみや残骸でおおって身を隠すからだ。スティーヴン・マーシャルは、こう書いている。「若虫は、ねばねばする物質を分泌するので、すぐにごみの層で体がおおわれる。その材料は、切断された獲物の死骸から綿ぼこりにまでおよんでいる。もし居間の隅っこをうろつく綿ぼこりに気が付いたら、近づいてよく見てみるといい。それは〝トコジラミを狩る覆面ハンター〟かもしれないから」

ある種のカムフラージュ——ふつうは、より端的に「スペシャル・リゼンブランス」〔特殊な類似の意〕あるいは「隠蔽的擬態《ミメシス》」と呼ばれる——では、背景に溶け込んで姿を消すようなことはせず、姿をさらしたまま、かえって目立っていることが多い。こういった動物は、食べられないものや、腹ペコの捕食者でも興味を示さないものに擬装することによって身を隠す。その擬装の対象は、鳥の糞や小枝から、おなじ種の他の個体と共同して作る小さなスパイク状の花房にまでおよんでいる。

第五章　鳥の糞への擬態、さまざまな擬装

アゲハチョウの幼虫の中には、ほかの数種の昆虫とおなじように鳥の糞に擬装するものがいる。たとえば、庭のパセリをむしゃむしゃ食べてしまうクロキアゲハの幼虫は、さなぎになる直前の最終齢〔〝齢〟とは脱皮回数で示す幼虫の成長段階〕とそのひとつ前の齢には保護色になるが、孵化したばかりの一齢幼虫と二齢幼虫の段階では鳥の糞に擬態する。

一八九二年、インドにいたA・ニューナム大佐は、甲虫をとろうとして低木に手を伸ばし、「すんでのところで、気持ち悪いカラスの糞らしきものに触れそうになってしまった。だが驚いたことに、それは体を半分葉の上にだらりと寝そべらせ、残りの半分を葉の端からぶらさげているイモムシだったのだ」と書いている。鳥の糞に擬態していたイモムシはモデルの糞にそっくりで、見る者を見事にあざむいていた。ニューナムは、こう続ける。「配色によって、糞の表面のさまざまな様子——乾いた上部、湿って柔らかくネバネバしている本体、そして艶のある玉のような末端——を表現する技量

はあっぱれとしか言いようがない。たとえ優れた画家が使えるかぎりの材料を使っても、これほどのものは描けないだろう」

H・O・フォーブスは、ジャワ島で葉に落ちた鳥の糞の上で休んでいると思われた蝶（セセリチョウ）をつまみあげたときに、おもしろいクモを発見することになった。意外なことに、蝶を持ちあげたとき、体の半分がとれて糞にくっついたままになってしまったのである。〝糞〟に触れたフォーブスは、自分の目は「完全にあざむかれていた。その排泄物は見事な配色のクモで」罠をしかけていたのだと記し、次のように説明している。

葉の上に落とされてからまだあまり時間のたっていない鳥やトカゲの排泄物がどう見えるかは、誰もがよく知るところだろう。密度の高い中央部の色はチョークのように真っ白で、ところどころに黒い色が混じり、その縁は水っぽい部分が乾いて固まっている。木の葉が水平に位置していることはほとんどないので、この水っぽい部分は木の葉の端に向かってたれていることが多い。このクモは……全体的には白っぽい色をしている。腹側、つまり露出している部分はチョークのように真っ白だが、前脚と中脚の下部および頭部と腹部にある点は漆黒だ。

このクモは、ふつうのクモの巣のようなものは編まない。そのかわり、濃緑色の突き出した葉の上に、非常に細い糸で編んだ不規則な形の膜を作る。それは傾いた葉の下方に向かって流れるように細くなり、先端はやや太くなっている。クモはこの膜の上にあおむけに寝そべり、前脚の腿節の表側にある数個の強靭なトゲを膜の下に差し込んで体を固定すると、脚を胸部の上で組む。こうして、白い腹部と黒い脚で鳥の糞の中央部と黒い部分を模し、体の周囲にある薄い膜で糞の周囲の液状の部分が乾いた様子を再現するのだ。しかも、糞の一部が流れて先端にたまって膨らみ、その後乾いた様子まで模している。クモはこうした姿で、自信たっぷりに獲物を待ち受けるのだ。

アフリカのある種の蛾の幼虫も鳥の糞のように見える。このイモムシは食べる葉の上で休む――もちろん、葉の表側で（鳥が木の上を飛びながら落とす糞、またはとまった梢の上から落とす糞が葉の裏側に付くことは絶対にないため）。イモムシは、まだ幼くてサイズも小さいときには群居して、木の上部のねぐらにすむ複数の小鳥が落とした数多くの小さな糞の粒という印象を与える。だが生育してサイズが大きくなると、群居する習性を捨てて離れて暮らし、それぞれが大きな鳥の一個の糞のように見えるようになる。

R・W・G・ヒングストンは、日中のあいだ、通常、葉の表面で休む蛾について記述している。休むとき、この蛾は翅を大きく開いて葉の表面に押し付けるようにする。その翅の色は真珠のような光沢がある白にスレートのような灰色を掃いたもので、その上に茶色のまだらと黄色い筋が走っている。そういった状態で休んでいると、木の梢から葉に落ちて平らになった小鳥の糞にしか見えない。

アメリカスズカケノキやプラタナスの葉を穴だらけにするハムシの一種（*Neochlamisus platani*）も、おなじような戦略を採用して鳥などの昆虫捕食者から身を守っている。成虫は大型のイモムシの糞の塊によく似ている。黒い色、奇妙な形、デコボコした体表、そしてたった四・五ミリほどしかない体長のせいで、その姿には説得力がある。メスは卵塊を自分の糞でおおって隠し、卵からかえった幼虫は、自分たちの糞の塊で作った袋のような包みの中で暮らす。

ナナフシ（ナナフシ目）、バッタ（直翅目）、蛾とその幼虫（鱗翅目）は、関連性のない三種類の植食性昆虫だが、生きた植物の枝に擬態する手段をそれぞれ独自に進化させてきた仲間を持つ。

熱帯にすむナナフシの中には葉に擬態するものもいるが、北米のナナフシ類のほとんどは、細長い棒のような体つきで小枝のふりをする。こうしたナナフシは通常、非常に長い糸のように細い脚で、ゆっくりと慎重に動く。マルコム・エドマンズは、ナナフシの長い脚は「左右にゆるやかに揺れたり、前後に〝振れたり〟する動きを可能にする。このようにしてゆっくり歩くわけだが、その動作は目立たない。というのは、揺れたり振れたりする動きが、小枝が風に揺れる動きにそっくりだからだ」と書いている。もう一種のナナフシ（*Parasosibia parva*）は、枝から折れた小枝が突き出しているようにしか見えない形で静止する。このナナフシは頭を下にして枝にしがみつき、じっとして動かない。まっすぐ下に伸ばした前脚と長い触角は、ぴったり枝に押し付けられ、中脚はしっかり枝をつかんでいる。頭部より後ろの体は「斜め上の方向にピンと伸ばされ、脚は体にぴったり引き付けられている」とコットは観察している。

コットはまた、同様の擬態をまったくちがった方法で行うオーストラリアのバッタ（*Zabrochilus australus*）についても記している。このバッタは、頭を下にして、体を茎にぴったり押し付け、「前脚と触角を……そろえて茎に押し付ける――ナナフシとまったく同様に」。中脚は茎をつかみ、後脚はまっすぐ上に伸ばし、できるだけ茎にぴったりくっつける。「だが、類似点はここまでだ」とコットは言う。茎から斜めに出ている〃小枝〃は、実はバッタの体ではなく、鞘翅《さやばね》、つまり革のような質感の細長い前翅なのだ。この鞘翅は他のバッタのものとちがい「擬態目的でつくられているので、体に引き寄せて閉じることはできない」という。

シャクガ科（Geometridae）（オオフリシモエダシャクもシャクガ科の蛾）の小枝のような幼虫は、その特徴のある動作から、シャクトリムシと呼ばれる。その動き方について、ジョン・ヘンリー・コムストックは、こう記している。「弧を描くような一連の動きで前進する。まず（前方にある）胸脚で小枝や葉をつかみ、次に背中を丸めるようにして体の後部を前に引きつけ……体の後部にある腹脚によって胸脚近くの基物をつかむ。そのあと、胸脚を基物から離し……体を前方に伸ばすことによって一歩進む。この動作を繰り返して前進する」。シャクトリムシは、頭部のすぐ後ろにある三節に分かれた胸部に通常のイモムシとおなじ三対の胸脚を持つが、腹脚については、他のほとんどのイモムシの腹部に五対のずんぐりした腹脚があるのとちがって、二対しかない。この二対の腹脚は、腹部後端の二つの節にそれぞれ一対ずつ付いている。シャクガ科の学名 *Geometridae* は、〃土地を測る〃という意味のギリシア語に由来するものだ。このような幼虫はコットにとって「まぎれもなく、現在判明しているスペシャル・リゼンブランス〔かつて隠蔽的擬態（ミメシス）の意味で使われていた用語〕のもっとも完璧な例のひとつである」と思えた。シャクトリムシはよく、えさにする植物の小枝を驚くべき精巧さで模倣する。頭部は小枝の先端にそっくりな形をしていて、腹脚と小枝の接合部はふっくらした粒状鱗《りゅうじょうりん》で目立ちにくくなっている。というのは、その淡い色が「接合部を露呈してしまう陰影を打ち消している」からだ。体表のこぶは、つぼみや折れ残った小枝を思わせ、体の模様は葉が落ちた跡のように見える。

ハロルド・バスティンは、ほとんどのシャクトリムシは夜のあいだに摂食活動を行うが、「明るくなると、腹脚で小枝をしっかりつかみ……頭から下を枝から斜め上方に伸ばす。この姿勢を支えるために、多くの種は繊細な絹糸を口から吐いて枝にかける。体を支持するこの糸がどれほど効果を発揮しているかは、糸を切ると、シャクトリムシが、がくんと体を折り曲げることでわかる」と記している。

デニス・オーウェンは、シャクトリムシの個々の種は「自らの寄主植物の小枝に姿を似せており、他の植物の上に置かれると、カムフラージュの効果は大幅に損なわれる」と報告している。寄主植物はシャクトリムシのえさであるだけでなく、すみかでもあるのだ。当然予想されることながら、昆虫たちは自然選択を通して、すみかである寄生植物の特徴的な色と構造に合わせるために、カムフラージュ技術や隠蔽的擬態技術を研ぎ澄ましてきた。四〇万種を超える植食性昆虫には寄主植物特異性があること、つまり、現在判明している三〇万種以上もある植物の中のごくかぎられたものだけしか食べないという、好き嫌いの激しい採餌者であることに留意されたい。実際、非常に近い種の一握りの植物しか食べない昆虫は多い。

ジョン・ヒンメルマンの『蛾を知ろう（*Discovering Moths*）』の美しい写真にあるように、シャチホコガ科（Notodontidae）の「ブラックブロッチト・スキズラ（*Schizura*）」という蛾の成虫は、枯れた枝の短い分枝に擬態する。前述したナナフシのように逆さまになって枯れた枝にしがみつき、細い翅を体にぴったりつけて、体を斜め上方に突き出すのだ。この蛾の翅は全体的に濃い灰色をしているが、その先端は淡い灰色で、はがれかけた樹皮のように見える。

木の幹にしろ岩壁にしろ、地衣類がその環境の目立つ特徴になっているところでは、さまざまな昆虫や他の動物が、地衣類を見事に模倣している。（地衣類は白っぽい苔のように見えるかもしれないが、実際には菌類と緑藻からなる共生生物だ）。彼らは地衣類の不定型の形をまねるだけでなく、コットが記しているように「もっとも工夫に富んだ、目をあざむく分断パターンにより、不規則な突起

図5　夜行性のシャクトリムシは、昼間、小枝に擬装してじっとしている。このむずかしい姿勢は一本の絹糸に支えられている。

や深い割れ目といった視覚的印象を生み出す。そのような模様は、蛾の翅のような平らなカンバスやクモの卵型の腹部という曲面の上に描かれた場合でも非常に高い視覚効果を発揮する」

地衣類を模倣する動物は世界中に見られ、イリノイ州の砂地地帯にも、イングランドの石灰岩の壁にも、全世界のほぼあらゆる山岳地帯の岩肌にも、そして南米の熱帯雨林にもいる。このグループはさまざまな動物から成り、単に昆虫やクモだけでなく、トカゲやアマガエル（たとえば、アメリカとカナダ南部に生息するハイイロアマガエル）なども含まれている。昆虫やその近縁で地衣類を模倣するのは、ザトウムシ、クモ、カマキリ、ナナフシ、バッタ、蛾とその幼虫、ゾウムシ、カミキリムシなどだ。

地衣類に体を似せることによる保護効果は、地衣類におおわれた壁で休んでいたヤガ科の蛾「マーブルド・ビューティーモス」(*Bryophia perla*) に関する次のコットの経験がよく物語っている。鳥は、わたしたち人間とおなじように、目を使って昆虫を探すことを思い出していただきたい。

ブラッドフォード・オン・エイヴォン近郊で起きたことは、今でもよく憶えている。それは、マーブルド・ビューティーの保護色の効果を記録に残すため、古い壁にとまっていた蛾を撮ろうとして、被写体から約三〇センチほど離れたところでカメラの三脚を直したときだった……露光させる前に、蛾がまだその場所にいるかどうか確かめようとして、わたしは目を上げた。だが、どうやらカメラの最終調整をしたときに蛾をじゃましてしまったらしかった。いずれにしろ、蛾は消えてしまっていた。それでも、ほんとうに去ってしまったのかどうか確かめるため、わたしは蛾がとまっていた石の壁を、カメラを向けた角度に沿って、もういちど目を凝らして調べたが、やはり蛾の姿はみとめられなかった。被写体は逃げてしまったのだろうと観念し、感光板をひっくり返して交換しようとしたそのせつな、わたしは気づいたのだった。何度も蛾を見過ごしてしまっていたことに。わたしの〝ブリオフィア〟〔この蝶の学名〕はずっとそこにいたのである。まったく動かず、体をさらしたまま、わたしをじろじろ見ていたのだ」

隠蔽的擬態のもっとも驚くべき例、すなわち見る者をまどわす程度がきわめて高い例は、同翅亜目（ヨコバイ亜目）に属すアフリカのハゴロモ（*Ityraea* 属）が二〇匹以上の集団でつくりあげる擬装だ。六ミリほどの体長で、幅の広い翅を持つこのハゴロモは、一見すると小型の蛾のようにも見え、オスにもメスにも、緑の翅を持つ型とピンク色の翅を持つ型がある。

一八九六年に出版した『大地溝帯（*The Great Rift Valley*）』の中で、当時の大英博物館自然史部門〔現在の自然史博物館〕に所属していたJ・W・グレゴリーは、東アフリカで友人とともに驚くべき発見をしたときの様子を次のように綴っている。「地域の布教拠点にいた宣教師のワトソン氏とともに、キブウェジ川に沿う森の中で調査を行っていた際、わたしはジギタリスのような大柄で鮮やかな花に惹きつけられた」。この〝花〟は、バーベナのように、縦長の茎に沿って下から上に咲いていく小さな花やつぼみが集まった穂状《すいじょう》花序《かじょ》の姿をしていた。しかし花に触ったグレゴリーは唖然としてしまった。「花とつぼみが四方に飛び散った」からである。彼は、アマチュア植物学者だったワトソン氏に、べつの〝穂状花序〟を指さした。その花を摘もうとしたワトソン氏も、グレゴリーとおなじぐらい、逃げ出した花とつぼみに驚かされたという。

グレゴリーは、茎の上にいたハゴロモの配置は「茎の先端に緑色のつぼみのような形態をしたものがいて、下部にはピンクの花のような虫がいたため、穂状花序とうりふたつで」本物の花と事実上見わけがつかなかったと記している。コットによると、グレゴリーの記述と、本の口絵になっているカラーの挿絵は、多くの関心といくらかの批判を集めることになったという。とりわけ、本物の穂状花序の先端にもっとも若く小さなつぼみが来るのとおなじように、緑色のつぼみのようなハゴロモが、〝穂状花序〟の上部に向かって徐々にサイズを小さくしながら配置されているという、ありそうにない描写に批判が集中した。コットはこう指摘している。「わたしは、サー・ジョン・グレアム・カーに対し、グレゴリーが彼に直接伝えた話を明かしてくれたことに感謝している。グレゴリーは、くだんの挿絵は、個々の昆虫の〝サイズ〟については誤りであったが、その他の点については正しいと主張したそうだ」。グレゴリーの報告の正しさは、世界のさまざまな場所でハゴロモが協力して擬態する複数の同様の観察により証明されている。ジム・スターンバーグとわたしがイリノイ州アーバナで実際に目にした未発表の記録もそのひとつだ。

第六章　フラッシュカラーと目玉模様

身を守る戦略に完璧なものはない。どんなに見事にカムフラージュした昆虫でも、腹ペコの鳥に見つかる可能性は常に存在する。今まで見てきたように、一部の昆虫は身の危険を感じるほど捕食者が近づいてくると、走ったり飛んだりしてさっさと逃げる。第四章で出会ったシタバガ（カトカラ属 *Catocala*）もそんな虫の一種だ。けれども、他の多くの昆虫とおなじように、この蛾は退却戦略を他の手段で補っている。シタバガは、北の森にすむうるさいカナダカケス〔持ち物を取って逃げることから〝キャンプの盗人〟（キャンプ・ロバー）というあだ名がある〕のような目ざとい鳥や実験者などに脅かされると、飛び去る前に突然前翅を持ちあげて、その下にある後翅――ハッとするほど鮮やかな色の上に黒い太い帯がある後ろの翅――を見せるのだ。派手な色を誇示して相手を驚かせる行動には利点が二つある。まず、鳥を脅かして去らせるか、少なくともひるませることにより、逃げるための貴重な一瞬の余裕を手にできる。次に、それでも追いかけられた場合、蛾が別の木の幹にとまれば、鳥はそれを

見失ってしまう可能性が高い。なぜなら、おそらく鳥は、蛾が飛び去るときに見せた非常に目立つ鮮やかな後翅の色を目印にして追いかけるだろうが、この目立つ後翅は、蛾が別の木の幹にとまり、保護色の前翅で隠してしまうと、突然かき消えてしまう。そのため、鮮やかな色の探索像《サーチイメージ》を思い浮かべて獲物を探している鳥は、目立たなくなった蛾が見分けられなくなるのだ。おなじことは、わたしにも経験がある。赤い帯でマークされたクローケー〔芝生の上で木槌を使って四色の木製ボールを打つゲーム〕のボールをラフに打ち込んでしまったとき、なかなか見つけられなかったことがあるのだ。ボールはさえぎるものもなく、ちゃんとそこにあったのだが、赤い帯は隠れてしまっており、わたしは赤い探索像を念頭にボールを探していたからである。

デニス・オーウェンが指摘するように、多くの昆虫や一部の節足動物、さらには数多くの種類のカエル、トカゲ、鳥、そして他の脊椎動物も、シタバガがとるのと機能的におなじ戦略、すなわち、逃げる時間をかせぐために、捕食者をたじろがせたり、少なくともその注意をそらすような補足的防衛手段を進化させてきた。昆虫では、シタバガのように〝フラッシュカラー〟(ひらめき色)と呼ばれる鮮やかな色を突然見せるものもいれば、〝目玉模様〟(眼状紋)を見せつけるものもいる。目玉模様は、鳥やトカゲや他の脊椎動物の捕食者の目を写実的に模したもので、瞳孔に当たる部分にはハイライトまで入っている。フラッシュカラーや目玉模様のように視覚的に相手の注意をそらす手段は、ふつう〝威嚇誇示《スタートル・ディスプレイ》〟と呼ばれる。動物はまた、仔を守るために、この防衛手段を使うことがある。フタオビチドリや他のチドリ類のように地面の上に巣を作る鳥の多くは、卵や幼いひなのいる巣をおびやかす潜在的な敵が近づくと、巣から離れて、羽が傷ついているようなふりをする。この行動は、けがをしている親のほうが簡単に捕まえられるという印象を与えて、侵入者（バードウォッチャーのこともあるが、捕食者の場合のほうが多い）に自分のあとを追わせるのが目的だと考えられている。身を守るために敵の注意をそらす手段は視覚に頼る必要はない。音を出したり化学物質を分泌したりすることも同様に役に立つ。たとえば、セミを指でつかむと、大きな甲高い音を立てる。セミを食べる鳥なら、びっくりして、くちばしにはさんだ犠牲者を放してしまうかもしれない。もうひとつの予備的な防衛手段は化学物質を使うものだ。刺激的な悪臭やまずい味の分泌液を放出するのである。濃い褐色のヘリカメムシは、カボチャのつるから樹液を吸いとってしまう害虫だが、地面の上では寄生植物であるカボチャの影にひそんでいるため、外敵からよく隠されている。この虫は、押されると、背中にある腺からひどく不快なにおいを分泌する。

シタバガなどの蛾のほかにも、防衛手段としてフラッシュカラーを誇示する種を含む昆虫のグループは多い。たとえば、バッタ、ナナフシ、カマキリ、カメムシ、セミ、ウンカ、蝶などにも、そういった種が含まれている。

大部分のバッタは、鳥や他の昆虫捕食者から逃げるために、跳躍用の後脚のすばらしくパワフルな力を利用する。ピーター・ファーブによると、大型のバッタは、ひと跳びで、約七六センチも跳ぶことができるという。だがヒュー・コットは、フラッシュカラーを利用するバッタもいると指摘する。鮮やかな色をした膜のような後翅が、革質の目立たない細い前翅（鞘翅）の下に扇子《せんす》のひだのように折りたたまれているのだ。南欧にすむバッタの後翅には「深紅色で、黒っぽい縁取りがあり」、「アマゾンに生息する美しい緑色のバッタの後翅は……紫色をしている」。そして、すばやく逃げおおせられなかったときにそなえて、一部の種の脚には恐ろしい鋭利なトゲがある。万一つかまったときは、捕食者の体をそのトゲで切り裂くのだ。

風光明美なコネティカット州の田舎（今では、そのほとんどが開発されて住宅地になってしまったが）を歩き回る駆け出しの博物学者だったわたしは、よく晴れた夏の日に、道端や乾燥した畑から大型の茶色いバッタ「カロライナ・グラスホッパー」(*Dissosteira carolina*) が突然跳びあがる姿にしょっちゅう驚かされたものだった。その灰褐色の体色は、このバッタがよくいる地面にうまく溶け込んでいる。バッタはこのカムフラージュをあてにして、鳥やヒト、あるいはその他の脅威となるものが危険を感じるほど近づいてくるまで、じっと地面に静止して待つ。そして突然空中に跳びあがり、パチパチという音をたて、黄色い縁取りのある黒い後翅をはっきり見せつけながら飛んでいく。そして数メートル先の地面に降り立つと、カラフルな後翅を灰褐色の前翅でさっとおおい、体の向きを変え、侵入者に向き合って静止するのだ。保護色のおかげで、その姿はほとんど見えなくなる。カロライナ・グラスホッパーの近縁種で、カリフォルニア州とオレゴン州南部に生息する「バンド・ウィングド・グラスホッパー」もほぼおなじ行動をとるが、その後翅には大きな深紅色の模様がある。

ネルソン・アナンデイルは、一八九九年から一九〇〇年にかけてウォルター・スキートの引率下で行われたマレー半島への遠征報告の中で、あるバッタが示した身を守るための珍しい誇示行動について記している。「この〝フデッド・ローカスト〟〔「帽子をかぶったバッタ」の意〕は、手にとっても、ほとんど抵抗しようとしない」。おそらく、その跳躍用の後肢は「あまり発達していない」ため、他のバッタのようには護身の役に立たないからだろう。そのかわり、それまで頭部の後ろに裏返しに隠されていた大きな「緋色の」袋を（おそらく血圧を高めることによって）めくりあげる。バッタの姿は、このめくりあげられた袋が頭部の後ろに帽子のように突き出すことによって誇示される。「人間の観察者なら、鮮やかな色の内部組織が首から漏れ出し、標本にする検体を傷つけてしまったと思うにちがいない」

フラッシュカラーは、それを突然見せつける前に、何らかの形で隠しておかなければ相手を驚かすことはできない。つまり、昆虫（あるいは他の動物）は、捕食者かもしれない侵入者に対して目前の危機を感じたときにだけ、フラッシュカラーを見せるようにしなければならないのだ。アマゾンの密林に生息するセミの威嚇誇示は、このことを美しく例示している。ほとんどのセミの前翅と後翅は、付け根から先端まで完全に透明無色だ。しかし、コットが指摘しているように、このアマゾンにすむセミの後翅の付け根は「翅の半分ほどのところまで、鮮やかな朱色に彩られている」。コットは次のように続ける。「この色は、もちろんそのままでは、木にとまっている状態のセミの透明な前翅を通して丸見えになるだろう。ところがこのセミでは、後翅の朱色の部分にほぼ重なる前翅の部分が、不透明なオリーブグリーンに彩られているのだ。そのため翅がたたまれているときには、隠蔽色の緑色の部分がシャッターのように閉じ、その下の朱色の部分は隠される」。こうして、後翅の朱色の部分を突然見せつけられたものは、びっくりしてしまうというわけだ。

北米のナナフシは、フロリダにすむ一種を除き、すべてまったく翅がない。だが世界には翅があるナナフシが約二五〇〇種存在し、そのほとんどが熱帯地方に生息している。とはいえ、ナナフシにおける進化の傾向は、翅の消失、あるいはそれよりよく見られるように、翅（通常は前翅）が小さくなることだ。それでもマルコム・エドマンズによると「ナナフシはよく、前翅を持ちあげることにより、突然サイズが大きくなったような印象を与え、後翅の鮮やかな色または目玉模様を誇示する」という。コットが記しているように、たとえばマレー半島に生息する種のように前翅が非常に小さかったり、まったく存在しなかったりしている場合には、飛翔能力のある大きな後翅の一部（翅がたたまれているときに、もっとも上部にくる部分）は保護色に彩られ、その下に扇子のひだのようにたたまれている膜状のカラフルな部分を隠している。ニューヘブリディーズ諸島にすむ飛べないナナフシの一種（*Cnipsus*）の翅は、前翅も後翅もごく小さくて、その機能は完全に護身用の誇示にかぎられている。カムフラージュを見抜いた捕食者が近づいてきたり攻めてきたりすると、このナナフシは小さな保護色の前翅を持ち上げ、その下に隠れている小さな鮮紅色の小さな後翅を見せつける。

イオメダマヤママユ（*Automeris io*）は、野蚕《やさん》（ヤママユガ科 Saturniidae）の一種で、アメリカ全域とカナダ南部の東半分の地域に一般的に見られる。この蛾には、鳥やヒトさえも驚かす見事な防衛手段がある。夜間は活発に動き回るが、昼間は植物、とりわけ葉の上にとまり、前翅が後翅を隠すような姿でじっと休んでいる。だが、危険を察知すると、突然前翅を広げてカラフルな縁模様のついた後翅をあらわにする。この後翅には、それぞれ大きな目玉模様があり、瞳孔にあたる部分には白いハイライトまで入っている。これはとても説得力のある脊椎動物の目の模倣だ。実のところ、広げられた翅は、小さなフクロウの顔を思わせる。捕食者に対する昆虫の化学的防衛手段の研究における第一人者、トマス・アイスナーは、昆虫に対する関心が芽生えたウルグアイでの幼少期を回顧する中で、イオメダマヤママユの近縁種でよく似た模様を持つ蛾（*Automeris coresu*）を初めて見たときのことを綴っている。「メダマヤママユに初めて出会ったときにびっくりしたこと、そして、捕食者たちも自分とおなじように目玉模様にだまされるのだろうかと思いをめぐらしたことをよく憶えている」

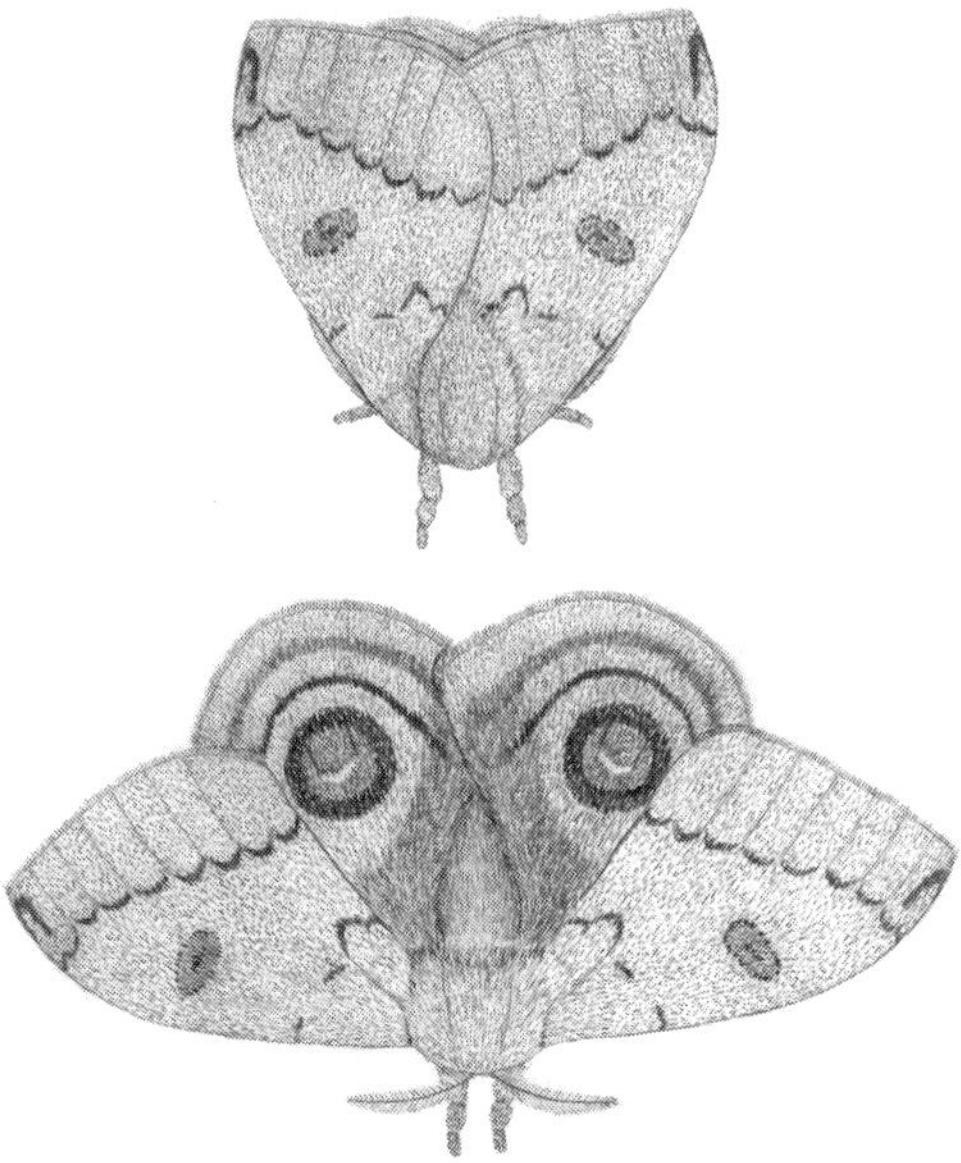

図6　夜間しか活動しないイオメダマヤママユは、昼間は保護色をたよりに捕食者から身を守ってじっとしている。だが鳥などに見つかっておびやかされると、前翅を持ちあげて、恐ろしげな二個の目玉模様を誇示する。

もう一種の北米に生息する野蚕、ポリフェムス蚕《サン》（*Antheraea polyphemus*）にも後翅に似たような目玉模様があり、それを誇示して捕食者を撹乱する。故ジョン・バウズマンとジェイムズ・スターンバーグによると、もしそれだけでは敵が追い払えないときには、地面に落下して、体を打ちつけることにより目立とうとするという。「前翅を下向きに地面に打ち付け、そのたびに後翅を持ちあげながら、弾むように前進するのだ」。同様に、南米の熱帯地方に生息する非常に大型のキリギリスは病害で枯れた葉に擬態しているが、危険を察知すると、葉のような前翅を左右に開き、先端近くに大きな目玉模様のあるカラフルな後翅を誇示する。

ベネズエラにすむウスバカマキリは、他の数種のカマキリとおなじように、鳥に対して驚くほど複雑な威嚇誇示を行う。それは、危険を感じると言う人もいるぐらい異様な行動だ。この手の込んだ誇示について、エクトル・マルドナドは次のように描写している。このカマキリは、触角を後方に傾け、口器を大きく開けて、色のついた大顎をあらわにする。次に、胸部の長い第一節を持ちあげ、鎌状の前肢を上に伸ばして体の左右に広げ、腿節（脚の付け根から出ている最初の長い節）にある大きな黒い斑点を見せつける。それから、前翅を持ちあげたあと、模様のついた光沢のある後翅を持ちあげて広げ、そこにある二個の大きな目玉模様を誇示する。さらに、腹部を横にひねって、それまで見えていなかった色のついた帯をあらわにする。最後に、体の部位をこすり合わせてカサカサした音を立て、体を左右に振りながら、斜めに移動するのだ。

マルドナドは、このカマキリが入っているケージに鳥を一羽入れて、この手の込んだ威嚇の効果を調べた。実験は四種類の鳥を数羽ずつ使って行われたのだが、残念なことに、それぞれ何羽ずつ使ったのかは明記されていない。種子を食べるカナリアとブンチョウはカマキリを攻撃せず、じゅうぶん離れた場所にいて近づこうとさえしなかったにもかかわらず、カマキリから威嚇反応を導き出した。食虫性のムクドリモドキとテリバネコウウチョウも、カマキリから威嚇行動を引き出した。テリバネコウウチョウは、威嚇するカマキリに近づき、数羽は実際にくちばしでつつくことさえした。つつかれたときも、そうでなかったときも、カマキリは威嚇行動を増大させ、近づいてくる鳥を、恐ろしげな鎌状の捕脚で攻撃した。攻撃されたテリバネコウウチョウは跳びあがってカマキリから離れ、ケージの反対側に逃げたという。カマキリを殺すことができたテリバネコウウチョウは、ほんの数羽だけだった。「それも通常は、ようやく実験時間（二時間）の最後近くになってのことだった」。ムクドリモドキは、もっと攻撃的だった。マルドナドは、ムクドリモドキとカマキリの遭遇について、次のように記している。

鳥はケージに入るやいなやカマキリを攻撃しはじめ、両者のあいだに激しい戦いが繰り広げられた。オレンジムクドリモドキがくちばしでつつくと、カマキリはあらゆる誇示行動を荒々しく増大させて反応し、鳥はふいに跳びあがって後ずさりした。数分間にわたり一連の出来事がドラマティックに展開した。すなわち、カマキリは体の部位をすり合わせて甲高い音をたて、鳥が近づくと前脚で攻撃する一方、鳥は攻撃と後退のあいだに、くちばしで鋭い一撃を繰り出した。ついにオレンジムクドリモドキはカマキリをくちばしにはさむことに成功し、地面に投げつけてから、片方のつま先でわしづかみにして止まり木に運び、その上で食べてしまった。とはいえ、何回かの実験では、この一連の出来事は瞬時に終わり、カマキリがただちに殺されたこともあった。というのは、鳥の攻撃があまりにもすばやかったため、カマキリは敵の襲来に気づかず、誇示行動をとる暇がなかったのである。

フラッシュカラーと目玉模様は、自然選択を通し、一部のバッタ、カマキリ、ウンカ、甲虫、そして成虫と幼虫の蛾や蝶といった多くの異なる昆虫において、互いに関わりなく独立して取り入れられてきた。こういった昆虫の敵に対する警告が自然選択で優遇されるのであれば――そのように見受けられるが――それらは昆虫に何らかの恩恵をもたらしているはずだ。おそらくは、たった今見たように、捕食者を退けるという形で昆虫を助けるのだろう。これは魅力的な仮説であるが、科学というものは、実験あるいはシステマティックな観察を通した検証を要求する。そのような検証は、自然界に暮らす生物を使って行うのは難しいし、たとえ実験室で行うにしても容易ではない。それでも、フラッシュカラーと目玉模様に捕食者を退ける傾向があることを示す説得力のある例証はいくつか得られている。

シタバガの鮮やかな後翅が、攻撃してくる鳥を驚かす可能性については、その仮説を裏付ける観察と実験がある。それは、セオドア・サージェントが行ったもので、飼育されているアオカケスが鳥小屋の中でシタバガを攻撃する様子を観察し、カケスによる蛾の捕え方と、カケスから逃れた蛾が受けた翅の損傷に注目したのだ。翅の損傷の特徴は、損傷を受けた状況によって異なる。たとえば、飛翔中に捕えられた蛾は、通常翅の一枚をくちばしでつままれるため、前翅か後翅の一枚だけに欠損部が生じることが多い。休んでいるときに襲われ、前翅と後翅が重なる部分をつままれた蛾は、双方の翅に対応する欠損部がある。まったく欠損している部分はなくても、鳥のくちばしによる三角形の跡が〝くっきりと〟刻印されて残る場合もある。サージェントは、この跡が生じるところを目撃していた。シタバガの派手な後翅に驚いて、鳥が一瞬くちばしの力をゆるめたときに蛾が逃げおおせたのだ。その後サージェントは、戸外で採集した野生の蛾にも、おなじような跡があることを発見した。戸外で捕えた合計七三匹のうち一八匹（二五パーセント）の翅には、くちばしの跡だけがくっきりとついていた（この率は、鳥小屋では、二九匹のうちの八匹、すなわち二八パーセントだった）。このことは、野生の蛾もおなじように、カラフルな後翅をぱっと誇示したときに鳥から逃げられたことを示唆している。

サージェントが教えていた大学院生のフランク・ヴォーンが行った実験でも、飼育されたアオカケスが、実験用の採餌装置からミールワームを取り出す際に、不慣れな色を見ると躊躇することが示された。この実験では、ミールワームを茶色のふたのついた穴の中にある茶色の円盤の下に隠し、ふたを横にずらしてから、円盤を持ち上げてミールワームを取り出すよう、数羽のカケスに学習させた。そののち、数種類の鮮やかな色の円盤の下にミールワームを隠して与えたところ、カケスは、なじんだ色の円盤の場合より有意に長い時間、円盤を持ち上げるのを躊躇した。

デブラ・シュレノフは、シタバガの模型を作り、それを飼育されたアオカケスに与えることによって、威嚇仮説を検証した。模型の灰色の前翅は三角形の厚紙製で、後翅は無地の灰色または黒の薄いプラスチックに、カトカラ属の蛾のように、赤または黄色で縁取りをしたものだった。カケスは模型の前翅を持ちあげて、片方の前翅の裏に糊づけされた好物の松の実を手に入れるように訓練され、灰色の前翅を持ちあげると、その下のプラスチックの後翅が直ちに姿を現すような仕組みになっていた。

シュレノフは実験の結果を次のようにまとめている。「灰色の後翅を持つ模型で訓練されてきたカケスは、カトカラ模様の後翅を見て驚愕反応を示した。これとは対照的に、カトカラモデルで訓練されてきたカケスは、見慣れない灰色の後翅にさらされたときにも驚くことはなかった」。模様のある後翅にもっとも強烈に反応したカケスは、前翅をくちばしから放して落とし、頭頂部の冠羽を逆立てて、飛び去り、警戒声を上げ、くちばしをぬぐった。「カトカラ模様に対する驚愕反応は、カケスがそのモデルに慣れるまで、数日間続いた。カケスが一種類のカトカラ後翅模様に慣れても、新たなカトカラ模様を見せると、常に驚愕反応を示した。なじみのカトカラ後翅模様を例外的な文脈……つまり異なる前翅模様に関連付けて……示すと、これもまたカケスから驚愕反応を引き出した。したがって、新しいもの、変わっているもの、目立つもの、そして例外的なものは、驚愕反応を引き起こす潜在的な刺激特性であると考えられる」

しかしA・D・ブレストは、本物の昆虫を使って実験を行ったのだった。ヨーロッパの美しいクジャクチョウ（*Inachis io*）には、四枚の表翅それぞれに一個ずつ、合計四個の大きな目玉模様がある。この蝶が翅を背の上に閉じた状態で休んでいるときには、保護色の裏翅しか見えない。だが、危険を察知すると、ブレストが記述するように、身を守るための誇示行動、すなわち「翅を広げて……目玉模様を誇示するという一連の行動を繰り返す」のだ。この誇示行動には、翅のある部位をこすり合わせることで立てるシューという音がともなう。

ブレストは一九五〇年代に、この蝶の目玉模様が実際に鳥の「逃避反応」を引き起こすかどうかを見きわめたいと思った。彼には、小型の鳥が「自分の体長より大きな開張を持つような」蝶や蛾を攻撃するかどうかは定かではなかったが、結局のところ体長約一六・五センチのキアオジが、開張一二・七センチを超える野蚕を攻撃する様子を目にすることになった。わたし自身の経験も、ブレストの観察結果を裏付けている。理由は忘れたが、あるときわたしはイリノイ州アーバナで、真っ昼間に、開張が一五センチもあろうかと思われる大きなセクロピアサンを放ったことがあった。すると、どこからともなくおそらく体長一五センチより小さなイエスズメが現れて、飛翔中の巨大な蛾を攻撃したのである。そのときのことは、今でも鮮明におぼえている。とはいえ、セクロピアサンは、スズメの攻撃をまんまとかわして逃げてしまった。

ブレストはキアオジの反応を、二つのグループの蝶（目玉模様をそのまま残した蝶と目玉模様の鱗粉をこすり落とした蝶）で比較した。鳥の反応から判断すると、目玉模様は実際に鳥の逃避反応を引き出すようだった。六羽のキアオジで合計一五九回の実験を行った結果、目玉模様のある蝶は鳥の逃避行動を一二八回引き出したが、目玉模様が除かれた蝶では、逃避反応は三一回しか観察されなかったのである。

そのほぼ五〇年後、包括的な書『攻撃回避（*Avoiding Attack*）』において、グレアム・ラクストンと共著者は次のようにコメントした。「残念ながら、ブレストの研究から得られるものは少ない。というのは、じゅうぶんな詳細が……提供されていないからだ」。それでも著者たちは、目玉模様が、経験の乏しい鳥から逃避行動を引き出すことについては、ブレストの結論を認めている。彼らの見解は正しい。とはいえ、ブレストの実験が確定的なものでないことも確かである。彼の実験には対照群が含まれていなかったからだ。たとえば新薬の治験では、ひとつのグループには実際の薬が投与されるが、もうひとつのグループには対照群として、砂糖でできた偽薬、つまりプラセボが投与される。その意図はもちろん、薬がプラセボより効果が高いかどうかを見きわめるためだ。ブレストの実験の不備は、鱗粉をこすり落とすことにより、目玉模様の除去以外の何らかの影響を生じさせてしまった可能性があることだ。つまり、判明していない何らかの要素が蝶の行動を変え、鳥を威嚇する行為を妨げてしまったかもしれないのである。適切な対照群とは、目玉模様を残す蝶から、目玉模様とおなじ大きさの部位の鱗粉を、翅の目玉模様以外の部位でこすり落としたグループだ。もし鳥が、この対照群の蝶に対しても、目玉模様だけをこすり落とした蝶のグループとおなじ程度の回避反応しか示さなかったとしたら、目玉模様を除いたことは、鳥の行動にはほとんど、あるいはまったく影響を与えなかったという結論を下さなければならなくなる。

二〇〇五年にエイドリアン・ヴァリンと同僚たちは、対照群を含めてブレストの実験を再現した。この実験では、食虫性の野生のアオガラ（北米のアメリカコガラの近縁種）に、目玉模様を塗料で隠したクジャクチョウと、同量の塗料を目玉模様以外の場所に塗布したクジャクチョウを与えた。その結果、目玉模様は「効果のある防衛手段」であることが示された。「目玉模様が隠されていなかった蝶三三四匹のうち、殺されたのは一匹だけだった。一方、目玉模様が隠された蝶二〇匹のうち殺されたのは一三匹にのぼった。殺された蝶が食べられたという事実は、それらがまずい味ではなかったことを示唆している」。ゆえに、ハッタリによる威嚇は、味のよい被食者にとって、効果的な防衛手段となる可能性があるわけだ。ヴァリンらはさらに、翅をこすりあわせて立てる音自体には何の効果もなく、目玉模様と音の組み合わせと、目玉模様だけの効果は同等であることも示した。この結果は、目玉模様を残した蝶のグループを二つに分けて比較することにより導き出された。すなわち、片方のグループでは、両方の前翅にある音発生器官の一部を切り取り、もう片方のグループでは、両方の後翅から、それとおなじ大きさの断片を切り取って実験を行ったのである。

さらにもう一つの実験で、ブレストはミールワームを水平な台に置いた。この台は、えさの両側に画像を下から投影できるような仕組みになっていて、鳥（ズアオアトリ、シジュウカラ、キアオジ、オオジュリン）がミールワームをついばもうとした瞬間に、画像が投影された。鳥たちは、突然現れた円形あるいは同心円の画像（こころなしか目に似ている）に驚いたが、ほんとうに怖れをなしたのは、寄り目のフクロウに酷似した二個の写実的な目の模様が投影されたときだった。目にはまったく似ていないバツ印や二本の平行線といった模様にはあまり影響を受けなかった。しかし、マーティン・スティーヴンスと共著者たちは、目玉模様が効果を発揮する理由は、それが天敵の目に似ているからではなく、単によく目立つからだと主張している。だが、それならなぜ自然界には、目のように見える目立つ円形または楕円形の印のほうが、目のようには見えず、目立つけれども、驚かされない模様より多いのかという疑問が残る。

大きな目玉模様が、大型で恐ろしい天敵のまぼろしを鳥の目の前に立ち上らせる一方で、小さな目玉模様が、小さくて無害な生物、つまり、えさにできる昆虫であることを示す合図になるというのはじゅうぶんに考えられることだ。だから、小さな目玉模様は標的になる場合がある。鳥が昆虫をついばむときには、尾のほうではなく頭を狙う。そうしたほうが獲物を逃がさないですむ可能性が高いからだ。虫の頭部を知るよい方法のひとつは、目を探すことである。そのため、戦略的に位置づけられた目玉模様は、鳥の攻撃を頭部から、翅や尾状突起といった、より重要度の低い部分に逸らすのに明らかに役立つと思われる。ヴォルフガング・ヴィックラーもデニス・オーウェンも、東南アジアに生息し、針のような尖った口先（口吻《こうふん》）を持つハゴロモの一種 *Ancyra annamensis*（ビワハゴロモ科 Fulgoridae）が、尻を頭部のように見せる見事な術をそなえていることについて記している。「ほんとうの頭はほとんど見えず、ハゴロモが載っている表面にしっかり押し付けられている。偽の頭部にある、よく目立つ触角と黒い目そして黒い口吻は、実際にはすべて翅の先についている付属物だ」とヴィックラーは説明する。逃げようとするハゴロモを頭部をつかむことによって捕えようとする鳥は、偽の頭部を狙う可能性が高い。おまけに、この虫は反対方向に逃げ去るのだから、攻撃は空振りに終わってしまうだろう。ヴィックラーは「このハゴロモは、危険が迫ると、逆向きに跳ぶように見える」といっている。

A・D・ブレストが行った一連の実験では、偽の目玉模様でさえ、攻撃する鳥の狙いを外せることが示唆された。「人工的に育てた、経験の未熟な四羽のキアオジを室内の小型ケージに隔離した。鳥はミールワームの捕食には慣れていたが、目玉模様に遭遇したことはなかった。鳥をケージに馴らしたあと、殺したばかりのミールワームを一匹ずつ与えた。ミールワームは、何も変更を加えなかったものと、塗料で塗ったものの二種類を使った。塗ったものの一部には、腹部終端の数節を白く塗って、白い部分の中心に小さな黒い点を施すことにより〝偽の頭部〟を持たせた」。塗料を塗らなかったミールワームで行った合計五二九回の試行では、鳥は予想された通りミールワームを攻撃したが、そのうち頭部を狙ったのは六〇パーセントで、後部を狙ったのは四〇パーセントだけだった。一方、殺したばかりのミールワームに、前述した方法で塗料を塗って行った別の実験では、まったく異なる結果が得られた。合計四三〇回の試行において、鳥は明らかに目玉模様にだまされたらしい。というのは、六五パーセント以上において、ミールワームの後部にある偽の頭部を狙っていたのだ。

よく晴れた六月のある日、ジム・スターンバーグとわたしは、腹部の先端が頭部に見えるように擬態した昆虫を見つめていた。場所はイリノイ州の中西部にあるサンドリッジ州立公園。そこはすばらしい砂地が広がる地域で、わたしがアメリカ国内で自生するウチワサボテン（オプンティア属 *Opuntia*）を目にした数少ない場所の一つである。ジムが採集していたのは蝶、わたしが採集していたのはハナアブだった。ハナバチやカリバチに似た姿をしているものが多いハナアブについては、第一〇章でふたたびお目にかかることになる。そのときわたしたちが見ていた擬態昆虫とは、小型の蝶（英名「バンディッド・ヘアストリーク」）で、「ニュージャージー・ティー」として知られる低木の白い花から花蜜を吸っていた。ちなみにこの低木の名前は、アメリカ独立戦争時代にこの木の葉から紅茶が作られたことによる。

この蝶は、アメリカだけでも約一〇〇種もいるシジミチョウ科（Lycaenidae）に属しており、そのうちの多くの種の後翅の丸い先端からは、非常に細くて長い尾状突起が一、二本突き出している。通常、翅の表側は無地の茶色で、色斑があることはほとんどない。翅の裏側はふつうもっと明るい色で、細い髪の毛のような筋模様があり、それがこの蝶の名前「ヘアストリーク」の由来になっている。そして尾状突起の根元には、一個または二個の目玉模様がよくある。ジムとわたしは、ヘアストリークが翅を背中の上で閉じ、尾状突起を揺らす様子をわくわくして眺めていた。蝶は、後翅を穏やかにすり合わせて尾状突起を揺らし、触角のように見せようとしていたのである。そのあいだ、本当の触角は微動だにしなかった。ジムは、それまで彼が見てきたさまざまな種類のオナガシジミは、みなおなじ行動をとるとわたしに説明した。ロバート・ロビンズが書いているように、偽の触角と目玉模様は「腹部の先端が頭部であるかのような印象を与えて、天敵の攻撃を、重要度がもっと低いところに逸らしている」のだ。たとえばトカゲなどは「蝶の偽の頭部のほうを優先的に攻撃するため、後翅をひとロかじるだけに終わってしまうことが多い。そのあいだに蝶は、ほとんど痛手を負わずにまんまと逃げうせる」という。ヴィックラーは、エクアドルでイーバハート・クリオが行ったヘアストリークの一種（*Thecla togarma*）の観察を簡潔にまとめている。「この蝶は着地時に驚くべき行動をとる。着陸するとすぐに体の向きを変えて、偽の頭部がこれまで飛行してきた方向に向くようにするのだ」。こうして、偽の頭で天敵をまどわせるだけでなく、着地時に頭と腹部の位置を入れ替えることによって、相手を撹乱するのである。

ロバート・ロビンズは、コロンビアとパナマの自然の中で収集した二〇〇種類、一四〇〇匹におよぶヘアストリークを系統立てて調べた。その記録は、大体の場合、鳥は蝶の偽の頭部にまどわされることについて、説得力のある証拠を提供してくれる。ロビンズはまず、ヘアストリークの様々な種を「予想されるあざむき度」に応じてランク付けした。すなわち、相手をまどわす次の四種類の特徴があるかどうかに従って分類したのだ。（1）まるで実際の翅脈のように、翅を横切って目玉模様に至る線の模様がある、（2）後翅の端があたかも頭部のような形をしている、（3）偽の頭部の色が、それ以外の翅の色とくっきり対比をなしている、（4）尾状突起がある。ロビンズは次に、四種類の特徴をすべて持つ種を「ランクⅠ」、三つ持つ種を「ランクⅡ」、二つ持つ種を「ランクⅢ」、そしてひとつだけ、あるいはまったく持たない種を「ランクⅣ」に分類した。攻撃が逸らされたことを測定する手段としては、野外で採集した蝶を、それぞれのランクごとに、後翅に鳥のくちばしの跡がある蝶、あるいは、二枚の後翅に重なる欠損部がある蝶（とまっていたときに鳥に翅をくわえられたあと、逃げおおせたことを示す）が何匹いるかを数えた。その結果、もっともまぎらわしい偽の頭部を持つランクⅠでは、その数は、六六個体のほぼ二三パーセントにおよび、後翅が鳥に攻撃された可能性がもっとも高かった。しかし、下位のランクでは、後翅の損傷は着実に減っていた。その数は、ランクⅡでは二九三個体の一二パーセント、ランクⅢでは五五四個体の約五パーセント、そして偽の頭部のあざむき度が最も低いランクⅣでは、一一一個体の四パーセントに満たなかった。

第七章　数にまぎれて身を守る

集団の中にいる昆虫や動物は、単独で行動する個体より捕食者に捕まらないですむ確率が高い。とはいえ、昆虫には単独行動をとるものもいる。カマキリ、アリマキジゴク、トンボといった、他の虫を捕えて食べる昆虫の大部分は単独性だ（集団で狩りをするような捕食性昆虫は、ある種のアリを除けば、わたしには思い当たらない）。たとえばカマキリは、単独行動をとれば、おそらく共食いという現実的な危険を回避できるだろう。カマキリが共食いをするのはまぎれもない事実で、メスが交尾中のオスをむさぼり食ってしまうこともよくある。一方、捕食性昆虫ではなく、したがって共食いの可能性も低い昆虫の多くは群れを作って暮らす。たとえば、アブラムシ、テンマクケムシ、ゴキブリなどがその例だ。集団生活には、重要な利点がある。ふた組以上の目や耳があれば、近づきつつある天敵をよりよく察知できるようになるし、化学的防衛手段などを持つ個体が協力しあえば、さらに効果的な防衛行動を展開することができる。さらには、刺したり毒を持っていたりする昆虫で、鮮やか

で目立つ警告色により天敵を遠ざけているものは、びっしり詰まって群れを成したほうが、高い視覚的インパクトを敵に与えることができる。

たとえ仲間が警戒や防御の役に立たなかったとしても、群れの中にいれば、多くの選択肢の一つにすぎなくなるため、捕食者に捕まる確率は低くなる。これは〝希釈《きしゃく》効果〟として知られる現象だ。たとえば、こう考えてみよう。ある単独行動をする大型のイモムシのような個体が捕食者に出くわしたとする。その場合、たとえ捕食者がイモムシ一匹をやっと食べられるほどの大きさしかなかったとしても、このイモムシはほぼ確実に捕まって食べられてしまうだろう。ところが、ほかの九匹とともに群れを作って行動していれば、他の条件がおなじであるかぎり、そのイモムシが捕食者のえじきになる確率は一〇分の一にすぎなくなる。

昆虫にとっても他の動物にとっても、群れを作ることとは、捕食者に殺されるリスクを減らすだけでなく、ケヴィーナ・ヴァリネッチが指摘するように、オスとメスを引き合わせる役目も果たす。たとえば、オスの蚊はぎっしり固まり、大きな群れとなって空中でホバリングする。中心がいくらかずれることもあるが、群れは空中の一地点に浮かび続ける。そんな群れを網ですくうと、かかってくるのは、ふつうオスだけだ。それがオスであることは、メスの飛翔音をキャッチするための特徴的な幅広の羽根状触角を見れば、すぐにわかる。群れができるのは、池の端の岩や未舗装道路の水たまりといった目立つマーカーにオスの個体が集まって、その上空をホバリングするからだ。こういった群れに惹きつけられるメスは、やる気じゅうぶんのオスにすぐつかまって、近くの茂みにある隠れ場所に連れ去られる。

ぎっしり詰まった群れを作ることは、水分損失率の軽減にも役立つ。たとえば、群れから離したゴミムシダマシは、一時間あたり、体重（実質的に水分損失率に相当する）を〇・四八パーセント減らしたが、二五〇匹からなる群れにいたゴミムシダマシは一時間あたり、〇・二二パーセントしか失わなかったことが、田中誠二と共同研究者により示されている。

バンクス松を食べるマツハバチ「ジャック・パイン・ソーフライ」の孵化したばかりのごく小さな幼虫は、群れを作ることから恩恵を受けている。群れの中のたった一匹でも松葉の硬い外皮を破ることができれば、みんなが内部の柔らかい組織を食べられるようになるからだ。アーサー・ゲントは、おそらく外皮の弱い部分を見つけたことによって貫通に成功した幼虫のところには、すぐにほかの幼虫が集まってくることを発見した。そうしなければ、幼虫の多くが飢えてしまうことだろう。さらには、一本の松葉に肩を触れ合うようにしてびっしり連なっているマツハバチの幼虫の群れに近づこうとする腹ペコの鳥は、ギョッとさせられることになる。というのは、危険を察知すると、イモムシに姿が似ているとはいえ実際はハナバチやカリバチの近縁種であるマツハバチの幼虫たちは、一斉に棒立ちになって、口から強い悪臭のするネバネバした松ヤニを吐きだすからだ。トマス・アイスナーと共著者によると、松ヤニは、「鳥に対する効果的な忌避剤だ」そうだ。

W・A・フォスターとJ・E・トレハーンが説明していることだが、希釈効果が捕食者に襲われる個体のリスクを減らすことを実証するのは簡単ではない。たった今見てきたように、「群居がもたらす他の利点、たとえば、摂食や繁殖の効率が上がるとか、さらに重要なことだが、捕食者を見つけて撹乱するといったことに、隠れて（マスキングされて）しまう可能性が高いからだ」。そのためフォスターとトレハーンは、太平洋に浮かぶガラパゴス諸島の岸辺の水面で、ウミアメンボの一種（*Halobates robustus*）の単独の個体と、若虫の〝船隊〟を観察した（この種は、淡水の池の上を滑るように走るおなじみのアメンボの近縁種で、海中あるいは海上に生息する数少ないアメンボの一種である）。まだ成熟していない若虫は、交尾への関心はまったくないし、群れで摂食行動をとることもない。ウミアメンボには、海中から矢のように水面に浮上する捕食者である魚の姿が見えないため、「群れのサイズが大きくても……捕食者を発見したり避けたりする行動、すなわち空中から近づく捕食者が見えることに惹起《じゃっき》されるような行動を向上させることはできない」。それでも二人は、このケースには「マスキング要因」が存在しないため、群れで行動すること自体が、捕食者に捕獲される個体のリスクを低減している事実を示すことができると考えた。そして「たとえば、一五〜一七匹からなる群れに属す個体は、単独の個体に比べて、捕食者に襲われる率が一六倍も低かった」ことを発見したのである。

フォスターとトレハーンが論文を発表してからちょうど一年後、バーナード・スウィーニーとロビン・ヴァンノートも、希釈効果に関する、さらに説得力のある実例を発表した。それはマスキング要因の関わる余地がない実験だった。サウスカロライナ州のある小さな川では、日の出前に、一握りのカゲロウの一種がほぼ一斉に羽化して、脱皮した殻をあとに残す。その後ただちにメスは交尾し、水中に産卵して、三〇分以内に命を終えるが、オスのほうは、一時間ほど生きながらえることができる。ほとんどのカゲロウ（カゲロウ目 Ephemeroptera、ギリシア語で〝翅を持つ短命なもの〟の意）は、成虫になってから一日か二日は生き残ることができるが、この例のように一時間ほどの寿命しかない種もある。スウィーニーとヴァンノートは、カゲロウの産卵場所の下流で川を横切って網を張り、水面に浮かぶ成虫の死骸と、水面に現れて羽化した際に脱ぎすてた脱皮殻を採取した。事実上必ず水面に落下する成虫の死骸の数を、川の表面にすべて残される若虫の殻の数から差し引くと、欠けている成虫の概算値をかなり正確に導き出すことができる。欠けた成虫は、おそらく、この川によく見られるコウモリ、ツバメ、トンボなどに捕食されたものだろう。群れに含まれる個体数が三〇匹以下しかない日の場合は、八〇〜九〇パーセントにあたるオス・メス両方の成虫の死骸が欠けていた。だが、群れの個体数が一〇〇〜二五〇匹の場合は、欠けているメスの数は二〇〜三〇パーセントにすぎず、メスより長生きして捕食者にさらされる時間が長かったオスの死骸が欠けている割合は、最大でも五〇パーセントだった。

昆虫が群れを作る理由のひとつは、同種の個体が互いに惹かれあうからだ。通常、個体同士は、化学シグナルであるフェロモンによって惹きつけられる。ジェフリー・ロックウッドとリチャード・ストーリーは、ミナミアオカメムシ（*Nezara viridula*）の一齢（孵化したばかりの段階）の若虫は、空中を漂うフェロモンに反応して集合すると報告している。ロバート・L・メトカーフとロバート・A・メトカーフによると、寄主植物（大豆のことが多い）の葉裏に産みつけられた三〇〜八〇個の卵の塊から孵化したミナミアオカメムシの小さな若虫は、そのまま葉裏にとどまり続けるが、何かにじゃまされて散り散りになると、人間には嗅ぐことのできないおなじフェロモンを出し合って、ふたたび集合するという。互いに資源を出し合うことで、若虫は臭いにおいという化学的防衛手段をいっそう強力なものにすることができる。実は、ミナミアオカメムシの若虫のフェロモンは、二つの別々な働きをすることに特徴がある。フェロモンの濃度が低いときには集合を促す一方で、近づきつつある脅威に反応して分泌する濃度が高いフェロモンは、警告シグナルの役目を果たして、離散を促すのだ。

現在までに判明している四〇〇〇種ほどのゴキブリでは、そのすべてではないとはいえ、群居する種が多い。そういった群居種のひとつに、一般的な家庭害虫のチャバネゴキブリがいる（英名は「ジャーマン・コックローチ」だが、婉曲的に「ウォーター・バグ」〔タガメ〕と呼ばれることもある）。これは、キッチンの明かりをつけるとさっと物陰に逃げ込む例の褐色のゴキブリだ。「一群のチャバネゴキブリを数日間飼育した際にシェルターとして使った濾紙《ろし》をガラス瓶に入れ、その中に若虫を放つと、若虫は未使用の濾紙にではなく、使い古しの濾紙の上に集まる傾向が見られた」と報告したのは石井象二郎だ。「若虫の集合行動を調べるために、（使い古しの）濾紙と、おなじ大きさの他の二枚の未使用の濾紙を使って、三つの選択肢がある実験を行った」。その結果、四三分後に、ほぼすべてのゴキブリが、他のゴキブリに接触していた使用ずみの濾紙の上に集まったという。「若虫の触角を切断すると、集合行動は観察されなかった」。これらの調査結果から、ゴキブリの集合は、化学的刺激への反応をとおして誘導されるものと思われる」。石井は最終的に、この刺激物――フェロモン――がゴキブリの糞に含まれていることを突き止めた。

たとえ種の個体同士が惹かれあうことがないとしても、群れは形成されることがある。カゲロウやシュウキゼミのように、同調して発生するために個体が集合することもあれば、他の個体とは関係なく、ただおなじ資源に引き寄せられた結果、集合することになる場合もある。たとえば、バッタの若虫はおなじ食草を目指し、セミクイバチは、幼虫を育てる穴を掘るのに適した地面に引き寄せられる。すでに見てきたように、オスの蚊が群れを作るのも、数多くのオスの個体がおなじマーカーの上をホバリングするためだ。もしこのように場当たり的に作られる群れに属することからでも個体が恩恵を得られるのだとすれば、自然選択では、互いに惹かれあう個体が生き残ることを通してではなく、同調するための刺激に対する反応度を高めた個体が生き残ることによって、群れの形成が存続されていくのだろう。というのは、そのような刺激への反応が早すぎたり遅すぎたりして他の個体に合わせられない〝はぐれ者〟は、捕食者によって間引かれる傾向が強いからだ。

数百万匹、数十億匹といった途方もない大群を形成する昆虫もいる。たとえば、ミシシッピ川の放水路のカゲロウや、アメリカ東部のシュウキゼミ、そして北アフリカや中近東に甚大な被害をもたらすトビバッタ（ワタリバッタ）などがその例だ。あまりにもおびただしいその数は、捕食者の食欲をも上回る。こういった群れの個体は、その地域の捕食者すべてが集まっても、とても食べ切れない量の集団を作るため、ほとんどとは言わないまでも、多くのものが生き延びる。以前わたしは、セミの権威であるトマス・ムーアから、こんな話を聞いた。鳥たちが大量発生したシュウキゼミをむさぼるさまを観察していたところ、あまりにもセミを食べ過ぎたために、飛び上がれなくなったムクドリがいたというのだ。とはいえ、例外的な状況もある。C・アショールとペギー・エリスは、数千匹のバッタの若虫からなる小さな群れが、ムクドリとハタオリドリの群れと、数羽のコウノトリによって、一週間以内に跡かたもなく殲滅《せんめつ》されてしまった例を報告している。

大群で襲ってくるトビバッタ（英語では「ローカスト」と呼ばれるが、実際には「グラスホッパー」

と同じバッタ類）は、現れては消える。数年続けて襲ってくると思えば、何年も、何十年も、まったくやってこないこともある。襲ってこない年には、いったいどこにいるのだろう？ トビバッタは聖書に出てくるほど昔から悪名高い昆虫だったが、この疑問が氷解したのは、ようやく一九二一年になってからだった。その年にボリス・ウヴァーロフが、二種類の異なる種だと思われていたバッタは、実際には種内で生殖を行う一種類のバッタの二つの状態（相）であると発表したのである。この二つの相のバッタは見た目も行動も非常に異なっている。「孤独相」のバッタは単独生活を送り、渡りもしないが、「群生相」のバッタは、大群を形成して渡りを行うのだ。

バッタが孤独相から群生相に変化するのは、干ばつの年、わずかに残った植生に文字通り体をこすりあわせるほど集まったときだ。とはいえ、混雑することの何が、この切り替えを促すスイッチになるのだろうか。その答えを明らかにしたのは、エリスが一九五九年の論文で結果を発表した、創意にあふれる実験だった。彼女は、バッタの変化を促すのに必要な刺激とは、ただ単に仲間と体が触れあうことだと証明したのである。エリスの実験により、たとえ単独生活を送る個体であっても、頭上で回転する円盤からぶらさがった針金に体をなでられ続ければ、群生相のバッタの見かけと行動を身に付けることがわかった（近年、オックスフォード大学の研究者らが類似の実験を行ってエリスとおなじ結果を得たが、その論文に彼女の業績は言及されていない）。エリスの有名な実験から長い年月が経ってから、群生相の個体は、体を触れあう仲間から引き離して隔離すると、孤独相のバッタに戻ることをシルヴィア・ジレットが発見した。体が互いに触れあうことは、相変異のスイッチを入れるだけでなく、昆虫学者の言葉を用いれば、群れの個体が離散しないようにするための〝抑制物質〟の役目も果たすのである。すべてとは言わないまでも、群れを作る動物の大部分は、群れが離散することを防ぐ何らかの抑制刺激に反応する。たとえば、ロックウッドとストーリーによると、カメムシは、互いの姿を見て、触れて、においをかぐことにより、結びつきを維持しているという。

ウィリアム・ハミルトンは、その優れた論文「利己的な群れの幾何学」で、防衛手段のない〝無抵抗主義者〟の群れの成員であっても、仲間の中に身をひそませることにより、捕食者から身を守る補足的な安全策を手にすることができると説いた。集団に紛れるというこの行動は人間についてもよく知られている（わたしが軍で基礎訓練を受けていたとき、まだ幼かったハミルトンの頭の中では、利己的な群れという革命的なコンセプトはまだ形成されていなかったことだろう。とはいえ、わたしたち訓練生の多くは、軍曹が、皿洗いやグリーストラップの掃除といった追加の炊事勤務を担わせる犠牲者を選ぶときには、集団の端にいるよりも内部にいるほうが彼の目にとまりにくいことに気づいていた）。腹ペコの捕食者に直面する昆虫や動物が抱えている問題は、数時間の厄介な仕事どころではない。当然予想される通り、進化は、群れを作ることだけでなく、利己的に行動すること、つまり集団の中心部という有利な場所を仲間と競いあうことによって危険を低減するように、彼らの多くをプログラムしてきた。

捕食者には群れの周辺にいる〝はぐれ者〟を襲う傾向があるため、「群れの成員に共通する捕食者が現れると、わたしたちがよく知っている群れや集団の大部分は、群れを縮めて密集するという行動をとる」とハミルトンは指摘する。たとえば、「群泳する魚は突然の刺激を受けると、それがどんな刺激であっても、たいがいそれまでより密集する。……捕食者が現れたときには、泳ぐことができないほどぎっしり詰まった球状になる。……同様の状況は、バッタや……、群居するイモムシでも観察されており……アブラムシについても同様であることを、わたしはさまざまな昆虫学者から耳にしている」

ハミルトンは、捕食者が「群れの周辺部にいたり、群れからはぐれたりした個体」を選んで襲うことを示した論文を紹介している。この行動は、ヨーロッパのハイタカがムクドリの群れに出会ったときにも見られる。わたしも一度イリノイ州で、ネズミを探して収穫後のトウモロコシ畑の上を低く飛び回るチュウヒに、ムクドリの群れが反応する様子を見たことがある（このタカの一種は飛行中の鳥を追いかけることはしないのだが、ムクドリたちは、それを知らなかったらしい）。それまで緩くつながった編隊を組んでいたムクドリは、ひとたびチュウヒに出くわすと、たちまち一斉に集合し、羽の先を触れあわすように密集して飛び去った。その群れはまるで、仮足《かそく》（足のような突起）をひっこめる巨大なアメーバのように見えたものだ。ムクドリが押し合いへしあいして集団の中心部に入り込もうとしていたかどうかは憶えていないが、きっと、わたしには察知できなかった微妙な位置取り競争が生じていたのだろう。

ジョン・ハドルストンは、翅のない未成熟のバッタの群れを襲うさまざまな鳥の様子に関して、興味深い観察を報告している。「小鳥たち（旧世界のムシクイ類やツグミなど）は、行軍を続けるバッタの密集した群れに怖れをなして、群れからはぐれたものだけを狙う傾向があった」。「休んでいたり、音を立てていたり、行軍しているバッタの大群のど真ん中に跳び込む」のは、ワタリガラスやサイチョウといった大型の鳥だけだったという。ハドルストンは、二〇万匹のバッタからなると推定された一隊が、四日間にわたって、数百羽のワタリガラスとサイチョウの攻撃を受け続けたと記している。「トビバッタは、数が多かったときは鳥たちを無視するように見え、そのまま行軍を続けた。しかし、五万匹を下回ると、攻撃を受けた際には、低木や芝草の陰に隠れる傾向があった」。群れの個体数の低下と、おそらくは個体間の距離の広がりによってバッタの行動が大きく変わったことは、バッタが孤独相の行動に反転しつつあったことを示している。この反転はおそらく適応行動だろう。バッタは、いよいよ集団に紛れて隠れることができなくなると、低木に隠れる。

ハゲワシ、コウノトリ、ワタリガラス、サイチョウおよび他の食虫性の鳥は、飛翔するトビバッタの成虫の群れを数日間にわたって追跡することがあるが、こういった鳥は、めったに生じないバッタの大発生という好機に出くわしたにすぎない。けれども、アナバチ科スフェックス属（*Sphex*）の単独性カリバチは遊牧民族らしく、ちょうど羊の群れを追うベドゥイン族のように、バッタの大群を追いかけて移動する。このカリバチは地面に幼虫が育つ穴を掘り、その中に、幼虫のえさにする成虫のサバクトビバッタを引きずりこむ。

一九二九年二月に、C・B・ウィリアムズは、この黒い大型のカリバチが、サバクトビバッタの巨大な群れが地面に降り立った一五分後に来襲する様子を目撃した。「到着するやいなや、カリバチは地面に穴を掘り始めた」とウィリアムズは書いている。

そして、その少しあと、麻痺させたバッタを引きずって穴の中に入れ、バッタの体に卵を一個産みつけると、土をかけて穴をふさいだ。この行動は夕暮れまで延々と続き、翌日の朝になると、ふたたび繰り返された。……二日目の午後一時から二時のあいだに、地面にいたバッタが飛びはじめ、カリバチもただちに飛行を開始した。午後二時一五分までに、カリバチは、生きている三匹と死んだ一匹を除くと、すべていなくなっていた……そのほんの二時間前には、数千匹もいたというのに。カリバチは大あわてで旅立ったため、開いたままの穴が何百個も残され、その多くはまだ半分も完成していなかった。麻痺させられたバッタも何十匹も残された。その中には、埋葬されるはずだった穴のすぐ横に放置されたままのものもいた。

カリバチは、移動するバッタ――将来の子孫のための豊富な食糧源――を追って旅立ったというウィリアムズの示唆に、疑う余地はないものと思われる。

遠くからも気づくことができる刺激は、目で見てわかる視覚的刺激、耳で聞いてわかる音、そして揮発性の化学物質だけだ。とはいえ、視覚によるシグナルが群れを形成するきっかけになることはほとんどない。これから紹介するある見事な一例を除けば、視覚的シグナルは暗闇では無意味だし、単純でよく目立つものしか役に立たない。さらには、ロバート・マシューズとジャニス・マシューズが指摘するように「距離が遠くなるにつれ、伝達する情報量は減る」。昆虫は、視覚よりも、音のシグナルによって集まることが多い。その一例がシュウキゼミだ。このセミは耳をつんざくような騒音を立てる。時を合わせて一斉に大発生したセミを観察しにイリノイ州中西部にあるキカプー州立公園に出かけたフィリス・クーパーとわたしも、そんな騒音を耳にした。互いの鳴き声に反応して、昼間、交尾を待つ何百匹ものオスが木に集まり、求愛の大合唱を絶え間なく響かせる。群れが出す音が大きければ大きいほど、惹き寄せられるメスの数も増えるのだ。

アイザック・ディネーセンの『アフリカの日々』〔邦訳一九八一年〕には、ケニヤの高地におけるホタルの描写がある。「どういうわけか蛍は、地面から四、五フィートの高さを保って飛ぶ。だからどうしても、キャンドルを手にした六、七歳の子供たちが、暗い森の中を駆け抜けている姿を想像してしまう……嬉々として跳びはね、走りながらはしゃぎ回る姿を」。一方、東南アジアでは、一本の木に数万匹のホタルが集まり、夜間、完璧に同調して光を放つと、ジョンおよびエリザベス・バックが紹介している。オスは、種により〇・五秒から三秒の間隔で光を放ち、オスとメス両方の仲間を木に惹き寄せる。オスが放つ光と光の短い合間に、メスは弱い光を放つ。おそらく、その気になっていることをオスに知らせるためだろう。数匹のオスと（子孫をたった一個の遺伝子バスケットに入れなければならないという法はないのだから）交尾すると、メスは卵を産むために木を離れる。メコン川のような川では、〃ホタルの木〃は、川に沿って何キロも離れたところからも目にすることができる。ホタルは毎年おなじ木に集まるため、夜間小舟をこぐ者の目印になっているそうだ。

コスタリカでは、チャールズ・ホウグが、木の幹の上に大きな集団を作って密集するヒレシア属（*Hylesia*）（ヤママユガ科 Saturniidae）の蛾の幼虫が、彼の声に反応して威嚇的な行動をとる様子を観察している。「幼虫はそれぞれ反応した……同時に、かつ、おなじ仕草で。つまり、体の前方三分の一をたけだけしく振り上げて、頭部、胸部、そして腹部の前方を上または横に反りかえしたのだ」。ホウグはさらに続ける。

わたしは声の高さと強さを変えて、幼虫の反応を何度も試してみた。そして満足したことに、幼虫の反応は空気の動きにではなく、音により引き出されることがわかった。幼虫は非常に鋭くて強い、比較的甲高い音だけに反応していた。通常の会話では、この反応は示されなかった。わたしはさらに、群れのすぐそば（一メートル以内）でテープに録音した音楽（シュトラウスのワルツ）を再生してみた。すると幼虫は、強く鋭い音のするフレーズのところで、おなじような反応を見せたのである。

ホウグは、幼虫の体表あるいは体内に卵を産み付けようとして近づく寄生性のカリバチやハエは、この行動が誇示されると退く傾向があることに気がついた。「近づいてきたり、ホバリングしたりしている寄生者の翅が立てる甲高い音は、まさにぐいと体を引き上げる反応を幼虫から引き出す質と強さを持つ音だと思われる」と記している。

ホウグがこの観察を発表した数年後、ジュディス・マイヤーズとジェイムズ・スミスが、カナダのブリティッシュコロンビア州に生息するオビカレハ（*Malacosoma pluviale*）の幼虫である西部テンマクケムシも、よく似た行動をとって寄生者を追い払うことを発見した。よく晴れた日には、このテンマクケムシの大集団が、絹糸で編んだシェルター（図7参照）の上で、ひなたぼっこをする。そこにやってくるのが寄生性のハエ（ヤドリバエ科 Tachinidae）だ。ハエの目的は、テンマクケムシの頭に卵を産みつけることにある（ハエの卵から孵化したウジ虫は、毛虫の体内に穴をあけて入り込み、最終的に毛虫を殺してしまう）。襲撃してくるハエに対して毛虫がとる反応は、一斉に荒々しく「頭を振る」というものだ。この行動は、人間の咳や、通りすがりのハナバチや、攻撃してくる寄生性のハエが立てる翅音によっても引き起こされる。マイヤーズとスミスは、「寄生性のハエが飛ぶ音を録音したものを聞かせると、ケムシは頭を振る行動を示す」ことを発見している。この二人の観察は、頭を振ることが効果的な防衛手段になることを示唆している。というのも、シェルターの上で頭を振った集団にいた個体のうち、ハエに寄生されたのは一六パーセントだけだったが、頭を振らなかった単独の個体の寄生率は五二パーセントにおよんでいたのだ。

図7　ひなたぼっこしているテンマクケムシを狙うキバシカッコウ。鳥の脅威が高まると、ケムシは協力して防衛行動をとり、鳥を威嚇することがある。

シュウキゼミも、東南アジアのホタルも、おびただしい数で存在することから恩恵をこうむっている。シュウキゼミは、自らが属す群れの成員と、近くにいる何百もの群れの成員が、攻撃してくる捕食者の食欲をじゅうぶんに満たすことによって救われる。犠牲者は多くの――おそらくほとんどの――仲間の命を救い、生き残った仲間が次の世代を生みだすことになる。けれども、群れをなす東南アジアのホタルの場合は、おそらくこれとは状況が異なるだろう。なぜならこのホタルは、他のホタルと同様に、捕食者に吐き気をもよおさせる不快な味がするのだ。捕食者は、最初の一、二匹は食べたとしても、すぐに懲りてその場を立ち去るだろう。ホタルが放つ光のシグナルは、仲間を集めることに加えて、捕食者に対する警告の役目も果たしているのかもしれない。吐き気をもよおした捕食者は、この警告にすぐ従うようになるだろうから。

あるときコロンビアのカウカ川渓谷で、わたしは百匹を超える鮮やかな黄色い蝶の群れに出くわした。それは北米のワタリオオキチョウやモンシロチョウの近縁種で、地面の水たまりに集まっていた。この習性を持つ蝶は、アゲハチョウをはじめとして北米でもよく見られ、そのような集まりは「蝶屋」のあいだで〝水たまり《パドル》クラブ〟として知られている。こうした蝶は、水分を吸収したり、おそらくナトリウムを摂取したりするために、水たまりの縁や湿った土（動物の糞の近くや動物が放尿した跡など）の上に群れる。カウカ川渓谷でそんな蝶の群れをじゃましたとき、蝶は突然円を描くように空中に舞い上がった。ロバート・マシューズとジャニス・マシューズは、こう書いている。「捕食者にとってみれば、鮮やかな色の蝶がそれほど密集しているのを見れば、思いがけない幸運に出くわしたと思うにちがいない。だが現実には、そうであることはほとんどない。その主な理由は蝶の行動にある。何かに妨害されると、厖大な数の蝶が突然舞い上がってぐるぐる回りだし、予測できない方向に跳び回る蝶の雲となって、捕食者を包みこんでしまうのだ。そして、刺激が弱まるにつれ、徐々に元の位置に戻っていく。もちろん捕食者にとっては、渦巻く雲の中から特定の個体を選びだすより、群れから外れて飛び去る個体を追いかけるほうがずっと楽だ」

ただひとつの小さなグループを除けば、単独性・社会性を問わず、すべてのカリバチは幼虫に昆虫やクモをえさとして与える（唯一の例外とは、すべてのミツバチとおなじように幼虫に花粉と花蜜を与えるハナドロバチ科 Masaridae のカリバチだ）。単独性のカリバチには、幼虫の巣を植物の茎の中に作ったり、泥で作って木の幹や他の表面に固定したりする種もあるが、土の中に掘ったトンネルの中に幼虫の巣を営むものもいる。地中に巣を作るカリバチは、針で刺して麻痺させた獲物を穴の中に引きずり込み、獲物の体に卵を一個産みつけて、土で穴をふさぐ。中には、そうして作った巣の場所を小枝やイネ科の草でカムフラージュするものもいる。さらには、穴をふさいだ巣一つにつき、一本から五本の偽のトンネルを掘るカリバチも、さまざまな属や科にまたがって存在する。ハワード・エヴァンズが説得力のある主張をしていることだが、おそらくその理由は、巣を狙う寄生者や捕食者を撹乱するためだろう。エヴァンズが言うように、本物のトンネルを埋めもどす土を得るために浅い穴を掘ったことが、その後進化して習性になったものと思われる。本物の巣をわかりにくくするために、多くの偽のトンネルを掘っていると言うこともできるだろう。

とはいえ、群れの中にいても、捕食者に食べられるリスクが常に減るとはかぎらない。動物の行動を生物学的に考察する「動物行動学《エソロジー》」の生みの親の一人であるニコ・ティンバーゲンは、一九六七年に、ある研究を共同執筆者とともに発表した。それは、「ある種の捕食者は、よくカムフラージュされた被食種の個体に対しても、捕食者がふだん直接見つけだすことができる間隔を大幅に超える間隔で分散することを強いるという仮説に基づいて」行われた研究だった。ティンバーゲンと同僚は、英国内の、野生のハシボソガラスがよくやってくる低木におおわれた場所に、カモメの卵を模して色を塗ったニワトリの卵を配置した。卵は、ひとつのグループでは五〇センチ間隔で置かれ、もうひとつのグループでは八メートル間隔で置かれた。その結果、「カラスが卵を探すのに要した時間は、〝混雑している〟区画よりも〝分散している〟区画のほうでより多くかかり、混雑した状態にあった卵の致死率も、そうでない状態より高かった」という。

数十種の小さなアブラムシ類は、葉の裏や植物の他の部位から樹液を吸いとる。このあとすぐ、すべてメスからなるアブラムシの姉妹の群れが、どのように形成されるのかについてお話しすることになるが、まずは、天敵におびやかされると、群れがばらばらに散ることについて見ていこう。たとえばモモアカアブラムシは、天敵を発見すると、ロバート・マシューズとジャニス・マシューズが「警戒・分散」フェロモンと名付けた化学物質を、角状管（腹部末端から突き出している一対の細い管のような突起）から分泌する。すると、姉妹である仲間はこれに反応して、ゆっくりと葉の縁に移動する。なかには葉から地面に落下するものもいる。アリマキジゴクの成虫（クサカゲロウ）とテントウムシの成虫という例外を除き、ほとんどのアブラムシの天敵（テントウムシの幼虫、アリマキジゴク、ハナアブ（ハナアブ科 Syrphidae）の幼虫など）は、小型で動きの緩慢なイモムシ状の虫なので、アブラムシは、ほんの短い距離を移動するだけでも、天敵から逃げおおせる可能性が高い。

アブラムシの群れは、母虫が交尾をせずに（単為生殖）毎日七匹もの若虫を産み、すべてメスの若虫からなる翅が発達しない無性世代を作りだすことによって形成される。母虫は最終的に、やはり単為生殖により、翅が発達する若虫を産む。翅を持つ若虫は、種によっては群れにとどまるが、多くの種では別の寄主植物に飛び去っていく。たとえば、「ロージー・アップル・エイフィッド」と呼ばれるアブラムシの種は、主寄主植物であるリンゴから、芝生にはえる一般的な雑草のヘラオオバコに移動する。そしてヘラオオバコで、夏の世代（単為生殖をする翅を持たないメスだけの世代）のあとに、秋の世代（有性生殖をする翅があるメスと、一年のこの時期にだけ生まれるオス）が誕生する。こうして生まれた秋のアブラムシはリンゴの木に飛んで戻り、そこで交尾する。メスによって樹皮の隙間に産み付けられた卵は、翌年の春に孵化する。この卵から生まれたアブラムシは、ふたたび単為生殖で翅を持たないメスだけを産む。

群れの生活および群れによる防衛行動の最たるものは、真社会性を持つ昆虫に見られる。ミツバチやマルハナバチと他のいくらかのハナバチ、「ホーネット」（スズメバチ属）や「イエロージャケット」（クロスズメバチ属）などのカリバチの一部、および、すべてのアリとすべてのシロアリは真社会性昆虫だ。社会生物学の父であるエドワード・O・ウィルソンは、『昆虫の社会（*The Insect Societies*）』の中で、このような昆虫の真社会性は、「分子からはじまって社会を形成するという、上方に向かって階層化していく組織の姿を最もよく体現している」という明察を綴っている。昆虫の真社会性が人間の社会と異なる点は、通常の場合、集団のほとんどの成員――ワーカー（働き蜂や働きアリ）、およびシロアリと一部のアリでは兵アリ――が、たった一匹の母親である女王から生まれた、繁殖能力を持たない子孫であることだ。言わば、生き延びて次の世代を生み出す女王の戦いを支える軍隊のようなものである。真社会性を持つミツバチ、カリバチ、およびアリ（すべて膜翅目《まくしもく》（ハチ目）に属す）のワーカー階級《カースト》と兵士階級《カースト》は、すべてメスで構成されている。そして、一部のアリの種を除けば、すべて毒針をそなえており、攻撃してくる昆虫や、スカンクやクマ、人間といった腹ペコの掠奪者に、群れで一斉に襲いかかってコロニーを守る。シロアリのカーストは、オス、メス、両方の成員からなり、毒針は持たないものの、兵アリの密集群《ファランクス》が、大型で強力な大顎を使って敵を迎え撃つ。

第八章　身を守るための武器と警告シグナル

多くの昆虫や節足動物は、中世の騎士の甲冑《かっちゅう》のようにがっしりとした外骨格《がいこっかく》で身を守られている。外骨格はまた、わたしたち人間の内骨格とは異なって、外側から体を支える外郭構造でもあり、たいていは硬い体壁を作っている。非常にゆるやかな定義としては、昆虫の皮膚のようなものだと考えたらいいだろう。昆虫の中には――とりわけイモムシのような幼虫の場合は――頭部と脚部を除き、やわらかくて柔軟性に富む体壁を持つものもある。とはいえ、大部分の昆虫の体壁は硬い装甲板のようにできていて、体節と体節のあいだの狭い部分に柔軟な膜があるために、体を動かすことができるのだ。

もし大西洋沿岸に生息する、とびきり美味な「ブルークラブ」〔ワタリガニの仲間〕を口にしたことがあったら、節足動物の体を保護している外骨格――この場合は、昆虫ではなく甲殻類だが――を貫通するのはどれほど難しいことかよくご存じだろう。わたしはデラウェア州の海岸にあるカニ料理店に行ったときのことを、きのうのように思い出す。木製のテーブルには新聞紙が敷きつめられ、客には、木槌、果物ナイフ、クルミ割り、そしてペーパータオルの大きなロールが渡された。席についてしばらくすると、ウェイターが、茹でたブルークラブを山盛りに積んだかごを運んでくる。いよいよ外骨格との戦いだ。まず木槌をかなり激しく叩きつけてカニの甲羅を割る。次にクルミ割りでハサミを砕く。このあとようやく果物ナイフで、おいしいカニの身をほじくりだすことができる。そうやって辛抱強くカニを割り、食べ続けたあと、大量のペーパータオルで顔と手をふくのだ。わたしは半分冗談で言ったものだ。ブルークラブの硬い殻を割るのにこんなに時間と労力がかかるのなら、身をほじくりだそうとして殻を割るあいだに餓死してしまう人が出るだろうね、と。

今までに判明している三五万種の甲虫（コウチュウ目）、すなわち現在知られている全動物の約四分の一までを占める甲虫は、もっとも徹底的に硬い殻で体を守っている昆虫のグループだ。前翅（甲虫の場合は、とくに鞘翅と呼ばれる）でさえ硬い半透明な甲冑のようにできていて、飛翔能力のある膜状の後翅と体の大部分をおおっている（ギリシア語に由来する学名「コレオプテラ Coleoptera」は「鞘《さや》状の翅」の意で、コウチュウ目は、鞘翅目《しょうしもく》とも呼ばれている）。前翅をぴっちり閉じた状態の甲虫は、「まるで、敵の攻撃を防御しながら、あらゆる半個体の物質を貫通していく昆虫戦車のようだ」とスティーヴン・マーシャルは記している。

一九八二年七月のあるよく晴れた日、マッキナク海峡のすぐ南に位置するミシガン大学生物学研究所で、わたしは花蜜を吸っていたカラフルなミズアブ（ミズアブ科 Stratiomyidae）を捕虫網で捕えた。

網目の上から親指と人差し指でつかむと、ミズアブはもがいた。が、次の瞬間、ふいにわたしの親指の付け根を小楯板《しょうじゅんばん》の尖ったトゲで突き刺したのである（小楯板は、胸部の背面中央の鞘ばねの合わせ目にある逆三角形の尖った突起だ）。わたしは、このエピソードにおけるもっとも驚くべき事実について、『ワシントン昆虫学会論文抄録集（*Proceedings of the Entomological Society of Washington*）』に短文を寄稿した。「それは思わず手を引っ込めさせる痛さだったのだ――その痛みの感覚は、針で刺されたときのものに相当した」。ミズアブをくちばしにくわえた鳥も、鋭いトゲでさされたら、おそらくくちばしの力をゆるめ、虫は逃げおおせることだろう。

他の昆虫（ミズアブ科の多くを含むが、すべてではない）にも、鳥や他の脊椎動物から身を守るためにトゲを使うものがいる。別の科のハエ（シュモクバエ科 Diopsidae）にも、ミズアブ科のアブが持つものに似た小楯板のトゲがある。アマガエルは、カメムシ（カメムシ科 Pentatomidae）の肩にある尖ったトゲが口に刺さると、すぐに吐きだしてしまう。バッタとスズメガ（スズメガ科 Sphingidae）の一部の種にある脚のトゲは、捕食者の体をひっかいて鋭い痛みを与える。新世界の熱帯地方に生息するカミキリムシ（カミキリムシ科 Cerambycidae）は、触角の先にあるトゲを使って、つまもうとする人の指を刺す。

ほかの多くの昆虫も、さらなる物理的防衛手段をそなえている。ウスバカマキリは、ふつう昆虫を捕えるのに使う鎌のような捕脚で敵を攻撃する。ハサミムシ（革翅目《かくしもく》（ハサミムシ目））は、腹部の末端にある鋭い〝ハサミ〟で敵をつかんで痛みを与えることによって身を守る。捕食性のムシヒキアブと水生昆虫のタガメ（コオイムシ科 Belostomatidae）も、ふだんは獲物の体内組織を吸い取るのに使う長く尖った口器で相手を突き刺して身を守ろうとする。甲虫やイモムシの中には、強力な大顎で敵をかじるものもいる。ほぼすべての昆虫のさなぎは実質的に静止していて、よくてもうごめくことしかできないが、ある種の甲虫と蛾のさなぎには、体節と体節のあいだにある関節に顎のような〝罠〟がある。ちょうど、バネ式のハサミワナのような仕掛けだ。さなぎがうごめくと、この仕掛けが作動してアリや他の捕食性昆虫の脚をつかむことができる。とはいえ、この罠も、脊椎動物に対してはほとんど、あるいはまったく効果を発揮しないだろう。

昆虫は、優秀な生化学者《バイオケミスト》だ。さまざまな化学物質をさまざまな用途に合成する。蛾や甲虫をはじめとする多くの昆虫は、卵を植物に貼り付ける糊を作りだす。蚊のような吸血昆虫は抗凝血剤を作りだして血を吸いやすくする。また、ありとあらゆる種類の昆虫が、数多くの目的で多種のフェロモンを合成している。その目的は、交尾相手を誘うため、足跡を残すため、警告シグナルを発令するため、とさまざまだ。そしてトマス・アイスナーと共著者が、美しく装丁された興味尽きない本『秘密の武器（*Secret Weapons*）』で明記しているように、多くの昆虫や他の節足動物は、化学物質を防衛手段に使う。

ジャスティン・シュミットは、膜翅目《まくしもく》（ハチ目）の昆虫の毒に関する論文でこう書いている。「節足動物のあいだでは、化学戦争が極限にまで発達している。彼らは、酸、アルデヒド、ケトン、キノン、テルペン、アルカロイドを作りだす。さらには、ほぼ無数とも言える化合物を作りだして、潜在的な捕食者に噴射したり、塗ったり、注入したり、すぐそばで蒸発させたりしている」。シュミットはさらに、一部の昆虫と節足動物は、「化学的防衛手段を、それより受け身的な方法で使う」と指摘する。つまり、こういった昆虫や節足動物は、毒素を合成したり、植物の毒を蓄積したりして体内に保存するが、ふつう、このような化合物は相手を死に至らしめることはなく、食べたときに吐き気をもよおさせるだけなのだ。

効果的な防衛手段を持つ昆虫や動物のほとんどは、よく目立つ警告色を身にまとっている（これについては、このすぐあとにご紹介しよう）。が、その数少ない例外が、アメリカ北東部に生息する「ユニコーン・キャタピラー・モス」（*Schizura unicornis*）の幼虫と、この蛾が属すシャチホコガ科（Notodontidae）の他のいくつかの種だ。ユニコーン・キャタピラー・モスの幼虫〔一角獣のような角がある〕は、他に類がないほど見事にカムフラージュされている。アイスナーと共著者が書いているように、「体には、緑色と茶色の模様が不規則に散らばっていて、形も異様だ。背部には、歯のようにギザギザした突起物があり、部分的にかじられた葉の鋸歯《のこぎりば》状の縁によくなじむので、天敵に見つからずにすむ」。（さらに、デイヴィッド・デュソードによると、ユニコーン・キャタピラーは、食虫性の鳥の目を引きつけかねない印、つまり、部分的にかじられた葉を切り落とす昆虫の一種だそうだ。こういったことをする昆虫については、次の章でふたたび出会うことになる）。その最上級のカムフラージュにもかかわらず、鳥などの天敵におびやかされると、ユニコーン・キャタピラーは、主成分のギ酸に少量の酢酸を混合した、非常に忌避効果の高い分泌液を噴射する。アスラ・アティゴールと共著者によると、この化学物質は、頭部のすぐ後ろから噴射され、二〇センチ以上飛ぶそうだ。頭を上げて、それを振り回すことにより、このイモムシは、攻撃されている脚部や他の体の部位に向けて化学物質を噴射することができるという。そのターゲットは、研究室では昆虫学者があやつるピンセットだったが、自然界ではもちろん攻撃をしかけてくる捕食者だろう。

アイスナーと共著者たちは、自衛のために化学物質を噴射する能力は、多くの種類の昆虫や他の節足動物において、それぞれ独立して進化してきたと書いている。ゴキブリ、ハサミムシ、シロアリ、ナナフシ、カメムシ、甲虫、イモムシ、アリ、クモ、サソリ、サソリモドキ（ムチサソリ）、ムカデ、ヤスデなどは、みなこの行動をとる。

アメリカ南部と熱帯地方に生息するサソリモドキの英名「ヴィネガールーン」は、身を守るために噴出する分泌物の臭いからきている。というのは、この液体の主な成分は、食酢《ヴィネガー》の主原料である酢酸《さくさん》なのだ。サソリモドキは、サソリやクモの仲間だが、刺すことはしない。その分泌液は、アイスナーと共著者によると、腹部末端にある「回転する〝砲床《ほうしょう》〟」に開口部がある腺から噴射されるという。噴射距離は四五センチほどにもなり、腹部の下側を除けば、サソリモドキの体のほぼどの部位にも噴射可能だそうだ。これより前の論文で、アイスナーは別の共著者たちと、この分泌液には、複数の食虫生物を追い払う効果があったと発表している。その標的には、ヒヨケムシ、アリ、アオカケス、カンムリカケス、アノールトカゲ、アルマジロ、バッタネズミが含まれていた。噴射物に皮膚を明らかに刺激されたバッタネズミは、鼻を砂の中に入れ、前脚でこすり落とそうとした。鼻に噴射物をかけられたアルマジロは、「びくっとして、突然あとずさりし、鼻を床にこすりつけると、音を立ててあえいだ」という。大部分のサソリモドキの体色は警告色ではない。尾のない種類（ウデムシ科Tarantulidae）の体色は黒で、腹部に黄色っぽい模様があるとはいえ、防衛手段の発達した他の多くの昆虫に比べると、鮮やかさでは見劣りする。サソリモドキは夜間しか活動せず、昼間は隠れているため、視覚的な警告はほとんど意味がないのだ。

ナナフシの多くは保護色でカムフラージュされている。アメリカ北東部とカナダ南東部でふつうに見られる種もそうだ。だが、アメリカ南部と新世界の熱帯地方で発見された「トゥー・ストライプト・ウォーキングスティック」(*Anisomorpha burprestoides*) は、黒い体の背の側に、見逃しようのない二本の鮮やかな赤い色が体全体に沿って走っており、強力な化学的防衛手段をそなえていると警告している。T・アイスナーは、共著者のM・アイスナーおよびM・シーグラーと発表した論文で、このナナフシは「身を守るために昆虫が生み出しうる最強の毒性分泌液の持ち主だ」と書いている。アイスナーは、それ以前に単独で発表した論文で、この分泌液は目を刺激して涙をあふれさせ、「揮発した気体を吸いこむと、のどが刺激されて痛む」と記した。この強力な分泌液を噴射する腺の開口部は頭部のすぐ後ろの胸部にあり、ほぼ全方向に液を的中させることができる。アイスナーが器具を使ってナナフシの体のさまざまな部位を刺激した際には、「この昆虫の射撃の腕は正確で、噴出液は常に、刺激を与えた器具を濡らした」そうだ。ほとんどの昆虫とは異なり、このナナフシは「分泌液を、鳥などに実際に攻撃される前に、予防策として噴出することがよくある。……ただし、噴出するのは、鳥が射程距離である約二〇センチ以内に近づいてからだ」。ケージの中では、この液の噴射は、アリ、甲虫、アオカケス、およびシロアシネズミを追い払うのに効果があった。ただしマウスオポッサムは、噴射による悪影響を明らかに受けたものの、ナナフシが弾薬を使い果たすまで執拗に待ち続け、ついには食べてしまったという。

ゴミムシダマシ科（Tenebrionidae）エレオデス属（*Eleodes*）の真っ黒なゴミムシダマシは、じゃまされると変わった姿勢をとる。事実上逆立ちし、脚をふんばって体を支え、腹部の先を高く空中に上げるのだ。これは、鳥や小型のげっ歯類などの攻撃者の顔に、腹部先端の開口部から忌避物質を噴射するための防御姿勢だ。アイスナー、M・アイスナー、M・シーグラーは、この甲虫は「しつこく攻撃されたときに腺から防御物質を噴射できるよう、通常この姿勢で静止して構える」と指摘する。砂漠にすむこの虫の黒い体色は、化学的防衛手段をそなえていることを示す警告色だ。このゴミムシダマシとその捕食者が活発に行動するのは明け方と夕暮れどきだけ。「そのため、薄暮の砂漠という環境では、なによりも黒い体色が目立つ」のである。その姿勢も警告として働く。これは、多くの無防備な甲虫が、化学的防衛手段をそなえているふりをして捕食者をだますために、ゴミムシダマシの体色だけでなく、その防御姿勢までまねていることで明らかだ。ゴミムシダマシの噴射物は効果的な防衛手段にはなるが、「バッタネズミには効果がない。……このネズミには、おそらく学習して獲得したものと思われる見事な習性がある。ゴミムシダマシを頭が空中に向くように抑えて、……腹部の末端を砂の中に入れさせ、分泌物を無駄に砂の中に噴射させてしまうのだ」。そのあとネズミはゴミムシダマシを頭の先から食べるが、おおいのような硬い翅と、忌避物質を分泌する腺のある腹部先端は食べ残す。

ジョン・スタインベックの小説『キャナリー・ロウ〈缶詰横町〉』には、哲学的なところのある海洋生物学者の「先生《ドク》」と愛想のいい浮浪者「ヘイゼル」が、ゴミムシダマシの群れに出くわす描写がある。ヘイゼルはドクに、こう尋ねる。「こいつらは、なんでケツを天におっ立ててるんですかね？」

「理由はわからんね」とドクは答えた。「ついこないだも調べてみたんだが。これはどこにでもいるありふれた虫で、こいつらがやるもっともありふれたことと言えば、尻を天に突き出すことだ。なのに、どの本を読んでも、尻を天に突き出すことも、その理由についても、いっさい書かれていない」

ヘイゼルは群れている屁っぴり虫の一匹を、濡れたテニスシューズの先でひっくり返した。黒光りした虫は狂ったように脚をばたつかせて、必死に姿勢を立て直そうとした。「じゃ、センセイは、なんでそんなことをしてるんだと思います?」

「祈ってるんだと思うよ」ドクは答えた。

「ええ?」ヘイゼルはびっくりした。

「驚くべきなのは」とドクは続けた。「こいつらが尻を天に突き出していることじゃない――ほんとうにすごく驚くべきなのは、ぼくらがそれを驚くべきことだと思うことだ。ぼくらは自分を物差しにしてしか、ものを考えられない。ぼくらがやることで、あの虫がしているのとおなじくらい説明不能で奇妙なことと言えば、たぶん祈ることだ――だから、この虫も祈っているんじゃないかな」

ヒキガエルが、ねばねばした長い舌を伸ばして、一センチちょっとの甲虫をからめとる。まだヒキガエルは知らないが、これは大きな間違いだ! 虫を口の中に入れようとしたその瞬間、カエルは突然息を詰まらせ、獲物を放し、口を大きく開けて、舌を地面にこすりつける。この獲物、北米にすむホソクビゴミムシ(オサムシ科 Carabidae ホソクビゴミムシ属 *Brachinus*)が、摂氏一〇〇度の有毒な液体を、腹部先端から直接カエルの口内に噴射したのだ。何度か痛い目にあわされたあと、カエルは、ホソクビゴミムシには手を出さないほうがいいと学ぶ。つまり、赤っぽい胸部と玉虫色の青い鞘翅が警告色であることを認識し、それを虫の有害な防御行動に結びつけるのだ。ホソクビゴミムシが噴射する液は人間の皮膚も刺激する。ハロルド・バスティンは、昆虫学者のJ・O・ウェストウッドが一八三九年に報告した内容を紹介している。それによると、南米に生息する大型のホソクビゴミムシをつかんだところ「ただちに迫撃砲を発射してきて、皮膚はやけどを負って変色してしまった。あまりにもひどい攻撃だったので、素手で採集できた標本はほんの少ししかなかった」という。北米では、スティーヴン・マーシャルが次のように書いている。ホソクビゴミムシは「岸辺に打ち寄せられた漂積物の下でよく見かける。とりわけ、ミズスマシ（ミズスマシ科 Gyrinidae）がよくやってくる水たまりの近くにいることが多い。ミズスマシのさなぎは岸辺に沿って泥で作ったドーム状のおおいの下にいるが、ホソクビゴミムシの幼虫は、そんなミズスマシのさなぎの捕食寄生者なのだ」

こういった甲虫たちは、これほど不快で、沸騰するほど熱く、爆発するような噴射物を、いったいどうやって作り出しているのだろうか？　実は彼らは、昆虫世界のもっとも手の込んだ防衛兵器を使って、これを可能にしているのである。アイスナーによると、ホソクビゴミムシの腹部には、過酸化水素とヒドロキノンをそれぞれ収めている貯蔵室がある。発射準備が整うと、この二種類の化学物質はもう一つの貯蔵室に押し出され、そこで酵素の働きによって、爆発的な化学反応が引き起こされる。この反応は非常に刺激性の高い高熱のベンゾキノンを生みだし、それが腹部先端の管を通して噴射されるのだ。ダニエル・アネシャンスリーと共著者たちによると「腹部先端が回転するため、事実上どんな方向にも噴射可能で、ホソクビゴミムシは、常に正確に敵に狙いを定める」という。

動物には牙や針、とりわけ、ほかの動物の皮下に毒液を注入する針を持つものがいる。おなじみのものと言えば、ヘビ、あるいはアリ、カリバチ、ハナバチといった昆虫だろう。けれどもそういった動物はほかにもおり、クモ、サソリ、ムカデや、イモガイという名で知られるウミカタツムリなども、みな毒針を持っている。このような動物の大部分では、毒針を使う主な目的は獲物を弱らせることにあり、身を守ることは二次的な目的にすぎない。『膜翅類の毒――脊椎動物に対する究極の防衛手段を手にするために（*Hymenopteran Venoms: Striving toward the Ultimate Defense against Vertebrates*）』において、ジャスティン・シュミットはこう書いている。「刺す行動をとる膜翅類の昆虫にとって、毒は万能の防衛手段ではない。とはいえ……それは次善策にはなる。昆虫は毒を持つことで、それまで潜在的な脊椎動物捕食者がいるために閉ざされていたり危険が大きかったりしていた新たな生息環境を、探ったり活用したりできるようになったのだ」。膜翅目（ハチ目）に含まれる虫は、すべて刺咬《しこう》昆虫だ。たとえば、すべての種が社会性をそなえているアリ類、そして一部が社会性をそなえているカリバチやハナバチなどがその例である。膜翅類で毒針を持つのはメスだけだ。なぜかというと、毒針は、産卵管が高度に変化したものだからである。シュミットは、膜翅類の毒の「攻撃的な有用性」は、脊椎動物の皮膚をつらぬいて「痛みや組織損傷や致命傷が生じうる敏感な皮下組織に毒を注入する毒針《どくしん》鞘《しょう》〔刺すための器官〕によりもたらされる」と指摘する。

群れ《コロニー》ごとに一匹ずつしかいない、セイヨウミツバチ（*Apis mellifera*）の女王バチは、卵を産み続けること以外にほとんど何もしない。女王バチの娘である不妊の働き蜂たちは、巣の空気調節から、子育て、コロニーの唯一の食糧である花粉と花蜜の採集まで、雑事を一手に引き受ける。毒針を使うのは、侵入してくる昆虫や、ミツバチの群れをボリューム満点の食糧源として利用するクマやヒトといった脊椎動物の掠奪者たちからコロニーを守るときだけだ。一方、女王蜂が毒針を使うのは、お家騒動でライバルを殺すときだけである（春が訪れると、ほかの場所で新たな巣を営むために、女王バチはお供の働き蜂の群れを引き連れて巣をあとにする。残された群れの新女王バチ候補は、その数週間前から、働き蜂によって数匹用意されており、ライバルたちを刺殺して最後に残った一匹が、新女王の座に就くことになる）。

チャールズ・ミッチナーは、防衛の第一線を担っているのは、巣の入り口にいる門番役の働き蜂だと説明する。危険を察知すると、腹部を持ちあげて毒針鞘をあらわにし、その付け根から臭気のある警報フェロモンを放出し、翅であおいで拡散するのだ。すると、この警報フェロモンに反応した数百、数千匹の働き蜂が飛び出してきて侵入者を刺しまくる。逆棘《さかとげ》のある針が先についた刺すための器官は、通常、ハチが飛び去るときにハチの体から丸ごともぎ取られるため、ハチは死んでしまうが、針と毒の入った袋は敵の体に残って毒と警報フェロモンを放出し続ける。そして、さらに多くの働き蜂が警報フェロモンを放出するために、攻撃は一気に拡大する。侵入者は追い払われるか、場合によっては、何度も刺されて命を落とすこともある。落命する可能性は、びっしり毛におおわれているクマより人間のほうが高い。

ホーリー・ビショップは、著書『掠奪されるミツバチ（*Robbing the Bees*）』において、古代ギリシアやローマ帝国の時代から二〇世紀に至るまで、いかにしてミツバチが戦いの武器として使われてきたかを綴っている。「高度な巣箱が発明されるまで枝や麦わらや粘土の容器で飼われていたミツバチは、武器として利用された。……投げ込まれたり、敵の上に落とされたりしたのである」。中世の城を攻略する際には、攻囲軍は投石機を使い、城壁越しにミツバチの巣を投げ込んだ。「投げ込まれた巣が標的に届くころには……ミツバチは怒り狂い、爆発的に刺しまくる用意が整っていた」とビショップは書いている。

脊椎動物に対し並はずれて好戦的な防衛行動をとることから「殺し屋蜂《キラービー》」と呼ばれることのあるアフリカミツバチは、同じ種（セイヨウミツバチ）の他の種類よりも、相手を死に至らしめかねない激烈な集団攻撃を繰り広げることが多い。この種は一九五七年にブラジルで、うっかり戸外に放たれてしまった。それまで飼育していたイタリアミツバチと生産性の高いアフリカミツバチを掛け合わせてハチミツの収量を上げようともくろんだ養蜂家たちのもとから逃げ出してしまったのである。以来、アフリカミツバチはアメリカ南部まで北上を続け、もっと穏やかな、家畜化されたイタリアミツバチと交雑し続けた。その結果生まれたアフリカナイズドミツバチ（アフリカ化ミツバチ）は、南米と中米で何百人もの命を奪うことになったが、ミツバチにくわしいメイ・ベーレンバウムが教えてくれたところによると、アメリカ国内で命を落としたのは、ほんの四〇人ほどにとどまっているということだ。

マサチューセッツ大学の学生だったある夏、わたしは、すばらしいアルバイトを得た。それは、パートナーと一緒に〝幌馬車《ザ・カバード・ワゴン》〟というあだ名のあるトラックに乗ってニューイングランド中を旅し、サマーキャンプにいる子供たちに自然研究プログラムを指導するというものだった。少年たちのグループを引き連れて自然観察を行っていたとき、その中の一人がうっかり「イエロージャケット」（スズメバチ科）の巣を踏んで潰してしまった。このカリバチはよく、動物が放棄した穴の中に紙の巣〔木の繊維を唾液で固めて作る〕をかけることがある。怒り狂ったカリバチの集団はただちにコロニーを守ろうと行動を開始し、わたしは「逃げろ！」と大声をあげた。少年たちはみな走り出したが、中に一人だけ、恐怖で動けなくなった子がいた。その子を抱えて逃げるあいだに、わたしもその子も、何度も刺されてしまった。ミツバチとは異なり、イエロージャケットや他のカリバチは何度でも繰り返し刺すことができる。

カリバチの刺し傷は、瞬時に激痛をもたらす。その痛みは、ヒトだけでなく、他の脊椎動物をも去らせるにじゅうぶんなものだ。イエロージャケットには、ほかの社会性昆虫と同様に、守るべき財産がある。アリやカリバチのコロニーには、数百匹、いや数千匹の幼虫やさなぎが含まれており、クマのように大きな動物にとってさえ豊富な食糧源になる。ミツバチのコロニーはもっと魅力的だ。幼虫やさなぎに加えて、蜂蜜と花粉が大量に蓄えられているのだから。ロジャー・エイカーと共同研究者が説明しているように、社会性のカリバチ（イエロージャケットも含む）は、その毒針を主に身を守るための武器として使う。その毒には、脊椎動物に激痛を引きおこす物質が含まれ、ミツバチやアリの毒のように、脊椎動物の組織を破壊し、大量に注入されると致命的になる物質も含まれている。

しかし、毒針を持つカリバチとハナバチの大部分は非社会性だとエイカーらは指摘する。こういった単独性のカリバチが毒針を使う主な理由は、社会性のカリバチの場合とおなじように、えさとして幼虫に与える獲物を弱らせるためだ。その毒は獲物にとっては致命的だが、人に対しては、ほとんどの場合、単独性のハナバチのものと同じように、すぐ消え去るわずかな痛みしか与えない。単独性のカリバチとハナバチが、ほとんど痛みのない毒しか持たないことは、進化的な観点から見ると、完全に筋が通っている。というのは、彼らにとっては、脊椎動物から巣を守る必要がほとんど、あるいはまったくないからだ。散在する単独性のカリバチやハナバチの巣にあるわずかな量の食糧を狙うなどというのは、ほぼどんな大型の脊椎動物にとっても、採算の取れない企てだろう。

だが、非常に強い痛みをもたらす単独性のカリバチも例外的に存在する。たとえば、アリバチ（アリバチ科 Mutillidae）の翅のないメスがその例だ。このハチの「ヴェルヴェット・アント」という通称は、そのアリのような姿と、密集して直立する短い〝毛〟（赤い色をしていることが多い）に由来する。よく目立つ姿で地面をはいまわるアリバチは、鳥にとって食指をそそられる虫だ。実はアリバチが徘徊する理由は、他のカリバチやハナバチの巣穴を探して、その中に卵を落とすためだ。卵からかえった幼虫は、カリバチやハナバチの幼虫に寄生して、最終的には食い殺してしまう。多くのアリバチは警告色をまとっている。「カウ・キラー」と呼ばれる大型のアリバチ（*Dasymutilla occidentalis*）もその一例だが、このハチの警告は見落としようがない。背は鮮やかな赤色をしていて、真っ赤な毛で飾り立てられているからだ。

バート・ヘルドブラーとエドワード・O・ウィルソンは「最近まで、アリの祖先を探る試みは失望の連続だった」と書いた。だが、八〇〇〇年前のセコイアスギの琥珀《こはく》がニュージャージー州で発見されたとき、この状況はついに終わりを告げた。この琥珀には、これまで見つかった中で最古の、解剖学的にもっとも原始的なアリが完璧な姿で閉じ込められていたのである。樹液に封じ込められた化石の多くがそうであるように、この大昔に命を落としたアリは今でも生きていて、囚われの身から解放されさえすれば、すぐにでも歩き去るように見える（ヘルドブラーおよびウィルソン著『蟻の自然誌』〔邦訳一九九七年〕の一二五ページに掲載されている写真参照）。それはまさに、カリバチとアリとのあいだのミッシングリンクを明らかにしてくれる未知の絶滅種だった。あらゆるアリ（アリ科 Formicidae）は、このグループから出現したのである。

この化石では、長く突き出した毒針鞘をはっきりと見てとることができる。現存する原始的なアリの種のほとんどにも機能的な針があり、それらは一般的に、獲物を殺したり麻痺させたりする武器、および巣をおびやかす侵入者を追い払う武器として使われる。しかし、それより最近進化した、より高度なアリの大部分は、実際には機能しない退化した毒針鞘しかもたない。そのため、こういったアリでは、毒のある物質を滴下したり噴射したりするといった、他の化学的防衛手段に訴えることが必要になる。後者の極端な例が、マレーシアに生息するアリ（*Camponotus saundersi*）の〝自爆作戦〟だ。ヘルドブラーとウィルソンによると、向う見ずな働きアリが、戦いの最中に「腹壁を猛烈に収縮させ」、ついには毒が詰まった腺を膨れ上がらせて「破裂させせ」ることにより、敵に毒を撒き散らすという。

アメリカに生息するもっとも悪名高い刺すアリと言えば、ヒアリ（トフシアリ属 *Solenopsis*）だろう。英語の通称「ファイア・アント」は、その刺し傷が火を吹くように痛いことからきている。南米原産のヒアリ（*Solenopsis invicta*）〔英語名は「レッド・インポーテッド・ファイア・アント」〕が最初にアメリカで発見されたのは二〇世紀前半のことで、それ以来、米国南部のほとんどの州に広まった。ヒアリの巣は、直径と高さがそれぞれ九〇センチほどの、泥で作った硬い壁のある土塁《どるい》状のもので、一エーカー〔約四〇〇〇平方メートル〕あたり二五個から一〇〇個ぐらいの割合で散在する。土塁一個には一〇万匹以上の毒針を持つ獰猛な働きアリと兵アリが暮らしているが、それらはみなメスのアリだ。この巣がおびやかされると、興奮した働きアリと兵アリの大集団が集合し、侵入しようとするヒトや他の動物を激しく攻撃する。戦う働きアリは強靭な大あごで敵の皮膚にかみつき、それをテコにして腹部の毒針を差し込む。ベーレンバウムは、人間に対するこの毒の作用を次のように綴っている。

ヒアリに刺されると激烈な症状が出る。まず、刺された部位に、ただちに焼けるような感覚が走る。……すぐにその部位は腫れあがり、水ぶくれ、つまり小水疱《しょうすいほう》ができ、その日のうちに膿《うみ》がたまる。ヒアリの毒には、細胞と組織を破壊する成分が含まれているからだ。この膿疱《のうほう》は一週間以内に皮膚に吸収されるが、瘢痕《はんこん》組織ができて跡を残すことが多い。全身性の反応も現れ、吐き気やおう吐、見当識障害や眩暈《めまい》、ぜんそくをはじめとするアレルギー性反応などをもたらし、場合によっては、致命傷になることもある。

ヒアリの刺すという行為が脊椎動物に対する効果的な防衛手段になることは間違いない。ヒアリの毒は、人間に強力な作用をおよぼすだけでなく、小鳥や小動物を殺すこともよくある。

ヒアリがアメリカにやってきた話には、ワクワクするようなおまけがある。わたしは、このアリがアメリカで発見された年代について数多くの文献にあたったのだが、その年代はさまざまで一致していなかった。ある文献は、一九一八年であるとし、別の文献には「一九三〇年より前のある時点」と記載されていた。また、他の文献には——これが事実に近いのだが——ヒアリが「最初に発見されたのは、アラバマ州のモービルで、一九四〇年ごろのことだった」とあった。ほんとうのことを初めて知ったのは、エドワード・O・ウィルソンの『ナチュラリスト』〔邦訳一九九六年〕を読んだときである。ウィルソンは、アリの世界的権威で、社会生物学という科学の生みの親の一人だ。彼は、アリと社会生物学に関する著書で、二度ピューリッツァー賞を受賞している。

ウィルソンは『ナチュラリスト』の中で、アラバマ州のメキシコ湾岸で過ごした少年時代からハーヴァード大学の教授になるまでの歳月をたどり、博物学者《ナチュラリスト》および生物学者として成長していった歩みを綴っている。それによると、七歳のときには、モービルにあった自宅近くの浜辺をそぞろ歩いて貝を集め、波間にサメのひれを探していた。一三歳になった一九四二年の秋には、自宅の横にあった「空き地にすむ、すべてのアリの採集にとりかかった」という。そしてそのときの発見のひとつが、ヒアリのコロニーだったのだ。「この空き地での発見は、アメリカ合衆国におけるヒアリの存在を示す最初の記録となり、のちに、わたしが手がけた初めての科学的観察のデータとして論文で発表することになった」とウィルソンは書いている。

攻撃してくる捕食者に、消化酵素または毒、あるいはその両方を注入する方法は、毒針鞘だけにかぎらない。突き刺す形の口器を持つ多岐にわたる種類の昆虫は、通常その口器を獲物の昆虫の体液を吸い上げるために使うが、食虫性の脊椎動物を攻撃する際に、敵の体を突き刺して、毒素を注入するのにも使っている。たとえば、サシガメには、脊椎動物の血を吸うものもいるが、ほとんどの種は昆虫をえさにしている。いずれの場合にせよ、口器を使って犠牲者の体を突き刺し、脊椎動物の血または昆虫の血と体内組織を吸い上げる。ヴィンセント・ウィグルズワースが書いているように、こうした獲物の体内組織は、サシガメが注入する唾液に含まれる酵素によって、吸い上げられる前に液状化している。アフリカに生息する捕食性のベニモンオオサシガメ（*Platymeris rhadamanthus*）は、J・S・エドワーズによると、最大三〇センチまで防衛手段の唾液を飛ばすことが可能で、とりわけ目と鼻の敏感な組織がこの液を浴びると、激痛が走るという。とはいえ、すべてのサシガメとは言わないまでも、ほとんどのサシガメ（北米に生息する複数の種も含む）は、攻撃されたときに、口器を武器として使って突き刺すこともできる。脊椎動物の攻撃者を口器で刺して、痛みをもたらす唾液を注入するのだ。大部分のサシガメの体色は、灰色あるいは褐色といった保護色だが、なかには警告色を持つ種もある。よく見られる警告色は、赤と黒という組み合わせだ。

M・ディーン・バウワーズによると、一二種の蛾と一種の蝶の幼虫には、体から離脱する、毒を含んだ「毒針毛《どくしんもう》」が生えているという。攻撃してくる捕食者がこういったケムシに接触すると、この毛が捕食者の皮膚に突き刺さって折れ、毒が放出される。わたしの経験から言うと、その痛みは、セイヨウイラクサに触れてしまったときの痛みに似ているが、それよりも強烈でピリピリしている。毒が詰まったケムシの毒針毛は、「みみずばれを引き起こすような（urticating）」痛みを生じさせると表現される。その由来は「刺す」という意味のラテン語「urticare」だ。(ちなみに、セイヨウイラクサの学名は *Urtica dioica* である)。

後翅にある大きな目玉模様を突然誇示して捕食者をひるませる北米のイオメダマヤママユには第六章ですでにお目にかかったが、この蛾は幼虫段階にあるときには、毒針毛によって身を守っている。このケムシの背中には、うす緑色で先端が黒い、非常に鋭利な毒針毛が集まったロゼッタ状の房がぎっしり配置されているのだ。イオメダマヤママユの幼虫は、どんな種類の植物の上にもいるため、うっかり触ってしまう可能性は常に存在する。故ジョン・バウズマンとジェイムズ・スターンバーグも、このケムシは「ほぼすべての種類の落葉性の樹木や低木……そしてトウモロコシを含む硬いイネ科の植物に寄主する」と報告している。若いイオメダマヤママユの幼虫は、オレンジ色の体色をしていて、植物の上で群居するためによく目立つが、その段階より成長した幼虫の体色は緑色で、しかも単独で生活するため、離れたところからは、なかなか見つけられない。とはいえ、近づいてみると、毒針毛と、警告するように体の両脇を走っている赤と白の線がはっきり見える。トマス・アイスナー、M・アイスナー、およびM・シーグラーは「素手でイオメダマヤママユの幼虫に触れてしまった者は、瞬時に局所的な痛みを感じ、そのあとかゆみと炎症性の腫れに襲われる。……ヒトにおよぼす作用を考えると、このトゲが天敵から身を守る手段になっていることに疑いの余地はない」と書いている。

ウォルター・リンセンマイヤーは、「ヒトの皮膚にもっとも強い作用をもたらす……刺激性の毛とは、ある種の〝フランネル・モス〟(メガロピギア科 Megalopygidae)の幼虫が持つものだ。……ブラジルでは、この幼虫は〝ビゾス・デ・フエロ〟(火のけだもの)と呼ばれ、パラグアイでは〝イソ・ハウア〟（ジャガー虫）として知られている」と書く。恐ろしい名前が付けられているとはいえ、これらの名称は、フランネル・モスの幼虫との接触が引き起こす耐えがたいほど――体が衰弱することもよくあるほど――の影響を表現するには、まだ足りない。新世界の熱帯地方に生息するもっとも危険な種類（メガロピア属 *Megalopyge*）の幼虫の大きさは、体長五センチ、幅二・五センチほどで、黄色あるいは白色の、うしろになでつけた密生する長毛で完全に体が隠れている。この幼虫が葉の表面に体をさらしてとまっている姿（フランネル・モスの幼虫はみな、よくこの行動をとる）は、まるで小さな妖精が置き忘れた〝かつら〟のように見える。しかし、このかつらの中には、危険な毒針毛が隠れているのだ。わたしもこういった〝火のけだもの〟に何度かコロンビアで出くわしたことがあるが、運よく接触はまぬがれることができた。とはいえ、触れてしまったアメリカ人の生態学者の話も耳にしている。瞬時に生じた痛みはあまりにも耐えがたく、この学者は数日間の入院を余儀なくされたということだった。

ある種の幼虫は、さなぎになるときに、脱皮した殻に付着していた毒針毛を無駄に捨ててしまうようなことはしない。こういったケムシは脱皮に先だち、毒針毛の多くを回収して、さなぎの段階とそのあとの成虫の段階で、身を守るために再利用するのだ。一部の種の成虫には、すでに三度も利用した毒針毛をさらにもう一度使って、卵塊をおおうものまでいる。

その一例が、シロバネドクガ（*Euproctis chrysorrhea*）だ。ヨーロッパから侵入してきたこの蛾は、北米の樹木に壊滅的な被害をよく引き起こしているが、この見事な倹約術を実践している見本のような昆虫でもある。ハリー・エルトリンガムは一九一三年に、成熟したシロバネドクガの幼虫が、さなぎの段階で身を包むことになるまゆを作る際に、まゆの内壁と外壁に毒針毛を組み込む様子について記述している。それによると「まゆの内壁は、ゆるく編まれ、針状体(毒針毛)は内壁全体に撒かれているが、内壁をめぐって帯状にとりわけ密集している部分がある。それは中央部よりやや前方に位置している」。エルトリンガムは、まゆの後端を切り取って穴を開け、羽化するメスの蛾が、腹部先端の肛門部にある、毒針毛ではないふつうの毛の房に毒針毛をからませる姿を観察した。

まゆの前方は比較的薄くできているようで、頭部と胸部を前に突き出すような動作を繰り返した蛾は、ほどなくして穴をあけ、まゆから出た。この姿勢では、蛾の腹部の先端が、まゆの内壁をめぐって針状体が帯状に密集している場所にくる。そのあと蛾は、前述した奇妙な動作にとりかかったのである。肛門周囲の房がまゆの内部でぐるぐる回り、針状体の帯のあいだで開いたり閉じたりしている様子がはっきり窺われた。

白い翅がよく目立つシロバネドクガのメスは、卵の塊を葉の裏側に産みつけたあと、腹部先端の房をそれぞれの塊に押し付け、卵を毒針毛でおおって保護する。

人間がシロバネドクガの幼虫の毒針毛に触れると、皮膚に重度の発疹が生じ、ことによっては命取りになるという(すくなくとも小説の世界では)。ずいぶん前のことだが、わたしはあるミステリー小説を読んだ。登場人物がなぜか慢性的な体調不良に陥り、ついには命を落としてしまうのだが、実は、空調システムをとおして、シロバネドクガの毒針毛をくりかえし吸わされて殺されたというのである。残念なことに、作者の名も、小説のタイトルも今となっては思い出せない。とはいえ、E・B・フォードによると、シロバネドクガの成虫とさなぎを避けるのはむずかしくないと言う。食虫性の鳥類のほとんども、この虫を食べるのは避けている。というのも、幼虫の体色は、はっとするほどどぎつい警告色に彩られているからだ。地の色は濃い褐色で、体の両脇に白い線が走り、背中には小さな赤いこぶがある。フォードが言うように、寄主植物の葉の上で体をさらしながら堂々とえさを食べるこのケムシは「人目を惹く物体」だ。

昆虫の中には、捕食者におびやかされると、体内から突き出すことができる腺を持つものがいる。体内に収められている通常の状態では、分泌液は腺の内部に含まれている。だが靴下をひっくり返すように腺がめくりあげられた状態になると、揮発性の液体であることが多いこの忌避物質におおわれた腺の内側表面は、外気にさらされることになる。このような昆虫の一例は、体長〇・五ミリほどしかないヤナギルリハムシ（*Plagiodera versicolora*、ハムシ科 Chrysomelidae）の幼虫だ。一九一一年に貨物にまぎれてヨーロッパから北米に侵入した虫で、ヤナギの葉の表面を食べて葉脈を残し、部分的に葉を筋だらけにするこの幼虫はよく目立つ。ピンセットでそっとつかむと、幼虫は体の両側にそれぞれ九つずつ一列に配置された防衛手段の腺のいくつか、あるいは一八個すべてをめくりあげる。T・アイスナー、M・アイスナー、M・シーグラーによると、こうした腺から分泌される液は「節足動物の捕食者に対する強力な忌避物質だ」という。おそらく鳥や他の脊椎動物に対しても効果があることだろう。

アゲハチョウ（アゲハチョウ科 Papilionidae）の幼虫は、臭角《しゅうかく》（学術名「オズメテリアム」は、「臭気をばらまく器官」を意味するギリシア語の合成語）と呼ばれる、めくりかえすことのできる腺によって身を守る。ヘイゼル・デイヴィーズとキャロル・バトラーによると、アゲハチョウの幼虫はおびやかされると、「いつもは後頭部のポケットの中に収められている」Y字型の臭角を突きだす。めくりかえすように突き出されたY字型の上部にあたる二本の腺は、「手袋に指を入れたときのように、伸びて膨らむ」という。臭角は種により、鮮やかな赤であることも黄色であることもあるが、いずれも強い臭気を放出する。前述したアイスナーと共著者たちによると、この臭気は「無脊椎動物と脊椎動物の両方」を追い払うことが判明しているという。

ほかにも、防衛手段として化学的に複雑な物質を生成する昆虫はいるが、その放出方法は、これまで見てきたものより「ローテク」な方法だ。たとえば、ただ吐き戻すとか体の一部から染み出させる、とかいったものである。ダグラス・ホイットマンと共著者は、おびやかされたときに吐き戻しを行う昆虫をリストアップしたが、それらは六つの目《もく》にまたがる二二科におよんでいた。吐き戻された植物性の内容物には、植物の不快な物質が含まれていることがあり、それに昆虫が自らの腺から分泌する物質が加えられている場合もある。吐き戻しを行う昆虫には多くの幼虫が含まれるが、その一つの例が北米の蛾、ポリフェムスサン（*Antheraea poyphemus*、ヤママユガ科 Saturniidae）の幼虫だ。開張が一五センチにもなることがある、このハンサムな大型のヤママユガは、アマチュア博物学者のあいだでよく知られており、彼らは冬のあいだにまゆを採集して、春に成虫がかえるのを心待ちにする。最大七・五センチもの長さになることもあるポリフェムスサンの緑色の幼虫は、オークやカバノキといった樹木の葉のあいだではよくカムフラージュされていて見つかりにくい。だが、目の利く食虫生物におびやかされると、このイモムシは、まずカチッカチッというクリック音を立て、次に有害な褐色の液体を吐き戻すことがよくある。この行動が最初に観察されたのは一〇〇年以上も前のことだが、その目的が明らかになったのは、ようやく二〇〇七年になって、セアラ・ブラウンと共同研究者が包括的で綿密な研究の結果を発表したときだった。ブラウンたちは、ポリフェムスサンの幼虫をピンセットでつかむと、通常、大顎をこすりあわせて一連のクリック音を立てる行動が引き出されることを発見した。さらに研究者がイモムシをつまみ続けると、今度は吐き戻し行動が観察された。クリック音は近くでこそ大きく響くが、その音は狭い範囲にしか伝わらない。近くに迫った鳥に有害な化学的防衛手段をそなえていることを警告するに足りる距離ではあるとはいえ、もっと離れた場所にいる捕食者に注意を喚起するには不十分だ。ブラウンたちは、吐き戻した内容物をえさにこすりつけると、アリもマウスも、そのえさを食べなくなる事実を実証した。さらに、一〇種類の他の幼虫（ヤママユガの幼虫と他のスズメガの幼虫）もピンセットでつままれると吐き戻し行動を行うが、吐き戻しの前にクリック音で警告を行うのは、そのうちの三種（一種のヤママユガの幼虫と二種のスズメガの幼虫）だけであることも見出した。

捕食者や研究者におびやかされると、ツチハンミョウ（ツチハンミョウ科 Meloidae）は脚の付け根から、ヒトや他の脊椎動物の皮膚に重度の水ぶくれを生じさせる強力な刺激成分「カンタリジン」を含んだ血液をにじみださせる。ある種のツチハンミョウ（北米の一部の種も含む）の体色は警告色で、光沢のあるメタリックブルーや、赤と黒または濃い褐色の組み合わせなどのものがある。T・アイスナー、M・アイスナー、M・シーグラーによると、ほとんどの脊椎動物はこの虫を食べないが、驚いたことに、ウズラやヨーロッパのハリネズミなどの一部の動物は、ツチハンミョウを食べ、しかもまったく悪影響を受けないという。カンタリジンが生成できるのはオスのツチハンミョウだけで、オスは交尾をとおして、この毒物をメスに渡す。この贈り物は、オス自身の繁殖成功率、すなわちこのオスの個体としての進化的適応度を高める可能性がある。というのは、交尾相手に自分のカンタリジンの一部を移すことにより、そのメスが捕食者を退ける可能性が高まるだけでなく、メスも、オスの精子で受精した卵に、オスから譲り受けたカンタリジンの一部を移すことによって卵を守ることになるからだ。悪名高きスパニッシュ・フライ（まぎらわしい名前だが、ツチハンミョウの一種）には、媚《び》薬《やく》効果があると言われている。しかし、それを使うのは危険だ。カンタリジンは、ほんの微量でも、摂取すれば命にかかわる危険性がある。

　エバーグレーズ国立公園のアンヒンガ・トレイルにある遊歩道を散策していた際、わたしはアメリカムラサキバンが、水に浮かぶスイレンの葉の上をゆっくり歩きながら、くちばしが届くかぎりの昆虫をついばむ姿を目にした。だが、この鳥は葉の上にとまっていたバッタ「イースタン・ラバー・グラスホッパー」（*Romalea guttata*）は無視して、その上をまたいでしまった。おそらく、鮮やかな黄色と黒というその警告色が、前にラバー・グラスホッパーの不快な化学的防衛手段に出会ったときの苦い経験を思い出させたためだろう。

　この大型でずっしりとした体つきのバッタは、ほかのバッタとちがって、捕食者に出会っても飛び去るようなことはしない。T・アイスナー、M・アイスナー、M・シーグラーが適切に記したように、

「しっかり身が守られている動物がよくそうするように、このバッタも、何も恐れてはいないという印象を与える」。ラバー・グラスホッパーは隠れもせずにゆっくりと前進し、おびやかされたとしても、跳びはねたり、飛び去ったりはしない（翅が短すぎるので）。侵入者が近づいてくると、脚をふんばって体を起こし、前翅を持ちあげ、鮮やかな深紅色の後翅を部分的に引き上げることによって、警告誇示効果をさらに高める。これは単なるハッタリではない。もし鳥につつかれたら、このバッタは後翅を最大限にまで引き上げ、トゲのある後脚を振り回し、不快な液体を吐き戻して、シューという音とともに、胸部の両側にある開口部から悪臭を放つ泡を爆発的に放出するからだ。

かつてイリノイ大学の大学院で机をならべていたマリー・ブラムは、今では昆虫の化学的防衛手段におけるエキスパートになっている。わたしは彼から、鳥、哺乳類、両生類はラバー・グラスホッパーのこの威嚇に明らかに怖れをなして、すぐに攻撃の手をゆるめると聞いた。このバッタを食べた鳥は具合が悪くなり、嘔吐して、その後は、この虫に触れることさえ避けるようになるという。けれども、ルーベン・ヨーセフとダグラス・ホイットマンによると、ある種の鳥は、ラバー・グラスホッパーに対処するすべをそなえているそうだ。「殺りく鳥《ブッチャー・バード》」というあだ名のあるアメリカオオモズは、他の獲物とおなじように、このバッタをイバラのトゲに突き刺し、一〜二日経って、バッタの化学的防御物質の一部が分解してから食べる。だがそのときでさえ、胸部は食べない。バッタの防御物質を生みだしている部位だからだ。

カメムシ（半翅目（カメムシ目））の一部の昆虫は、本章ですでに出会ったサソリモドキやナナフシとおなじように、化学物質を敵に向けて噴射する。しかしハインツ・レモルドは、ナガカメムシ（ナガカメムシ科 Lygaeidae）には、攻撃されると「身を守るおおいとして体を包むために」化学物質を自分の体に噴射するものがいると言う。レモルドはまた、半翅目に属す他の虫、たとえば、カスミカメムシ（カスミカメムシ科 Miridae）の成虫などは、自分の脚を使って化学物質を敵に塗りつけると指摘している。攻撃された場所にもっとも近いところ（たとえば、研究者のピンセットの横など）にある脚を、毒腺の開口部にこすりつけて湿らし、その脚で敵に触れるのだ。

昆虫の中には、捕食者を死に至らしめるようなことはせず、自分もしくは仲間が一匹以上食べられたあとに初めて悪影響を捕食者に与えるような毒を体内に宿しているものがいる。こう聞くと、読者のみなさんの胸には疑問がわいてくるにちがいない。その答え――食べられてしまうことに、どんな利点があるというのか――については、のちほどお話することになる。ここではまず、一部の（決してすべてではない）昆虫が、どうやって毒を体内に宿すのかを見ていくことにしよう。こうした昆虫には、自ら毒を合成するものもいるし、えさにする植物の毒や、獲物から得た毒を体内に蓄積することによって毒を持つものさえいる。科学的な文献には、こういった毒は、昆虫の味を悪くする、つまり食べるとまずく感じたり、不快に感じたりするとよく書かれている。とはいえ、味のまずさだけでは、捕食者をずっと退け続けることはできないだろう。なんといっても人間だって、アンチョビーや辛いチリ・ペパーなどをおいしいと感じるようになるのだから。自然選択では、最初に口にしたときにはおいしいとは思えない、毒性のない栄養豊かな食糧を好む昆虫が有利になる。こういった毒性があるが致命的ではない化学物質の定義には、「吐き気をもよおさせる」ことも含める必要がある。

ダグラス・ホイットマンと共著者は、さまざまな毒を「自己生成」する八科の甲虫と、二一科におよぶ蝶と蛾を列挙した。美しい警告色を持つヨーロッパの昼飛性のムツモンベニモンマダラ（マダラガ科 *Zygaenidae*）は、致死性のあるシアン化水素（HCN）を分泌し、それを外骨格にある空洞に貯蔵する。優秀な昆虫学者だった故レイディ・ミリアム・ロスチャイルドが、イギリスの著名な昆虫生理学者のサー・ヴィンセント・ウィグルズワースに、この蛾がHCNを持つと伝えたとき、ウィグルズワースは、他の大勢の者たちと同じように彼女の話を信じず、「ムツモンベニモンマダラがほんとうにHCNを含んでいるようなことがあったら、帽子を食べてみせる！」と言い放った。結局、彼は間違っていたのだが、帽子を食べたかどうかは定かではない。

おそらく数千種にのぼると思われるアポセマティックな〔毒性があることを警告する〕昆虫は、植物の毒を体内に蓄積する。それらは、蛾、甲虫、カメムシ、アブラムシ、バッタなどの複数の目や科にわたっている。一方、こういった昆虫が毒を抽出して蓄積する植物も、さまざまな科に属すかなりの種類におよぶ。西田律夫は、植物の毒素を蓄積する九科の蛾と八科の蝶について判明している数多くの例をまとめ、こうした毒素は「防御物質として決定的な役割を果たしていると思われる」と指摘している。

では、いったいなぜ植物は、昆虫が自らの捕食者に対して使う武器として体内に蓄積する毒素を含むのだろうか？　全世界には、二六万種をゆうに超える種子植物が存在する。苔やシダといった他の種類の植物をえさにする昆虫も少なくはないが、種子植物の種の数は、種子植物を食べる昆虫の種の数に比べてはるかに少ない。種子植物を食べる昆虫は四三万種以上におよび、判明している全昆虫のほぼ四六パーセント、全動物の三六パーセントまでを占めるからだ。当然予想されることに、植物は、このおびただしい敵に対して身を守るさまざまな手段を進化させてきた。それらは、トゲや毛といった物理的手段のこともあるが、それより多く見られるのが化学的防衛手段だ。種子植物は、植物をチビチビかじろうとする昆虫や他の動物を退けるために数千種類もの毒素を生成する。たとえばトウワタには、哺乳類と昆虫の両方に対して毒性のある強心配糖体《きょうしんはいとうたい》（カルデノライド）と呼ばれる化学物質が含まれている。（その名が示唆するように、たとえばジギタリスのカルデノライドは、人間の心臓疾患の治療にごく微量使われる）。セイヨウミザクラには、シアン化グルコシドの一種のアミグダリンが含まれ、昆虫や脊椎動物が摂取すると、胃の中で致命的なシアン化水素酸（青酸）が作られる。L・R・テホン、C・モリル、およびR・グラハムによると、生のサクラの葉に含まれるアミグダリンは、食べたウシに影響を与えるほどのものではないが、切り落とされた枝についているしなだれた葉では、アミグダリンの濃度が高くなっているので、それを食べたウシは命を落とすことがあるという。

バッタ、アワヨトウの幼虫、モルモンクリケットのような昆虫は、関連性のないさまざまな種の植物を食べる〝広食者《ジェネラリスト》〟だ。とはいえ、植食性昆虫の大部分は、寄主植物特異性を持つ。つまり、ごくかぎられた植物しか食べず、同じ科に属す一握りの非常に近い種の植物しか食べないことも多い。こうした寄主植物特異性を持つ昆虫は、自分が食べる植物の化学的防衛手段に対して免疫を獲得してきた。植物の毒を解毒したり、毒の影響を受けない体内の部位に貯蔵したりするようになったのである。

このような寄主植物特異性のある昆虫の一例が、人々に愛されている美しいオオカバマダラ（*Danaus plexippus*）だ。この蝶は幼虫の時期、さまざまな種類のトウワタの葉しか食べない。とはいえ幼虫はトウワタのカルデノライドの毒に害されるどころか、その毒を体内に蓄積して、さなぎの段階、成虫段階へと持ち運んでいく。しかし、毒にまみれた成虫を食べた鳥や他の捕食者が命を落とすことはめったにない。これには進化的に重要な理由があるのだが、それについての説明は、このあとに譲ることにしよう。たとえばオオカバマダラは、鳥を殺してしまう量よりいくらか少ない、嘔吐を催させる量のカルデノライドを持つ。言いかえれば、この蝶の毒物は、食べた鳥を殺す前に吐き気を催させ、毒を排出させてしまうのだ。

ミリアム・ロスチャイルドと共著者によると、キョウチクトウアブラムシ（*Aphis nerii*）は、セイヨウキョウチクトウの葉の液を吸って、カルデノライドを体内に蓄積するという。このアブラムシを食べるナナホシテントウ（*Coccinella septempunctata*）はカルデノライドを持たない。しかしロスチャイルドが次に発表した論文によると、やはりこのアブラムシを食べるが、セイヨウキョウチクトウについてはどの部分もまったく食べないジュウイチホシテントウ（*Coccinella undecimpunctata*）は、カルデノライドを体内に蓄積するという。つまりジュウイチホシテントウは、アブラムシを介してカルデノライドを手にしているのだ。ロスチャイルドと同じ共著者は別の論文で、クサカゲロウ（クサカゲロウ属 *Chrysopa*）も、捕食するカイガラムシから得たカルデノライドを体内に蓄積すると発表している。

トマス・アイスナーと共著者は、「ホタルは、化学的に保護されている。フォティヌス属（*Photinus*）

の種は……ある種の味の悪いステロイド類を含み、それがオス・メス両方を、クモや鳥、そしておそらくは他の捕食者からも守っている」と指摘する。これらのステロイド類は「フォツリス属（*Photuris*）のホタルにも存在するが……じゅうぶんな量を持つのはメスだけで、しかも不思議なことに、交尾の季節がたけなわになってからのことだ」という。その理由を発見したのは、ジェイムズ・ロイドである。彼によると、フォツリス属のメスは捕食性で、フォティヌス属の種のオスを、その種のメスの交尾シグナルである光をまねしておびき寄せるという。彼女たちは、フォティヌス属の暗号を解読してしまったのだ。こうして、フォツリス属の〝妖婦《ファム・ファタール》〟たちは、運の悪い好色なオスたちをむさぼり食う。そして、食事にありつくだけでなく、被害者の体内から味の悪いステロイドを獲得し、ちゃっかり体内に蓄積するのだ。

大部分の昆虫はふつう秘密主義者で、目立たないようにカムフラージュされているとはいえ、すでに見てきたように、捕食者に対する効果的な自衛手段をそなえている昆虫は、秘密主義者などとはお世辞にも言えない。非常に目立つ警告色によって、目に余るほど派手派手しく自分の存在を宣伝する。たとえばオオカバマダラの体色は、鮮やかなオレンジ色の翅に黒い線が走るというものだ。生物学用語では、これを「アポセマティズム」〔形容詞はアポセマティック〕という。

アポセマティックな色（警告色）の配色は、ほぼ常に動物の背景とコントラストをなしており、典型的には、黒、白、赤、黄色、オレンジ、あるいはそれらの色を二、三色組み合わせたものだ。このような配色は自然界に通常見られる配色ではなく、〝備忘録〟として、捕食者に以前の苦い経験――

刺されたり、噴射されたり、あるいは他の手段によって辛くて痛いが致命傷には至らない毒性物質にさらされたこと——を思い出させ、そういった昆虫や他の潜在的な獲物に手を出さないようにさせる。実は、わたしたち人間も、このような色を警告手段に使っている。街なかの道路や高速道路では、停止信号は赤い色をしている。急カーブなどの前方にある危険を知らせる目印は黄色と黒の組み合わせだ。海上暴風警報の旗は、深紅の地に黒い四角が配されている。

生物学者の中には「アポセマティズム」とは、単に警告色を指すとみなす者もいる。もちろん、毒やそれ以外の防衛手段を持っている昆虫は、ほぼすべて、注意を惹きつける派手な色をしている。しかし、一般的に言って、そういった昆虫の多くは、自分を目立たせる他の手段も兼ねそなえていることがふつうだ。そのため警告色には、注意を惹きつける音や動作が伴うことがよくある。たとえば、注意を喚起する派手な体色をしているカリバチが花蜜を吸うときには、もっと目立つようにと、体を左右にゆする。シュウキゼミは、人間の指に（そしておそらく鳥のくちばしに）はさまれると、大きな〝叫び声〟を立てる。さらには、グレアム・ラクストンと共著者が指摘するように「化学的な防衛手段をそなえた昆虫の多くは……視覚的な誇示に加えて、悪臭も活用する」。ヒトリガ（Erebidae 科〔以前ヒトリガ科に分類されていた蛾のすべてと他の科の蛾を含む新しい科〕）は、三つの手段によって毒性を持つことを宣言している。すなわち、視覚、臭覚、音で警告するのだ。スティーヴン・マーシャルは、この蛾は「もっとも鮮やかな衣をまとった、もっとも不快な蛾の一種だ」という。ミリアム・ロスチャイルドとP・T・ハスケルは、ヨーロッパのヒトリガ（*Arctia caja*、イギリスでは「ガーデン・タイガー・モス」、アメリカでは「グレイト・タイガー・モス」と呼ばれている）のアポセマティックなシグナルについて、次のように記している。

体の下側に触れると、この蛾は脚を体に引きつけ、頭のほうに引き寄せて、赤い部分を最大限まで露わにし、翅を閉じた状態で地面に落下するという反応をよく見せる。そうやって〝死んだふり〟をするのだ。……この蛾に振動を与えたり、体の上側に振れたりすると、すぐに強烈な臭いがする護身用の気体を首の頸管腺から放出する……そして翅を広げて、深紅の体の後部を露出する。……護身用の腺から放出される分泌液は当初は無色だが、血リンパ［血液］と空気が混入することにより、すぐに黄色っぽいあぶくになる。……三番目の誇示は……、ふつう蛾が正面から何らかの脅威を感じると引き起こされる。蛾は、翅をはばたかせながら前方に歩く、……翅の動作にははっきりと聞きとれるガラガラという音が伴い、……護身用の液体が分泌される。

この分野のおおかたの研究者は、ある個体が持つ複数の警告シグナルはみな、昆虫や植物を食べる昼行性の鳥類といった同一の綱《こう》の捕食者に向けられたもので、個々の警告シグナルが相乗的に働いて防衛効果を全体的に向上させると考えていた。しかし、ジョン・ラトクリフとマリー・ナイダムは、「複数の捕食者が住む世界に対する多様な警告シグナル」と適切に名付けた論文の中で、個々のシグナルはそれぞれ、異なる種の捕食者あるいは異なる状況にいる同じ捕食者に向けられているのではないかと指摘した。たとえば、視覚的シグナルがまったく意味を持たない夜間には、飛翔中のヒトリガは、自分が化学的防衛手段をそなえていることを音でコウモリに伝える。それは、人間には一部しか聴き取ることのできない、主に超音波からなる一連の警告音だ。その一方で、日中には、この同じ蛾は音を出さずに静止している。とまっている場所は葉の表面であることが多く、警告色の体色によって昼行性の鳥に味が悪いことを示しているのだ。

警告シグナルは、しっかり身が守られている生物を二つの方法で助ける。まず、捕食者に攻撃を思いとどまらせることにより、昆虫(あるいは他の潜在的犠牲者)は、労力と時間のかかる自衛行動をとらずにすむ。二つめには、危険を伴う物理的防衛行動が避けられる。たとえば、攻撃者から受けかねない損傷が回避できるし、昆虫の防衛手段が化学的なものなら、「化学戦」の資源物質が枯渇したときに、少なくとも一時的に自衛能力が低下するという事態も避けられる。さらには、大量になることもある護身用の化学物質の生成にかける労力と資源を、もっと有益な用途である、自分の遺伝子を将来の世代に伝えるための仔作りに向けられるようになる。

さて、いよいよ、捕食者に食べられることにより、昆虫はいったいどんな恩恵を手にすることになるのか、という一見逆説的な問題について考えてみよう。捕食者を攻撃する昆虫の武器は、食べられて初めて効果を発揮する毒を含め、通常は致命的なものではないことを思い出されたい。その意図は、ほぼ常に、捕食者を殺すことにあるのではなく、彼らに学習させることにある。結果的に、その地域にいるほぼすべての捕食者は、食べると吐き気がする昆虫(通常よく目立つ色をしている昆虫)は放っておくべきだと学ぶ。こうしてその地域は、食べられた犠牲者の血縁にとって比較的安全な場所になるのだ。さらには、ウィリアム・ハミルトンが提唱した明敏な血縁選択説によると、その恩恵は、食べられた犠牲者にさえおよぶという。生物の進化的適応度を測るひとつの手段は、ある個体が、自分の遺伝子の担い手である子孫をどれだけ残せたかを数えることだ。ハミルトンは、捕食者に食べられる個体は、自分の遺伝子を多く含む血縁の利益のために「自らを犠牲にする」という説を提唱した。彼は、ある個体の究極的な進化上の成功とは、その「包括適応度」すなわち、自分の遺伝子が自分の直接の子孫あるいは血縁の体内で生き残る率を高めることにあると言う。片方の親は、自分の遺伝子の半分を子供に受け継ぐことになるため、きょうだい同士が共有する遺伝子は二分の一だ。いとこ同士は八分の一の遺伝子を共有し、祖父母ひとりの遺伝子は、その四分の一が孫に伝わる。

アポセマティックな動物は、昆虫や他の節足動物だけではない。たとえば、北米に生息する四種のスカンクは、比較的数の少ないアポセマティックな哺乳類の一例だ。北米のほぼすべての小型哺乳類（アライグマ、ウサギ、マウス、リスなど）の体色は、目立たない灰色や褐色をしている。だが、**図8**からわかるように、ひどく目立つ光沢のある黒と白の毛皮をまとったスカンクは、強力な化学的防衛手段をそなえていることをはっきり宣言している。ドナルド・ホフマイスターとカール・モーアの記述によると、カナダ南部とアメリカ全土でよく見られるシマスカンクは、招かれざる侵入者がやってくると「しっぽをクエスチョンマークのように高く持ちあげて、その毛を逆立て、前肢を踏みならす」ことによって警告するという。そして侵入者がこの警告を無視して近づきすぎると、尻を標的に向けて狙いを定め、この歓迎されざる訪問者に、悪臭を放つ刺激物質を臭《にお》い腺から噴射する。

トウワタをえさにしている数多くの昆虫——オオカバマダラの成虫や、カメムシ、アブラムシ、甲虫の複数の種など——のほとんどは、赤と黒からなるさまざまな模様を持つ。トックリバチ、アシナガバチ、イエロージャケット、ホーネットなどが属すスズメバチ科（Vespidae）の刺すカリバチの九

○パーセント近くには、濃い色（通常は黒）の地の上に、鮮やかな黄色（ときおり白）の帯が走っている。捕食性のテントウムシの多くは、赤い地の上に黒い点があるか、黒い地の上に赤い点があり、体内で毒性のアルカロイドを生成して貯蔵していることを警告している。ドイツの動物学者、フリッツ・ミューラーも、毒のある植物を食べる南米のさまざまな蝶の種が、ほとんど見わけがつかないほど、みなそっくりな外見をしていることに気が付いた。そして一八七九年に、優れた防衛手段を持つ

図8　北米のスカンクと味の悪いアフリカの蝶は、有害性を捕食者に警告する目立つ白黒模様を個々に進化させた。

昆虫は、なぜ異なる種や、さらには異なる科や属に属すものでさえ、互いに似た外見を持つようになるのかを説明する仮説を発表した。この現象は今ではミューラー型擬態と呼ばれ、世界中で広く、かなり一般的に見られることが知られている。

ミューラーは、毒と警告色を持つ複数の種は、よく似た「広告用のロゴ」を身に付けることによって自らを利することができるため、自然選択を通して共通のシグナルに収斂《しゅうれん》していくと想定した。たとえ最も毒性の強い種であっても、捕食者が学習および再学習する過程で食べられる個体は必ず存在する。そのため、二つ以上の種が同じような警告シグナルを持てば、それらが属している種のすべての成員がその恩恵に浴すことになるとミューラーは推論したのである。捕食者が学習するのは一種類の警告シグナルだけなので、そうした警告シグナルを持つ複数の種を見わけることができないし、見わけられるとしても、容易にはできない。こうして、避けられない犠牲は、より多くの個体数によって分かち合われることになる。

鳥や他の捕食者が被食者の化学的防衛手段に遠ざけられること、そして、よく目立つ食べられない獲物に手を出さないように学習できることは、数多くの実験や観察で示されてきた。そのほとんどは実験室内で行われたものだが、野外で行われたものもいくらかはある。ティム・ギルフォードは、ヒキガエル、トカゲ、鳥、魚について、それぞれ一種類以上の種が、この教訓を身に付ける能力がある証拠を示した文献をリストアップしている。これから見ていくように、ウスバカマキリのような〝下等な〟昆虫でさえ、毒を持つ昆虫を敬遠するよう学ぶ能力がある。

トマス・ボイデンはパナマで、トカゲ（アメイヴァ属*Ameiva*）を使って、とりわけおもしろく説得力のある野外実験を行った。野生のアメイヴァトカゲを放し飼いにして、それに釣りざおの先にくくりつけた生きた蝶――警告色を持たない可食性のベニモンシロオビタテハ（*Anartia fatima*）と、派手な警告色を持つアカスジドクチョウ（*Heliconius erato*）――を差し出したのだ。くくりつけられていたとはいえ、蝶は「通常のやり方で自由に飛ぶことができた」という。ドクチョウは、食草であるトケイソウに含まれる青酸化合物を体内に蓄積しているため、鳥を退けることが知られている。トカゲは、与えられた一九匹のベニモンシロオビタテハの九五パーセントを襲い、八九パーセントを殺し、八四パーセントを食べた。一方、ドクチョウについては明らかに嫌悪感を抱いたようで、襲ったのは四七パーセントのみ。殺したのは二二パーセントにとどまり、一匹も食べなかった。ボイデンが行ったもう一つの実験では、警告を送ってトカゲを退けたのがドクチョウの目立つ姿にあったことは疑う余地がない。ドクチョウの警告色を黒い塗料で隠して行ったこの実験では、トカゲは一〇〇パーセント蝶を襲った。しかし、おそらく青酸化合物を宿すことを察したのだろう、殺したのは三三パーセントにとどまり、一匹も食べなかった。

わたしが〝擬態博士《ドクター・ミミクリー》〟とみなしているリンカーン・ブラウワーは、一九六九年にアオカケスとオオカバマダラを使って、ひときわ創意に富む説得力のある室内実験を行った。この実験では、野生のアオカケスを捕え、野外でオオカバマダラに出会った経験を忘れ去るまでケージで飼育したあと、この「洗脳された」アオカケスに、強心配糖体を含まない種のトウワタを与えて研究室で育てた可食性のオオカバマダラを与えた。カケスは、このオオカバマダラが気に入って食べ続けたが、それもブラウワーが、強心配糖体が詰まった種のトウワタで育てた味の悪いオオカバマダラを与えるまでのことだった。毒を持つオオカバマダラを食べたカケスは、すぐに苦しそうな様子を見せ、頭頂部の冠羽を立てて、羽毛を逆立てた。そのあと、食べた物を吐き出したのだが、それは三〇分のあいだに九回にもおよんだ。これは〝一発学習〟になり、それ以降カケスは、味の良し悪しにかかわらず、オオカバマダラにはいっさい手を出そうとしなくなり、その姿を見かけただけで吐くものさえいたという。

ウスバカマキリは、動くものなら、ほぼなんでも食べる。通常それは昆虫で、仲間のカマキリさえ食べてしまう。砂糖水が入った餌やり器を訪れたハチドリを捕えるカマキリについてさえ、いくつか報告がある。しかし、メイ・ベーレンバウムとユージーン・ミリツキーが外来種のオオカマキリ（*Tenodera sinensis*）を使った実験を行うまでは、カマキリが毒のある昆虫の影響をどのように受けるのか、そしてそういった昆虫を避けることを学習する能力があるのかどうかは、ほとんど判明していなかった。二人によると、カマキリはなんの躊躇もせずにトウワタナガカメムシを捕脚でつかみ、むさぼり食いはじめたが、すぐにそのカメムシを放りだして、捕脚を荒々しく振った。そのあと多くのカマキリが、オレンジ色の液体を大量に吐いたという。すでに見てきたように、トウワタナガカメムシは、トウワタの種子に含まれるカルデノライドを体内に蓄積しており、それがもたらす味の悪さを赤と黒の警告色で顕示している。この不快な経験は、しばらくのあいだカマキリの記憶に残り、最後にトウワタナガカメムシを見かけてから三週間経った時点でも、この虫を敬遠したカマキリが二匹いたということだ。これらのカマキリは、赤と黒に塗られた、完璧に食べられる甲虫も忌避したという。

それから数年後、トッド・バウディッシュとトマス・ブルトマンは、カルデノライドを含まないヒマワリの種子で育てられた味のよいトウワタナガカメムシをカマキリがすぐに捕えて食べることを示した。二人はまた、すでに〝教育された〟カマキリが、天然の配色を変えていないトウワタナガカメムシ、あるいはオレンジ色と黒の縞模様に塗られたトウワタナガカメムシを襲う可能性は、オレンジ色または黒の単色に塗られたものの場合より低いことを示した。

毒と警告色を持つ被食者に対する捕食性昆虫の反応に関する研究は比較的少ないものの、バウディッシュとブルトマンは、他の文脈における研究により「昆虫や他の無脊椎動物にも学習能力があることについては、証拠が集まり続けている」と指摘する。もっともよく知られている例は、ミツバチの働き蜂が、花蜜のある場所への経路と距離を学習することだろう。働き蜂は、巣の中で、花への方角と距離を示す尻振りダンスを行う偵察バチと一緒にダンスをすることによって、それを学びとるのである。

第九章　捕食者の反撃

第二章で見てきたように、食虫生物は厖大な歳月をかけて進化してきた。そして今でも、防衛手段を進化させる昆虫に対抗するためだけでなく、ライバルの食虫生物との競争を最小限にするためにも、さらに新しく、ときには異様とさえ思える適応を遂げ続けている。これからくわしく見ていくことになるが、鳥のなかには、もっとも毒性の低い部位だけを食べ、残りを捨てることによって、毒のあるオオカバマダラを食べるものがいれば、毒針のある腹部がちぎれるまでカリバチやハナバチの体を枝に叩きつけることで、毒を持つハチ類の裏をかくものもいる。空高く舞うツバメとエントツアマツバメは、両方とも飛翔昆虫を捕食するが、競合を最小限にするために空間を分かち合うことによって狩りの成功率を高めている。ツバメは地面の近くにとどまる一方で、アマツバメはそれより高く、都市部の建物の屋根の上を飛び、「チムニースイフト」という英名のとおり、煙突《チムニー》の内側に小枝で編んだ巣を貼りつける。採餌中のアメリカキバシリとゴジュウカラは、樹皮の割れ目に隠れた昆虫、その卵、

その他の小さな生物を、ある程度まで分かち合う。逆さまになって木の幹を下向きに下るゴジュウカラは、常に幹を上向きに登るアメリカキバシリが見逃した虫を見つけられる確率が高い。他の多くの種の食虫性の鳥も、隠れたりカムフラージュしたりしている獲物を見つける効率を高める戦術をさまざまに進化させてきた。そんな鳥の一種、アメリカコガラは、これから見ていくように、とりわけ目を惹く戦術を駆使している。

カナダとアメリカにまたがるロッキー山脈の東部で繁殖するオオカバマダラは、長距離の渡りをして、メキシコの高山にあるレリヒオサモミの森で冬を越す。こういった越冬地は十三か所あることが知られており、それぞれ数エーカーしかない拠点に集まる数百万匹のオオカバマダラは、とまった木の葉を隠してしまうほど密集する。

ウィリアム・カルヴァートと共著者らによると、オオカバマダラの蝶が宿すカルデノライドに吐き気を催すことなく、このふいに湧いた大盤振る舞いのごちそうを大いに利用できるのは、たった一種類のマウスと、蝶で大混雑する場所付近に生息する数十種類の食虫性の鳥のほんの二種類だけだという。とはいえ、他の数種類のマウスと鳥の中にも、並はずれて大胆不敵な個体や空腹な個体が、ときおりオオカバマダラを食べたり、食べようと手を出すことはある。

オオカバマダラを常食する二種類の鳥は、チャバライカム（*Pheuticus melanocephalus*）とボルチモアムクドリモドキ（*Icterus galbula*）で、毒を持つことがよくあるこの蝶（カルデノライドを宿さないために毒性のないものもある）を安全に食べる二つの異なる方法を進化させてきた。チャバライカムがこの蝶を食べられるのは、カルデノライドへの耐性を生理学的にそなえているからだ。蝶や蛾を食べるほぼすべての鳥がそうするように、チャバライカムは栄養価のない翅を捨ててから、その大きく強靭なくちばしでオオカバマダラの腹部を分断して丸ごと飲み込んだあと、胸部の筋肉や組織をついばんで食べる。だが、ボルチモアムクドリモドキには、カルデノライドに対する免疫も耐性もないため、オオカバマダラを食べる際には、部位を選別することになる。リンダ・フィンクとリンカーン・ブラウワーによると「ムクドリモドキは、カルデノライドの有無にかかわらず無作為にオオカバマダラを殺すが、食べ方は、体内に取り込むカルデノライドの量を低減するような方法をとる」という。ボルチモアムクドリモドキは、長くて細いくちばしで蝶の腹部と胸部を切り裂いてこじあけ、カルデノライドの濃度がもっとも低い内部の筋肉と臓器だけを引き出して食べる。カルデノライドを高濃度で含む体壁、つまり外骨格は、ちょうどわたしたちがロブスターの殻を捨てるように、手をつけずに捨ててしまう。

クロミミシロアシマウス（*Peromyscus melanotis*）は、死んだオオカバマダラも、生きていて地面に落下したものも、そして地面に近い位置で草にとまっているものも食べる、とジョン・グレンディニング、アルフォンソ・メヒア、およびリンカーン・ブラウワーは報告している。このマウスは、死んで乾いたオオカバマダラの場合は、腹部全体を食べることがよくあるが、ムクドリモドキと同じように、生きているものや、死んでいてもまだ新鮮で湿り気のあるものについては、「苦いカルデノライドの詰まった部分（外骨格）は捨てて、内部組織を食べる」という。越冬期の一三五日間のあいだに、この種のマウスは一ヘクタールあたり五七万匹のオオカバマダラを食べる。これはものすごい量の蝶だが、それでも一ヘクタールあたり一〇〇〇万匹いると推定されるオオカバマダラのほんの五パーセントほどにすぎない。

チャバライカムとボルチモアムクドリモドキがオオカバマダラを食べる量はもっと多く、カルヴァートと同僚が調査したメキシコ内の五か所の越冬地のうち、一か所だけで、一越冬期に二〇〇万匹以上もの個体を食べていた。それでも、その越冬地を占領した二二〇〇万匹を超えるオオカバマダラのたった九パーセントほどにしかならない。グレンディニングと共著者たちが後年示したように、マウスも五パーセントにあたる量を食べたと推定すると、その越冬期に捕食者によって失われたオオカバマダラの損失合計は、そこに存在していたものの約一四パーセント、およそ三〇〇万匹になる。一九〇〇万匹をゆうに超える残りの蝶はその後北上し、その途中で、次の世代あるいは複数の世代を生みだして、アメリカとカナダに戻る子孫を作りだしていく。そうした世代の最後のものが、ふたたび南方への長い渡りを行って、次の冬をメキシコで過ごすことになるのだ。

「敵を知るべし」という格言は、軍事上の基本原則だ。これを「獲物を知るべし」と言いかえれば、トカゲや鳥や哺乳類、そして昆虫を食べる他の動物へのよいアドバイスになるだろう。第二章で紹介した養蜂家の観察は、このアドバイスの価値を示す恰好の例だ。この養蜂家は、シロハラオオヒタキモドキ（タイランチョウ科）が、メスのミツバチに刺されるのを避けて、針を持たない雄蜂だけを捕食するのを発見した。これを裏付ける文献にこそお目にかかっていないものの、彼の明敏な観察が正しいことに疑いの余地はない。この観察結果は、二つの興味深い問いを浮上させる。すなわち、シロハラオオヒタキモドキは、どうやって雄蜂が大量に現れるときを知るのか、そして姿がよく似た働き蜂から、どうやって雄蜂を見わけるのか、という問いだ。最初の問いの答えはおそらく、砂漠にすむシロハラオオヒタキモドキは、えさを求めて広範囲な場所を探索することを常に余儀なくされており、たまたま雄蜂が大量に飛び回るタイミングに養蜂場に出くわしたというものだろう。二つ目の疑問については、この鳥はほぼ確実に、雄蜂がそれより小型の働き蜂のあいだで飛び回っている際に、雄蜂のサイズとどこか異なる形――おそらく鳥には明らかだが、ほとんどの人間には見わけられない違い――を認識しているものと思われる。アーサー・クリーヴランド・ベントによると、他のタイランチョウも雄蜂を襲い、猛々しく刺してくる働き蜂には手を出さないという。ベントは、数羽のオウサマタイランチョウの胃の中にあった五〇匹のミツバチのうち、四〇匹は雄蜂で、六匹は損傷がひどくて性別がわからなかったが、働き蜂は四匹だけだったと報告している。近縁種のニシタイランチョウ五羽の胃の中からも、二九匹の死んだ雄蜂が発見されたが、働き蜂はたった二匹だけだったという。

この明敏なアリゾナの養蜂家は、ナツフウキンチョウもミツバチを食べることに気が付いた。この鳥は、巣箱に木陰をもたらしている枝にとまり、外から戻ってきて巣の入り口付近で速度を落とす働き蜂に襲いかかる。彼はハーバート・ブラントに、この美しい鳥（メスは地味だが、見事なオスは実質的に体全体が鮮やかな赤い色をしている）が、いかにして獲物を捕えるかを描写した。「わたしの養蜂場近くにすんでいるナツフウキンチョウのえさは、ほぼぜんぶミツバチなんです。それも働き蜂です。というより、働き蜂の体の一部、と言ったほうがいいかもしれませんね。というのは、この鳥は、毒針のある先端部を折ることによって、獲物の毒針に触れるのをうまく避けているんです。どうやってやるかというと、ミツバチの体の真ん中をくわえて捕え、止まり木に降り立つと、その止まり木に、針のある腹部の先端を強くこすりつけて折ってしまうんです」。さらに彼は、こう続ける。「わたしの養蜂場の近くで子育てをしていた何組ものつがいのフウキンチョウがひなに与えていたえさが、ほぼ全部ミツバチだったことは間違いありません。……夏のあいだじゅう、ほとんどすべての巣箱の上にミツバチの腹部が散乱していましたから。おそらく養蜂場全体にわたって、それと同じぐらいの量が地面に落ちていたものと思われます」

他にも、さまざまな方法で、刺す昆虫の武装を解いてしまう鳥がいる。たとえばニシフウキンチョウ、ある種のタイランチョウ、モズ、ハチクイなどがその例だ。カワセミの近縁で、三〇種に満たない小さな科（ハチクイ科 Meropidae）を形成しているハチクイは旧世界にしかいない。わたしは娘のスーザンとともにフィリピンのルソン島で、電話線にとまっているハリオハチクイ（*Merops philippinus*）を見たことがある。それは二股に分かれた長い尾と細長いくちばしを持つカラフルな大型の鳥だったが、驚いたのは、その行動だった。ハリオハチクイは、北米のタイランチョウと同じように、飛んでいる虫を捕まえようと出撃した。獲物がどんな昆虫だったかはよく見えなかったが、ハナバチかカリバチだったと思われる。というのは、マルコム・エドマンズが、一一種類のハチクイ（ハリオハチクイは含まれていなかったが）の獲物は、六〇パーセント以上から九〇パーセント以上にわたって、刺す昆虫だったと報告しているからだ。わたしたちが見ていたハチクイは、すぐに止まり木に戻ると、獲物を飲み込む前に入念な処理を施した。何をしていたのかはよく見えなかったものの、エドマンズによると、こういった鳥は「〔刺す昆虫の〕頭部を止まり木に打ちつけたあと、虫の腹部を何度も叩きつけたりこすりつけたりして、毒腺から毒をしぼりだしてしまう。そして最後に頭部に一、二発くらわしてから、虫を頭から飲み込む。……毒を持たない獲物の場合は、単に頭部を叩きつけてから、そのまま飲み込んでしまう——腹部をこすりつけるようなことはしない」という。

多くの昆虫は天敵から隠れる。が、その一方で天敵、とりわけ鳥類も、獲物を見つける様々な手段

図9　飛んでいるミツバチをつかまえた新世界のオウサマタイランチョウ。他のタイランチョウの多くとおなじように、この鳥も針を持たない雄蜂を見わけるすべを身につけていて、刺してくるメスの働き蜂には手を出さない。

をそなえている。キクイムシのような昆虫は、木の中に隠れるというライフスタイルにより、少なくとも幼虫のあいだは姿を隠すことができる。カムフラージュにより体をさらしながら隠れる昆虫もあれば、葉の陰やイネ科の草や丈の低い植物のあいだに身を隠すものもいる。

鳥には、うまく隠れた昆虫を意図せずに駆り立てる動物などを利用する種類がいる。ロジャー・トーリー・ピーターソンによると、「アメリカの熱帯地方では、地味な体色のアリドリの多くの種がグンタイアリの隊列に付き従い、アリたちがジャングルの地面を進軍するにつれて駆り立てる昆虫を捕食する」という。東アフリカでは、アマサギやハチクイなどの鳥がレイヨウ、ゾウ、シマウマ、サイなどの草食動物のあとを追い、こういった動物がイネ科の草を食べながら移動する際に駆り立てるバッタや蛾などの昆虫を捕える。同様に北米にも、「ブラウン・ヘッデッド・カウバード」〔和名はコウウチョウ。英名は「茶色頭のウシドリ」の意〕というぴったりの名を持つ鳥が畜牛のあとを追う。かつては、平原を放浪するアメリカ野牛《バイソン》の大群に付き従って、バイソンが駆り立てる昆虫を捕食していたことだろう（コウウチョウは今でも他の種の鳥の巣に卵を産む。この習性は、ひなが育つ前にバイソンが移動してしまったとしても、ひなはその地に残る他の鳥に育て上げてもらえたことからきているのだろう）。

アマサギは百年以上前に、アフリカからはるばる大西洋を越えて新大陸にやってきた。どうやら人間の手を借りずに自力でたどり着いたらしい。アフリカで無意識に虫を駆り立ててくれていた数多くの草食動物から離れてしまった北米のアマサギは、この役目を果たしてくれるもの――主に畜牛と農機具――と付き合うようになった。ハロルド・ヒートウォールは、アマサギがこの関係から多くの恩恵をこうむっていることを見出している。同じ放牧地にいる二羽のアマサギを観察していたヒートウォールと助手は、ウシのあとを追っていた鳥が、単独でえさを探していた鳥に比べて、合計歩数の三分の二にも満たない時点で、二五パーセントから五〇パーセントも多く獲物を捕えていたことを発見したのだ。

まゆは多くの昆虫を守る。とくによく知られているのは、蛾の幼虫のまゆだ。実質的にまったく動くことができないさなぎの段階にいる蛾の幼虫は、逃げることも自衛することもままならず、捕食者に対してとりわけ無防備になる。ジョン・ヘンリー・コムストックが書いているように、脱皮してさなぎになる前に、幼虫は「この非力な期間にそなえるため、絹でできた甲冑を体の周囲に編みあげる」。蛾の中でも、北米に生息するヤママユガ（ヤママユガ科 Saturniidae）の複数の種は、大型で頑丈な壁を持つまゆを編み、その中でさなぎになって越冬する。たとえば、巨大なセクロピアサンの幼虫は長さ七・五センチを超える二重壁のまゆを編み、それを頑丈な小枝に縦方向にしっかりくくりつける。セクロピアサンの幼虫の大部分は、えさにしていた木から下りて別の低木の幹に登り、地面からあまり離れていない位置にまゆをくくりつける。そのほうが捕食者に見つかる危険性が低いからだ。

ジェイムズ・スターンバーグとわたしは数年をかけ、冬のあいだにイリノイ州の〝双子都市〟（シャンペーン市とアーバナ市）の樹木や低木から、合計三〇〇〇個ほどのセクロピアサンのまゆを採集した。まゆの中の多くのさなぎは死んでいた。天敵がまゆの壁に小さな穴をうがち、さなぎの柔らかい組織を食べてしまっていたからだ。樹木から採集したまゆの八六パーセント以上は天敵に襲われていたが、低木の地面に近い位置にくくりつけられていたまゆが襲われていた率は一九パーセントを下回っていた。

わたしたちは、まゆを襲った天敵はキッツキにちがいないと推測した。だが科学は、知識に基づく推測以上のものを要求する。何か月もの試行ののち、わたしたちはついに野生のセジロコゲラ（キッツキ科）がまゆを襲う現場を押さえることができた。とはいえその前に、イースタン・イリノイ大学の鳥類学者ウィリアム・ジョージが、親切にも、どんな種類のまゆにもまだ出会ったことのない、人の手で育てられたセジロアカゲラ（キッツキ科）のケージにまゆを入れて見せてくれていた。この鳥はすぐに、のみのような鋭いくちばしでまゆに穴をあけ、その長く伸びる、逆棘のある舌に、さなぎの柔らかい体内組織をからめて食べた。なぜまゆの中に食べられるものがあると分かったのか不思議に思ったジョージは、アカゲラは機を見るに敏な性格を持ち、慣れないものに出会うと確かめてみる習性があるのだろうと推測した。その推論は正しかった。というのも、その後ジョージは、森林地帯にある折れた枝の癒えた傷跡やこぶといった通常とは異なるものには、いつもキッツキにつつかれた跡があることを発見したのだ。

セクロピアサンは、当時の〝双子都市〟には豊富に生息していたとはいえ、田園地帯では、まぎれもなく珍しい蛾だった。オーブリー・スカーブラー、スターンバーグとわたしは、その理由を突き止めることになる。田園地帯では、地面よりはるかに高い位置にあるまゆはキッツキに襲われる。これは、都市部でも同じだ。けれども、地面に近い位置にあるまゆは、キッツキに見つかることはほとんどないものの、他の天敵に襲われる危険性がある。マウスはまゆに大きな穴をあけて、五七パーセントの割合で、さなぎを取り出してしまっていた。イリノイ大学の昆虫学部に所属していた他の学生は、丸太の下にあったマウスの巣の隣に、まだ殻が破られていない完全なまゆが三個蓄えられていたのを発見した。半面、都市部では、三〇〇〇個のまゆのうちマウスに襲われたのは、たったの三個にすぎなかった。この大きな違いは何なのだろう?

わたしたちは、生け捕り用の「はじき罠」を戸外に仕掛け、田園部で九一匹のマウスを捕えた。その内訳は、土着のシロアシネズミ(*Peromyscus*)が八四匹、土着の種ではないハツカネズミ(*Mus*)はわずか七匹だった。シャンペーンとアーバナにある低木に仕掛けられた罠では、九五匹のハツカネズミがつかまったが、土着の種は七匹だけだった。わたしたちは、罠にかかった土着のシロアシネズミとそうではないハツカネズミの両方をケージの環境に馴らし、セクロピアサンのまゆを与えてみた。その結果、二種類のネズミは、非常に異なる行動を示した。土着のシロアシネズミは躊躇なくまゆを破ってさなぎを食べたが、ハツカネズミのほうは、わたしたちがまゆから取り出して与えたさなぎについては全頭が食べたものの、さなぎを取り出すために自らまゆを破ったネズミは一匹もいなかった——すべてのハツカネズミが、まゆの絹を大きくはぎとって巣の材料にするという行動は示したのだが。

プロメテアサンは、もうひとつの巨大なアメリカのカイコガだが、そのまゆは、建築学的に見ると、セクロピアサンのものとは大きく異なっている。セクロピアサンのまゆが小枝に固定されているのにひきかえ、プロメテアサンのまゆは、長さ二・五センチほどの柔軟な細い絹糸の先にぶらさがっているのだ。糸の端は通常、セイヨウミザクラかササフラスの木の上部にある梢から突き出した細い小枝にくくりつけられている。キツツキがプロメテアサンのまゆに穴をあけることはめったにない。明らかに、つつこうとするとまゆが揺れ動いてしまうからだろう。スターンバーグとわたしが野外で採集した四一二個のプロメテアサンのまゆのうち、キツツキに穴をあけられたまゆは、たった一三個しかなかった（溶けかけている雪だまりに、一部が露出しているだけで、しっかり雪に埋まっているプロメテアサンのまゆを数個見つけたことがあったが、それらは常に機を見て敏なキツツキに見つかり、すべて穴が開けられていた）。四一二個のまゆのうち、マウスに襲われたのは、わずか二個だけだった。おそらくその理由は、天敵を恐れるマウスが木の幹高く登ることはないためだと思われる。低い枝には登るのだが。

ジョン・オルコックによると、ニコ・ティンバーゲンの兄で、オランダの動物行動学者だったルーク・ティンバーゲンは、「食虫性の鳥は、隠蔽されている獲物の存在を明かす微細な視覚的特徴を探すことを経験から学ぶ」可能性があることを示唆した最初の研究者だという。「この探索像《サーチイメージ》仮説は、〝捕食者にとっては、獲物の種にそなわる特定の合図を探せば、うまく隠れてはいるが見つかれば実入りのよい被食者がより見つかりやすくなる〟ことを提唱するものだ」とオルコックは指摘する。ティンバーゲンが一九六〇年に提唱したこの仮説の正しさは、それ以来、数多くの実験によって裏付けられてきた（オルコックは、そのいくつかをまとめている）。

マルコム・エドマンズは、カムフラージュされた昆虫にとっての第一の脅威は鳥が探索像を形成することだと指摘する。この脅威は「被食種が捕食者にほとんど出会わなければ低減する。なぜなら捕食者は、そういった探索像をすぐに忘れてしまうからだ。それゆえ、隠蔽により身を守る種が、その第一義的な防衛手段を最大限に活用するには、広く分散することが欠かせない」とエドマンズは言う。このような分散を実行している昆虫として彼があげるのが、キベリタテハだ。この蝶の鮮やかな警告色をまとった幼虫は群居するが、「さなぎは保護色で、蛹化《ようか》する直前に、幼虫はそれぞれ異なる方向に這っていき、別々の場所でさなぎになる」という。エドマンズが紹介している顕著な例は、ある魚のものだ。この魚は、「捕食者がそばにいないときには卵をぎっしり詰まった塊の形で産むが、捕食者がいる場合には、ばらばらに散らして産む」という。第七章ですでに見てきたが、ニコ・ティンバーゲンと彼の学生が発表した論文「捕食者に対する防衛手段としての分散に関する実験」では、模様を描いてカムフラージュしたニワトリの卵を探す野生のハシボソガラスの行動が記述されている。研究者たちは、複数の卵をそれぞれ近づけて置いた場合と、遠ざけて置いた場合とを比較した結果、広く分散することは、カムフラージュされた被食動物にとっても利益になることを見出した。

ここまで見てきたことを考えると、膨大な数の種の昆虫は、物陰に隠れたり、カムフラージュしていたりする上に、いずれの場合でも概して分散し互いに遠く離れているため、簡単に見つからないという事実は疑う余地がない。その結果、おおかたの昆虫捕食者は、昆虫探しに多くの時間を費やす。しばしば一日中、あるいは一日の大部分を費やすことも少なくない。効率――どれだけ頻繁に獲物を捕まえられるか――を高める努力は、主に自然選択を通して、捕食者たちの狩猟テクニックを研ぎ澄ますという結果を導いてきた可能性がある。そして中には、他の種の昆虫捕食者といっしょに狩りを行うようになったものさえいる。それについて、これから見ていくことにしよう。

バードウォッチャーやナチュラリストたちはときおり、とくに木が葉を落とした冬のあいだに、複数の種の鳥からなる群れが、虫を探して樹木や低木のあいだをかすめ飛び、森の中を一団となって移動していく様子を見かけることがある。採餌のために異なる種が集まって混群を形成するのは、はたして鳥にとって有利になるのか、もしそうだとしたら、どのように有利になるのか、という疑問は、長いこと推測の域を出なかった。その答えを出したのが、カナダ南部とアメリカ東部で一般的に見られる、コガラ、エボシガラ、セジロコゲラ、ムネアカゴジュウカラ、カオジロゴジュウカラ、アメリカキバシリ、そしてときおり他の食虫性の鳥も加わった混群を研究したキンバリー・サリヴァンである。サリヴァンは、混群に加わるセジロコゲラは——そしておそらく他の鳥も——単独で行動しているときよりも、捕食者を警戒する時間を節約して採餌により時間をかけられるという恩恵を手にすることを実証したのだった。

このような混群にいる鳥たち、そしておそらくは他のほぼすべての鳥も、さえずり以外に少なくとも二種類の鳴き声を出す。その一つは、仲間に自分の居場所を知らせ、敵を見張っていることを伝えるために頻繁に出す、種に固有な「ソーシャルコール」。もう一つは、他の種のほとんどの鳥や哺乳類にさえ理解できる「警戒コール」で、アシボソハイタカのような食鳥性の捕食者が接近しつつあることを知らせるものだ。

サリヴァンは、この知識と、採餌中のセジロコゲラが捕食者を警戒するように頻繁に頭をかしげるという観察結果にもとづいて野外実験を考案し、セジロコゲラが単独でえさを探しているときのほうが、群れの仲間のソーシャルコールを常時耳にしているときよりも、首をかしげる頻度が高いことを示した。この実験は、アメリカコガラとエボシガラのソーシャルコールを録音したものを、自然の中で単独で採餌行動をとっているセジロコゲラに聞かせるというものだった。おそらく、群れの仲間が一緒にいて捕食者を見張っていると思ったからだろう、実際には他の鳥が近くにいたわけではなかったにもかかわらず、サリヴァンの録音の声に包まれていたとき、単独行動をしているセジロコゲラが頭をかしげる頻度はふだんより低く、えさを探すことにより長い時間をかけた。対照実験として、木の実を食べるムナフヒメドリ、オウゴンヒワ、ユキヒメドリ（いずれもセジロコゲラと混群を作ることはない鳥）のソーシャルコールの録音を聞かせたときには、セジロコゲラの頭をかしげる行動がふだんより少なくなることはなかった。

動物性・植物性双方のさまざまなえさを食べるアメリカコガラは、常に何か食べられるものを探している。スーザン・スミスは、この鳥に関する著書で、「アメリカコガラはとても好奇心が強く、出会った新しいものなら、なんでも試してみようとする傾向がある」と記している。わたしはある冬に、コネティカット州の森林地帯で、セクロピアサンのまゆに逆さまにぶらさがっているアメリカコガラを見かけたことがある。コガラは、くちばしを使って絹のまゆをこすり続け、ついに長い切りこみを作ると、さなぎの柔らかい組織にくちばしを沈めた。スミスは、アメリカコガラのほかの採餌行動についても記している。それには、死んだシカの皮下脂肪を食べるために、この鳥の群れがシカの皮膚をつつく様子や、甘いごちそうを食べるために、サトウカエデにできた小さなつらら、、、を折り、それを空中で捕えて止まり木に持っていったあと、すべて食べてしまった一羽の話も含まれている。とはいえ、わたしにとってもっとも目覚ましく思える彼らの戦術は、ベルンド・ハインリッチが発見して記述したイモムシの探し方だ。

小さくて機敏なアメリカコガラは敏捷《びんしょう》な曲芸師で、枝から枝にきびきびと飛び移り、葉の裏の虫を探すために逆さまにぶらさがることもよくある。けれども彼らのスキルは、身体能力だけではない。この鳥は獲物を探す際に、少なくともわたしが見るかぎり、知性としか言いようのないものを示すのだ。この可愛らしい小鳥の狩猟行動は、驚くほど賢くて洗練されているとハインリッチは説明している。アメリカコガラは、ずたずたになった葉や穴だらけの葉といった、部分的に食べられた葉を探す。傷ついた葉は、イモムシがその上、あるいはその近くにいる目印だとわかっているからだ。ハインリッチとスコット・コリンズが、この予想外の行動を発見したのは、網でおおった大型の戸外ケージに捕獲したアメリカコガラを入れて観察していたときだった。ケージには、木の代わりとして、垂直方向に伸びる大きな枝が入れてあった。研究者たちは、一部の葉をわざと傷つけ、その上に、ジューシーな地虫の切片をイモムシの代わりに置いた。アメリカコガラは、傷ついた葉がえさの存在を教えることをすぐに学習した。別の実験では、アメリカコガラは、低木が一〇本収められた大型の鳥小屋でえさを探す機会（採餌試行）を何度も与えられた。一〇本の木のうち、傷ついた葉とえさが近くにある木は、二本だけだった。「採餌試行を一〇回ほど行うと、アメリカコガラは……もはや損傷のない葉のついた木の上でえさを探そうとはせず、損傷のある葉がついた二本の木のいずれかにまっすぐ飛んでいった」。ハインリッチとコリンズは、野外で野生のアメリカコガラを観察することにより、この結果を再確認した。

二人はまた、カムフラージュされたイモムシが葉を刈り整えることにより、葉を食べたことで生じた目立つ損傷を最小限にしたり、さらには、鳥に自分の存在を明かす目印となる食べた葉を木から完全に取り除くことさえするのを発見した。ハインリッチとコリンズが観察した二六種のイモムシは、次の葉に移動する前に、ずたずたにした葉の損傷部位を刈り整えることがあった。これらすべてのイモムシは、ほかの戦術もそなえていた。すなわち、六種は常に葉を丸ごと食べ、一六種は葉を丸ごと食べることはたまにしかなかったものの、食べ残しのある葉は常に茎を切って地面に落とした。四種はいつも部分的にしか葉を食べなかったが、食べ残しのある葉は常に切り落とした。シタバガの一種、オビシロシタバの幼虫は、ときおり部分的に食べた葉を刈り整え、ときおり葉を丸ごと食べ、ときおり部分的に食べた葉を切り落としていた。

ハインリッチは、これより前の論文で、タバコスズメガ（*Manduca sexta*）の幼虫が自分より大きく、大型で幅のあるタバコの葉を丸ごと食べる方法について記述している。それによると、このイモムシは、長い体の後端部にある、ふっくらした短い「腹脚《ふくきゃく》」で葉の付け根近くの茎をしっかりつかみ、葉の縁を食べるにつれて、体の前端にある胸部の脚を前の方に〝歩かせる〟ことによって葉を自分のほうに引き寄せて葉を湾曲させる。葉の先端近くまで食べると、今度は、葉の付け根の方向に戻るように葉を食べ続ける。この食べ方を何度も繰り返し、ついには丸ごと食べてしまうという。

これまで採餌行動について述べてきたイモムシはすべて味の良い虫で、鳥にとってはおいしいごちそうだ。当然予想されることに、それらはすべて保護色をまとい、背景に溶け込むような形で隠れている。今まで見てきたように、味の悪いイモムシには警告色がある。鳥は警告の合図を認識するように学習して、そういった昆虫には手を出さない。ハインリッチとコリンズは、よく目立つ警告色のある昆虫には、食べた痕跡を除く必要はないのだろうと推論した。そして実に、二人が観察した警告色を持つイモムシ一三種は、どれひとつとして、葉に与えた損傷を隠そうとも、除去しようともしなかった。まるで、「なんで、わざわざそんなことしなきゃならないんだい？　どのみち、派手な色が敵をしりごみさせてくれるさ」とでも言うかのように。

ほとんどの蛾と、他の昆虫の成虫の多くは、昼間はひっそりと身を隠し、昼行性の捕食者に身をさらす機会をできるかぎり減らすため、夜にかぎって空を飛ぶ。夏の夜は、しばしば飛ぶ昆虫で大賑わいになる。そのことは、灯りのともった窓に大量の蛾や甲虫などが惹き寄せられるのを見れば明らかだ。夜にはときおり、飛翔昆虫の巨大な群れがひしめくことがあるのだが、わたしたちにはそれが見えない。だが、それが実際に起きていることは、ニューメキシコ州にあるカールズバッド洞窟群国立公園のようなところにすむ、おびただしい数のコウモリが毎晩、あるいは少なくともほとんどの晩に、自分と仔を養うにじゅうぶんな昆虫を捕えている事実に思いを馳せれば明らかだろう。わたしは同国立公園の生物学者であるデイヴィッド・ローマーから、その地で洞窟をねぐらにするメキシコオヒキコウモリは、DDTによりほとんどが殲滅される前の一九三六年には、九〇〇万匹近くもいたという話を聞いた。これらのコウモリは、そのほとんどが急成長する仔を育てていたメスで、一晩で、約五八トンもの飛翔昆虫を食べたという。獲物のほとんどは、小型の蛾と甲虫だった。これは途方もない量である。こういった蛾や甲虫の個体の重量がほんのわずかであることを考えると、コウモリが食欲を満たすために一晩に捕えて食べなければならなかった昆虫の個体数は、わたしの概算では五億匹から一〇億匹にもなる。にもかかわらず、渡りが可能になる何百万匹もの蛾が——そのほとんどが農作物に被害をもたらす害虫だったのだが——生き延びて北上し、アメリカ中西部の農業地帯に戻っていったのだった。

この飛翔昆虫の大発生を利用する動物は、ホイップアーウィルヨタカやアメリカヨタカといったヨタカ類、アメリカオオコノハズクの種類「イースタン・スクリーチ・アウル」、「ウェスタン・スクリーチ・アウル」そして「ウィスカード・スクリーチ・アウル」といったフクロウ類などの鳥類もいるが、なによりこの機会を利用しているのは、夜空の帝王であるコウモリ類だ。コウモリは、昆虫と鳥を除けば、空を飛ぶことができる唯一の動物である。トビウオやムササビのように滑空するだけではなく、ほんとうに空が飛べるのだ。コウモリ類はすべて夜行性で、そのほとんどが昆虫だけしか食べないか、あるいはえさの大部分を昆虫で占めている。北米に生息する四五種のコウモリもすべてそうだ。

では、飛行中のコウモリは、どうやって飛んでいる虫を見つけるのだろう? コウモリは目が見えないわけではないが、視覚は、飛行中の昆虫を見つけだし、それを捕えるために進路を正確に定める唯一の手段ではない——というよりも、視覚を使うことはまずないだろう。コウモリは、獲物を探して追跡するのに、ソナー技術、つまり反響定位《エコーロケーション》技術を使うのだ。この技術は、潜水艦が登場する昔の映画でおなじみのものだ。潜水艦の乗組員が、ピーン、ピーン、ピーンという低い音に耳をそばだてる緊迫のシーン。その音は、敵の駆逐艦が潜水艦を探るために放射している超音波だ。潜水艦にぶつかって跳ね返る反響音は、隠れている潜水艦の水深と位置を露呈してしまう。

ヴィルフリート・ショーバーによると、コウモリは、人間よりずっと前、それも五〇〇〇万年も前にソナー技術を〝発明〟していたという。一八世紀以前には、暗闇の中で虫を探して捕まえるコウモリの能力は魔力だと思われていた。だが一八世紀のおわりに、ラザロ・スパランツァーニが、コウモリの目を隠したり、さらには除去したりしても、暗闇を航行する能力が損なわれないことを発見し、スイスの動物学者チャールズ・ユリネも、耳に詰め物をされたコウモリは暗闇の航行ができないことを実証した。これにより、コウモリが航行するには聴覚が不可欠であることが判明したのだった。それでも、コウモリが航行と虫探しの両方に反響定位を活用している事実は、一九五〇年代にドナルド・グリフィンが確立するまでわからないままだった。彼は、こよなく愉しく、とても読みやすい著書『暗闇で音を聴く（*Listening in the Dark*）』で、コウモリだけでなく、昼間は洞窟で過ごし、夜間はソナーによって航行する果実食の南米のアブラヨタカについても、また、高級食材である〝燕《つばめ》の巣〟を作る東インド諸島のアナツバメについても論じている。このアナツバメは、北米に生息する近縁種のエントツアマツバメとおなじように、昼間は飛翔昆虫を捕食し、夜間休息する巣がある洞窟の中を進むときにだけ、ソナーを利用する。

コウモリが反響定位を利用する方法について、ショーバーは、次のように簡潔にまとめている。

コウモリは、夜間飛ぶとき、ごく短い音波パルスを一定間隔で放射し、跳ね返ってくる反響音により、飛行経路上にある障害物や近くを飛ぶ昆虫の情報を入手する。昆虫の音が聞こえ次第、つまりコウモリが放射した〝音感知ビーム〟に昆虫が触れ次第、即座にインパルスの振動数が高まるため、正確な位置を知って追跡できるようになるのだ。放射される騒音は、〔周波数が高すぎて〕人間の耳には聞こえないものの、空気ハンマーが立てる音より激しい。

蛾の中に耳をもつ種があることは、ずいぶん前から知られていたが、この事実は五〇年ほど前まで、昆虫学者の間で大きな謎になっていた。というのは、音を出す蛾はいないと考えられていたからだ。(今では、数種の蛾は音を出すことがわかっている)。互いの音を聴きあうのではないとすれば、いったい蛾は何を聴いているのだろうと科学者は思案した。おそらく読者の方も勘づいていることと思うが、夜間に飛翔する昆虫は、コウモリのソナー音を警戒しているのである。そうやって、捕食者が近くにいることを察し、回避行動をとらなければ、つかまって食べられてしまうと知るのだ。

タフツ大学の昆虫生理学者、ケネス・ローダーは、街灯のまわりをぐるぐる旋回していた蛾が、コウモリが近づいたときに、明らかに回避的な行動をとる様子をたまたま目にした。アッシャー・トリートがまとめているように、こういった行動に気づいた研究者は他にもいる。ドイツの研究者たちは、早くも一九二五年に、ある種の蛾が「空中を伝わってくる高い周波数あるいは超音波周波数の振動を感知する」ことを明らかにしている。けれども蛾の耳とコウモリの結びつきがようやく判明したのは、グリフィンが、障害物を避けたり昆虫の位置を知ったりするのにコウモリが超音波の反響定位を使っていると発見したのちの一九四〇年代から一九五〇年代にかけてだった。

ローダーは著書『神経細胞と昆虫の行動（*Nerve Cells and Insect Behavior*）』で、「いくつかの科のコウモリにとって、蛾は主な食糧源である。蛾は暗闇の中で翅を襲われる。そのせめぎあいで何よりも重要なのは、スピードと操縦性だ」と書いている。蛾は三〇メートル、あるいはそれ以上離れたところにいるコウモリの叫び声を察知することができる。遠くから聞こえる声は強度が低く、蛾はゆっくりと音源から離れ、コウモリが狩りをしている範囲の外に出る。コウモリが近いときは、その声の強度は強くなり、パニックに陥った蛾は突如回避行動をとり、「急降下したり、旋回したり、繰り返し急転回したり、地面から急上昇したりする」。このような行動は、おうおうにして蛾の命を救う。「反応して生き延びた蛾一〇〇匹あたりにつき、反応せずに生き延びた蛾は六〇匹にとどまった」とローダーは書いている。

ローダーが研究したのはヤガ科（Noctuidae）の蛾だったが、耳を持ち超音波に反応する昆虫は、ほかにもいる。そのうちコウモリの音を聴くことが判明している種はわずかだが、まだ証明されていない昆虫もおそらくコウモリの声を聴いていることだろう。ヤガ科の蛾のように、シャクガ科（Geometridae）の蛾（シャクトリムシの成虫）やヒトリガ（Erebidae科）にも耳、つまり鼓膜器官が、胸部の付け根の両側に一個ずつある。ある暖かい夜にテキサスで開かれたカクテルパーティーで、ある客が中庭《パティオ》の近くでホバリングしているスズメガ（スズメガ科 Sphingidae）を見つけ、耳があるかどうかとローダーに尋ねた。ローダーはわからないと答えながら、鍵の束をジャラジャラ鳴らした。実はそれは、人間の耳に聞こえる音とともに、超音波も立てる行為だった。ローダーが驚いたことに、この音を聞くやいなや、蛾は回避行動をとったのである。タフツ大学の研究室に戻ったローダーは、何時間もかけて、スズメガの耳を探した。ついに耳が見つかったとき、それは思いがけない場所にあった。口の近くにある二つの付属器官にそれぞれ一個ずつ付いていたのだ。

マイク・メイは、蛾以外の夜間飛翔性の昆虫にも耳があって、コウモリの声をまねて人工的に生成した超音波のパルスに反応するものがいると報告している。前翅それぞれに一個ずつ耳を持つミドリクサカゲロウ（クサカゲロウ科Chrysopidae）、後脚のあいだに一個の耳があるウスバカマキリの複数の種、他のバッタ類と同様に、第一腹節の両側に耳があるトビバッタ（ローカスト）、左右の前脚それぞれに一個ずつ耳を持つキリギリスやコオロギ。さらには、ハンミョウも第一腹節の上側に一対の耳を持つという。このように昆虫の耳が、異なる七つの部位に存在しているという事実を見れば、進化はコウモリから逃れる同じ戦略を、自然選択を通じて、少なくとも七回〝発明〟してきたことが明らかだ。

コウモリの叫び声を聞きつけると、ヤガ科の蛾やシャクガなどの飛翔昆虫のように回避行動をとって逃げようとする昆虫もいれば、ゴキブリやイエバエおよび他のほとんどの昆虫のように、その場からひたすら逃げるものもいる。しかしヒトリガは、夜間飛行中に脅威を感じても、回避行動もとらなければ、逃げようともしない。ヒトリガは、ちょうどオオカバマダラのように――すなわち警告色を持つ味の悪い昆虫が鳥から身を守るのと同じように――コウモリから身を守っていると言えるかもしれない。ヒトリガは確かに、おおかたの昆虫捕食者にとって味が悪い虫だ。（友人で同僚のビル・ダウンズが、わたしの見ている前でペットのコウモリにヒトリガを与えたところ、コウモリは明らかな嫌悪感とともに毎回それを拒絶した）。昼間は不活発なヒトリガの多くは、警告色を頼りに、よく目立つ体を見せながら葉の表面にじっと休んでいることが多い。しかし、この警告色は鳥を退けることはできても、夜に空中を飛ぶときには、コウモリに見せつけることはできない。コウモリに対し、(蛾にとって)安全な距離から毒性を警告する手段は、音による合図だけだ。事実、ある種のヒトリガは、超音波のクリック音を立てることができる。

ドロシー・ダニングとローダーは、空中に放り投げられた甲虫の幼虫を捕えて食べたコウモリも、ヒトリガ科の蛾が立てる超音波の録音を聞かせると、このおいしいごちそうに手を出さなかったことを実験で示した。二人は、音を立てることによって蛾がコウモリから身を守っていると示唆したものの、蛾の音がどうやってコウモリに影響を与えるのかについては明言しなかった。だが数年後、「このようなシグナルは、警告色に比肩する〝アポセマティックな音〟として働く」証拠をダニングが発表している。

もうひとつの可能性は、蛾が立てる音が、コウモリのソナーを妨害するというものだ。ジェイムズ・フラードと共著者は次のように書いている。「自分を捕えようと近づいてくるコウモリの注意を逸らすために、蛾は、多くのコウモリが標的に近づく最終段階で立てるコールの反響音に類似した音響的特性を持つクリック音を生成する。蛾の音は……おそらく……コウモリの情報処理を妨害するほど、本物の反響音に似ているものと思われる」

しかし、わたしは、蛾の音はほぼ確実にアポセマティックな警告であると思う。ダニングとローダーの実験で、ヒトリガのBGMを聞かされたコウモリは、平均すると約八五パーセントの確率で、投げられた甲虫の幼虫を避けた。一方、自分と同じ種のコーラスの録音を聞かされたコウモリがえさを避けた率はわずか一四パーセントだった。この結果は、コウモリのソナーが蛾の音によって妨害されるという主張に反するものに思われる。

このソナー妨害説対アポセマティック警告説の論争が終結を見たのは、ごく最近のことだ。二〇〇五年に、ニコライ・フリストフとウィリアム・コナーが、トウワタを食べる蛾（*Euchaeteas egle*）を味の悪さと無音声の異なる組み合わせによって三つのグループに分け、それまで実験に使われたことのないオオクビワコウモリ（*Eptesicus fuscus*）を使って、それぞれの蛾のグループに対する反応を調べた結果を発表したのだ。この蛾は、自然の状態では、コウモリの叫び声に反応する味のよい昆虫だ。というのは、トウワタを食べるとはいえ、カルデノライドをごく微量にしか含まない種類をえさにしているからである。フリストフとコナーは、一部の蛾にカルデノライドを多量に含むトウワタを与えて味の悪い個体にしたほか、一部の蛾の音発生器官を傷つけて音が出せないようにした。大型の囲いの中で飼われたコウモリは、味がよく、まだ音を発生することができる蛾をむさぼった。だが、味が悪く、しかも音を発生することができる蛾については、それらを避けることを迅速に——なかには一回経験しただけで——学習した。フリストフとコナーは、「これらの実験の結果は、我々が研究したヒトリガの種における音声発生の存在理由《レーゾンデートル》が、音響的アポセマティズムにあるという事実を一貫して示している」と結論づけた。その後、アーロン・コーコランと共著者（コナーも含まれている）は、蛾が立てるクリック音がコウモリのソナーを妨害できるという説得力のある証拠を発表している。とはいえ、執筆者たちが指摘しているように、ソナーの妨害と味の悪さの警告は、互いに相いれないものではない。

これまで見てきたように、捕食者は昆虫の防衛手段をかわすさまざまな方法を進化させてきた。だが、捕食者と被食者の間で激しさを増す軍拡競争は今も続いており、これからも、地球に生命が存続するかぎり続いていくことだろう。ある種の昆虫や動物、そして一部のヘビでさえ、驚くべき自己防衛術を身に付けている。次の章で紹介するように、捕食者は、完璧に味がよく無害な昆虫であっても手を出さないことがよくある。というのも、そういった昆虫は、味の悪い昆虫や、痛い針で武装した昆虫にそっくりな姿をしているからだ。

第十章　相手をだまして身を守る

食べられないようにする最善の方法のひとつは、食べないほうがいいものに姿を似せることだ。南アフリカ共和国には、地面にゴロゴロしている岩にそっくりな姿をしているおかげで草食動物の目を惹かずにすんでいる植物がある。噛んだり、刺したり、吐き気をもよおす化学物質を含んでいるために食べられない動物の姿をまねる無害な動物は多い。その大部分は昆虫だが、毒のないヘビも猛毒を持つサンゴヘビに擬態する。無害なハエやアブ、蛾、甲虫でさえ、刺すハナバチやカリバチを擬態する。カバイロイチモンジは有毒なオオカバマダラに擬態するし、ありそうにないことだが、毒を持つヘビに擬態するイモムシさえいる。

現在その存在が知られている四〇〇〇種を超えるゴキブリ（おなじみの家屋害虫は、そのうちのほんの数十種類）の大部分は、カムフラージュした、こそこそ隠れる夜行性の虫だ。だが、信じられないことに、熱帯地域にあるフィリピン諸島には、味の悪いテントウムシやハムシに擬態する変種のゴキブリ（*Plosoplecta* 属）がいる。こういったゴキブリは日中活発に行動し、こそこそ隠れることもせず、モデルと同じよく目立つ体色をしている。この美しいゴキブリの絵をヴォルフガング・ヴィックラーの擬態に関する本で初めて目にしたときは、ほんとうに仰天してしまった。おそらくわたしは無意識のうちに、すべてのゴキブリはほとんどが地味な褐色か黄褐色をしていて、擬態をするカラフルなゴキブリなど存在しないと思い込んでいたにちがいない（熱帯地方のある種のゴキブリが、すみかにしている植物の色に溶け込むために、緑色をしていることは知っていたのだが）。ヴィックラーによると、フィリピンにいる数種のゴキブリの種は、それぞれ赤と黒の体色を持つ特定のテントウムシの種に擬態しているという。トカゲや鳥のおいしいごちそうになるこれらのゴキブリは、味の悪い甲虫の色をまねることで身を守っているのだ。彼らはまた、翅が長く、どちらかというと細身のゴキブリとはまったく異なるテントウムシの特徴的な形、つまり半球状のずんぐりした形までまねている。ヴィックラーが指摘するように、擬態しているゴキブリは飛翔能力にすぐれ、長い後翅を持っている。だが、他のゴキブリとは異なり、この後翅は、テントウムシに特徴的な短く丸まった姿の模倣をさらに効果的にするような方法でコンパクトに折りたたまれ、鮮やかな色の短い鞘翅《さやばね》の下に押し込まれている。

ヘビに擬態するイモムシの報告が初めて発表されたのは一八六二年のことだ。報告者は英国の偉大なナチュラリスト、ヘンリー・ウォルター・ベイツである。アマゾン川流域を広く探検するあいだに、ベイツは、妨害されると小型のヘビの頭部と首を説得力のある仕草でまねる大きなイモムシに出会って仰天した。モデルにしていた小型のヘビは「毒を持つヘビ、あるいはマムシ類のヘビだった……無害な……ヘビではなく」。それからほぼ六〇年後、ブラジルのパラ（現在のベレム）の教区にいた英国人の牧師で、専門家に比肩するアマチュア昆虫学者だったA・マイルズ・モス牧師が、アマゾン川の河口近くで、大型のスズメガ（スズメガ科 Sphingidae）の幼虫に出会ったときのことを次のように記している。

その幼虫は、それまでわたしが見てきた中で、最高に見事な生き物の一つと言えるものだった。それはまさしく完璧なアロンの杖〔旧約聖書に登場するヘビに変身する杖〕で、もっとも斬新な驚くべきやり方で、保護的類似の原則をヘビへの攻撃的な擬態に組み合わせていた。成熟したイモムシとして休んでいるときは、二対の疣足《いぼあし》で食用植物の茎をつかんで垂直にしがみついているため、地味な乳白色の地衣類におおわれた、折れた小枝にしか見えない……だが、驚くことに、何かにじゃまされると、この創造力に富む進化の驚くべき産物は、ふたたび見る者の目をあざむこうとヘビに変身しようとするのだ。……その効果は、このように発揮される。イモムシは体をのけぞらせて腹部を露わにする。腹部は濃いオリーブグリーンの色をしており、体の前方にある三対の疣足は完全にひっこめられてほとんど見えない。ふだんから膨らんでいる胸部にある体節は、外側に向かって極端に膨らみ、今や横向きに倒れまったく目立たない脚の後ろに位置する、それまで隠れていた第四節上部の一対の黒い目玉模様が広がって目をむく。ヘビの頰にあたる部分は、黒い縁どりのある黄色いうろこが付いているように見える。そして、小さいとはいえ、恐ろしいヘビの頭部と首を見つめているという誤った印象は、ヘビの硬くしっかりした曲線の模倣により細部まで補強される。そして、まるで催眠術をかけるかのように、左右にゆれる動きがしばらくのあいだ続くのだが、さらなる襲撃はないと悟ったイモムシは、徐々に偽の目を閉じ、ふたたび昼のまどろみに落ちていく。

数種のスズメガの幼虫によるヘビの擬態が、ヒトを含むさまざまな食虫生物を追い払うことは、数々の逸話によって裏付けられている。ベイツが暮らしていた村の住人は、彼がこのイモムシを見せると怖れをなした。ヒュー・コットも、複数のナチュラリストによる観察を紹介している。スズメ、ズアオトリ、ニワトリは、ヘビを擬態しているイモムシを攻撃するのを嫌がり、熱心な昆虫捕食者であるキツネザルも、イモムシを見て縮みあがった。飼育されていたつがいのヒヒもヘビの擬態を怖がり、オスのほうはイモムシのそばに連れて行かれたときに、〝絶望的な恐怖〟の悲鳴を上げたという。

ヘビへの擬態は、極端な例だとはいえ、それは、効果的な防衛手段を持つ昆虫や他の動物への擬態が、食べることのできる無害な動物を捕食者から守る山のような例の——確実に数千はある例の——ひとつにすぎない。北米では、故ジョン・バウズマンとジェイムズ・スターンバーグによると、クスノキアゲハ（*Papilio troilus*、アゲハチョウ科 Papilionidae）の幼虫は、「樹上にすむラフアオヘビの頭部に似ている」という。だが、わたしから見ると、クスノキアゲハの幼虫の擬態は、南米のスズメガの幼虫に比べると説得力に欠けるように思える。

昆虫のほかにも、身を守るために擬態する生物はいくらかいる。たとえば、ある種のヘビ、鳥、サンショウウオ、哺乳類、クモなどがその例だ。このタイプの擬態を最初に調べて理解したのは、ヘンリー・ウォルター・ベイツだった。彼は「日中、カリバチの姿に扮装して花を訪れるある種の蛾を目にすると、そういった模倣の目的は、蛾を襲ってもカリバチは避ける食虫生物を欺くことにより、そうでもしなければ無防備なわが身を守ることにあると推論せざるをえない」と書いている。発見者に敬意を表して、こういった形の擬態は今、ベイツ型擬態と呼ばれている。

ベイツ型擬態は、広く、かつ一般的に見られる行動で、とりわけ熱帯地方でよく見られる。ベイツ型擬態と、その必然的帰結であるミューラー型擬態（第八章参照）の双方について語る中で、ローレンス・ギルバートは、次のように説明している。数多くの種に満ちた熱帯雨林は、「圧倒されるほど多種多様な擬態システムがあることに特徴がある。……昼行性の目立つ節足動物は、実質的にほぼすべてのものが何らかの形で擬態行動に加わっており、明らかな例は、この擬態システムのなかで送られ、受けとられ、まねされている聴覚と視覚と化学によるシグナルの精密な分析を通して今後発見されるであろうものの、ほんの一部を示しているにすぎない」

毒を持つオオカバマダラ（*Danaus plexippus*、タテハチョウ科 Nymphalidae）に擬態するカバイロイチモンジ（*Limenitis archippus*、タテハチョウ科）は、もっとも有名な防衛的擬態のひとつで、少なくとも北米ではよく知られ、子供たちが学校で習うこともよくある擬態例だ。オオカバマダラとカバイロイチモンジは近縁でないにもかかわらず、近づいて細かく見なければ見わけがつかないほどよく似ている。本来の道から外れて擬態者になったカバイロイチモンジは、最も近いその北米の近縁種には、似ても似つかない。この近縁種では、ほぼすべてのものが、黒っぽい翅に太くて白い分断色の帯を持つ。唯一の例外は、有毒のアゲハチョウに擬態しているアメリカアオイチモンジの一形態だ。

長いあいだ、カバイロイチモンジはベイツ型擬態の典型的な例で、オオカバマダラに似ているというだけで鳥から守られていると考えられてきた。しかし、事実はそれほど単純ではない。一九五八年に、ジェイン・ヴァン・ザント・ブラウワーが、カバイロイチモンジは、それより味が悪いと思われるオオカバマダラほどではないものの、鳥に忌避されることがあると報告した〔カバイロイチモンジ自体も、やや味が悪い種だと考えられる〕。そのため専門的には、カバイロイチモンジはオオカバマダラの典型的なベイツ型擬態者と言うよりも、弱いミューラー型の擬態者だと言うほうが正確だろう。それから三〇年以上経って、デイヴィッド・リットランドとリンカーン・ブラウワーが、ジェイン・ブラウワーの観察を裏付け、この説をさらに発展させている。

カバイロイチモンジは、実際には二つの異なるモデルを擬態している。すなわち、トウワタをえさにするオオカバマダラと、その近い近縁種で、同じくトウワタをえさにするジョウオウマダラ（*Danaus gilippus*）を擬態しているのだ。驚くことに、カバイロイチモンジの姿は、この二つの擬態モデルのどちらと共存するかによって異なる。北米の北東部では、カバイロイチモンジは、よく目立つ黒い翅脈《しみゃく》を持つ鮮やかなオレンジ色のオオカバマダラに生き写しだ。一方、オオカバマダラがほとんど生息していないフロリダの中央部と南部では、カバイロイチモンジは、その地にふんだんに見られるジョウオウマダラを模倣する。その翅は暗褐色で、翅脈ははっきりとした黒色ではない。だが、この話にはまだ先がある！　ジョウオウマダラの翅の色がもっと淡いアメリカ南西部では、カバイロイチモンジの翅も、それに合わせて淡い色になっているのだ。

トラフアゲハ（*Papilio glaucus*、アゲハチョウ科 Papilionidae）のすべてのオスの黄色い翅には、この種の名の由来になったトラのような黒い分断色の縞模様が走っている。一部のメスには同じ色模様があるが、他のメスの翅はほとんど真っ黒で、後翅は青い虹色を帯びている。黒いメスは、毒のある――だが致命的な量ではない――アオジャコウアゲハ（*Battus philenor*、アゲハチョウ科）のベイツ型擬態者だ。ほかにも、アオジャコウアゲハを多かれ少なかれ忠実に模倣しているものに、メスのクロキアゲハとメスのダイアナヒョウモン、オスとメス双方のクスノキアゲハとアメリカアオイチモンジ、そして昼飛性のオスのプロメテアサンがいる。メスのトラフアゲハは、「擬態者とモデルは時と場所を同一にしなければならない」というベイツ型擬態の教義を順守して、アオジャコウアゲハと共存している場所でのみ擬態者になる（このルールの例外については、このあとすぐにご紹介しよう）。それ以外の場所では、メスは通常のトラ模様を維持している。有毒なアオジャコウアゲハが存在する場所では、それに擬態したほうが、トラ模様の分断色というカムフラージュを身にまとうより防衛効果が高いのだろう。とはいえ、モデルが同一の場所に存在しないために、擬態者の身が守られないような場所では、次善策であるカムフラージュに戻ったほうが進化の道理にかなっている。

アオジャコウアゲハは、カナダのオンタリオ州の最南部と、北の各州を除く合衆国全域に生息している。フロリダと他のメキシコ湾沿岸地域では、その近縁種であるキオビアオジャコウアゲハ（*Battus polydamus*）もその生息地に加わる。キオビアオジャコウアゲハは英名の「ポリダマス・スワローテイル」に反して、後翅の尾状突起がない〔スワローテイルは「ツバメの尾」の意〕。幼虫期にはどちらの種も、「ヴァージニア・スネイクルート」や「ウーリー・パイプヴァイン」、そして栽培種のアリストロキアといったウマノスズクサ科（Aristolochiaceae）の植物だけを食べる。そのどれもが、毒性のあるアリストロキア酸を含む植物だ。ちょうどオオカバマダラがカルデノライドを体内に蓄積するように、アオジャコウアゲハの幼虫もキオビアオジャコウアゲハの幼虫も、アリストロキア酸を体内に蓄積し、成虫の段階にまで引き継いでいく。ジェイン・ブラウワーが行ったエレガントな実験では、捕獲されたフロリダカケスがアオジャコウアゲハの味の悪さを知って、見ただけで避けることを学び、それ以後アオジャコウアゲハの擬態者も避けるようになったことが示された。

アオジャコウアゲハに擬態する、もうひとつの蝶、アメリカアオイチモンジ（*Limenitis arthemis astyanax*、タテハチョウ科 Nymphalidae）は、擬態するモデルと共存できるところでしか主に（あるいはまったく）生じない。この蝶は、アオジャコウアゲハの生息範囲を超えた北部では、第四章で出会った、翅に白く広い分断色の帯のあるアメリカイチモンジ（*Limenitis arthemis arthemis*）にとって代わられる。とはいえ、わたしが同僚といっしょに発見したように、この一般論には、少なくともひとつの大きな例外がある。わたしたちは、ミシガン州のアッパー半島（UP）では実質的にほぼすべてのイチモンジチョウに白い帯がある一方、ロウアー半島（LP）では、ほとんどのイチモンジチョウは暗い色のアオジャコウアゲハの擬態者で、わずかな例外として、白い帯のあるものもいるにはいるが、その帯は断片的だったり、単にうっすらとした筋であったりすることが多いという事実を発見した。UPとLPの個体群はミシガン湖とヒューロン湖により大きく分離されている。ただし例外として、幅が八キロしかないマキノー海峡周辺では、海峡を渡るイチモンジチョウが一部いる。

海峡から数キロ以内の狭い地域では、両形態の交配種が存在している。UPでは、擬態者のように見える交雑種は、海峡の数キロ北までしか侵入していない。同様に、LPの擬態者は、UPからの白い帯のある迷蝶と交配するが、その交配種は南に向かって二〇キロ以上は侵入していない。二〇キロを超えた場所では、白い帯がほんの少しでもある個体はまったく見かけなかった。この事実は驚きだった。というのは、LP全域（海峡までのすべての地域）は、主に擬態した形態で占められているからだ。擬態種の地域は実に、アオジャコウアゲハの生息地域の北の境を三五〇キロメートルも越えて広がっている。擬態の効率が（少なくとも理論上では）モデルの存在によって高められていないこれほど広い地域で、なぜ擬態形態が分断色のある形態にとって代わられないのかは誰にもわからない。アオジャコウアゲハが豊富に生息するアメリカの南部では、この蝶が生息していないフロリダ州中南部のある地域を除き、トラフアゲハのメスのほとんどはアオジャコウアゲハの擬態者になる。一方、ミシガン州北部のような、モデル（アオジャコウアゲハ）の生息範囲を超えた北部では、すべてのトラフアゲハは、カムフラージュ用のトラ模様を維持している。アオジャコウアゲハが生息しているものの、数はそれほど多くないアメリカ中西部の南部地域では、擬態色の相と非擬態色の相が共存する。

ある種の昆虫では、一方の性だけ（通常はメス）が擬態者になる場合がある。たとえばトラフアゲハの場合、ベイツ型擬態により手にすることができる防衛手段を、なぜメスだけがそなえるように自然選択の力が働くのかは謎である。データにより明確に裏付けられているわけではないものの、その理由として妥当性があると思われる仮説は、メスは、最近進化した擬態パターンを持つオスよりも、祖先からの種の色模様を持つオスを好むというものだ。もしそうだとすれば、擬態を通してオスが手にした利点は、求愛し、口説き落とし、授精するための能力が低下することにより、相殺されるどころか、かえってマイナス要素になる。

プロメテアサン（*Callosamia promethean*、ヤママユガ科 Saturniidae）では、この限性的な〔オス、メスいずれかにかぎられる〕擬態が反転している。オスはベイツ型擬態者で、飛んでいるところを見た人間の目には、アオジャコウアゲハあるいは他の暗い色調のアゲハチョウとほとんど見わけがつかない。ところがメスのほうは、アオジャコウアゲハどころか、他のどんな蝶にも似ていない。メスの翅は、薄い褐色、濃い褐色、黄褐色、および乳白色の組み合わせで、ヤママユガ科の近縁種のオスとメス両方が持つ体色に似ている。この蛾のオスとメスの差に見られる適応の価値は明らかだ。オスが擬態から利益を得られる理由は、プロメテアサンのオスは、ほとんどの近縁種とは異なり、昼間だけ、とりわけ午後に活動するためで、視覚で昆虫を探す昼行性の鳥の攻撃の対象になるからだ。一方、メスが飛ぶのは夜間だけで、寄主植物特異性を持つ幼虫が食べる葉を探して卵を産み付ける。日中のあいだ、まだ交尾をしていないメスは姿が見えない。羽化してきたさなぎがある木の近くの茂みで、静かに休んでいるからだ。午後になると、メスはじっと隠れたまま、性誘引フェロモンを放出する。メスに行きつく匂い道を探して飛び回るオスにとっては、この時が食虫性の鳥に身をさらしてしまう危険な時間帯だ。結ばれたカップルは夕方まで一緒にとどまる。そのあとメスは、隠れていた場所から生まれて初めて飛び立ち、夜の闇にまぎれて、卵を様々な場所に産み付けに出かける。

もし最初の昆虫学の授業を履修した直後に、「自然選択の働きにより、夜行性の蛾が昼飛性のカリバチにうまく擬態するようなことがあるか」と訊かれたとしたら、わたしは、そんなことは不可能だと答えただろう。だが、もしそう答えたとしたら、わたしは間違っていたことになる。八〇〇種ほど存在するスカシバガ（スカシバガ科 Sesiidae）の大部分と、他の蛾の科の一部の種は、カリバチとハナバチを模倣する巧みなベイツ型擬態者なのだ。ウォルター・リンセンマイヤーによると、その擬態の効果は、鱗粉のほとんどない、ほぼ透明な細長い翅や、黄色い縞模様がよくある体色、そして長くて細い脚といったものだけでなく、その行動によっても生み出されるという。こうした擬態者は、カリバチやハナバチのように――だが、大部分の蛾とは異なって――昼間活発に活動し、花蜜を吸うために花を訪れる。そして「カリバチ〔やハナバチ〕と同じように花にとまって動き、よく似たブーンという音さえ立てて飛ぶ」

ドナルド・ボローと共著者は、スカシバガの幼虫は、木や草の根、茎、樹幹、枝などに穴を掘ると指摘する。たとえば、「ラズベリー・クラウン・ボアラー」（*Pennisetia marginata*）という名のスカシバガの幼虫は、ラズベリーかブラックベリーの根と茎に穴を掘る。その成虫は、カリバチの「イエロージャケット」にそっくりだ。「ピーチ・トゥリー・ボアラー」（*Synanthedon exitiosa*）は、幹の樹皮の下に穴を掘り、成虫はベッコウバチによく似ている。この幼虫が穴を掘ると、木の幹の基部の、地面から三〇センチほど上につくられたトンネルの出口から大量の粘性物質が染み出して塊ができるので、それとわかる。

わたしは、「スカッシュ・ヴァイン・ボアラー」（*Melittia cucurbitae*）と、昵懇《じっこん》すぎるほど昵懇になった。というのも、我が家の庭のパティパンカボチャがこの虫に襲われたからである。幼虫は最初、つるに穴を開けるが、成熟すると土に穴を掘ってもぐり、そこでまゆをつむいで、さなぎとなって冬を越す。この虫に被害を受けなかった年が何年も続いたあとのある夏、わたしのカボチャは、一握りのスカッシュ・ヴァイン・ボアラーの幼虫から、ささいな被害をこうむった。その次の春には、複数の成虫が土から這い出してくるところを目撃した。そのタイミングは、成長する茎に大量の卵を貼り付けるのにぴったりだった。そしてついにその夏、厖大な数の幼虫が孵化し、わたしのカボチャは全滅させられてしまったのである。とはいえ、夏の終わりに、カリバチのような姿をしたこの美しい蛾が卵を産みつける姿を見て、カボチャを失った見返りを少しは手にした気分になったものだ。ロバート・L・メトカーフとロバート・A・メトカーフは、「前翅は金属的な光沢のあるオリーブブラウンの鱗粉でおおわれているが、後翅は透明だ。腹部には、赤、黒、赤褐色の縞模様がある。……日中、植物のまわりをブンブン羽音を立ててすばやく飛び回り、蛾というよりも、カリバチのように見える」と書いている。

カリバチやハナバチをまねるベイツ型擬態者の候補者は、実は蛾よりも、双翅目《そうしもく》（ハエ目）〔二枚の翅を持つハエやアブや蚊などが含まれる〕のほうが多い。双翅目の昆虫の多くは、擬態モデルに似たサイズと姿をしており、細長く鱗粉のない（透明な）膜状の翅を持ち、昼飛性で、モデルと同じように頻繁に花を訪れる。ハナバチあるいはカリバチに擬態する双翅目の種は、少なくとも八科はある。なかでもよく目につくのは、昆虫を食べるムシヒキアブ（ムシヒキアブ科 Asilidae）で、その一部の種は体が毛でおおわれているためマルハナバチのように見える。また、花を訪れるメバエ（メバエ科Conopidae）の数種は、見事にカリバチを模倣している。だが、北米に生息する双翅目のどの科よりもカリバチやハナバチのベイツ型擬態者を擁しているのは、ハナアブ科（Syrphidae）だ。そのかなりのものは、わたしが言うところの〝忠実度の高い《ハイ・フィデリティー》〟擬態者である。というのも、彼らはモデルの姿や行動の微細なところまで忠実に再現しているのだ。逆に、もっとも〝忠実度の低い《ロー・フィデリティー》〟擬態ハナアブは、どう見てもアブにしか見えず、カリバチやハナバチに似ているのは、黒っぽい腹部に黄色い縞模様があるところだけだ。残念なことに、一般向けの擬態に関する読み物に掲載される写真は、こういった一般的でよく見かけるロー・フィデリティー擬態アブの写真であることが多い。このあと説明する、イエロージャケットを模倣する〝忠実度の高い〟擬態アブは、モデルの解剖学的特徴と行動学的特徴を兼ねそなえている。この種がアブだと気づかれ、認識されることはほとんどない。おそらく、本物のカリバチにまちがわれているからだろう。

一般名を持たない、この大型の北米のハナアブ（*Spilomyia hamifera*）のイエロージャケットへの擬態には非常に高い説得力があり、熟練昆虫学者でもだまされてしまうことがある。わたしがこのハナアブを、他のハイ・フィデリティー擬態ハナアブとともに見つけたのも、まだ同定されていないカリバチを収めた博物館のコレクションの中だった。外見が非常によく似ているという表面的な特徴を除けば、この二つの関連性のない昆虫には、共通点はほとんどない。カリバチは二対の翅を持つが、ハナアブには、他の双翅目のすべての種と同じように一対しか翅がない。イエロージャケットは社会性昆虫で、共同の巣で幼虫を育て、侵入者が現れると一斉に飛び出して敵を刺す。一方、ハナアブは単独性で、刺すことはできず、その幼虫であるウジ虫は、湿って朽ちた木のうろの残骸を食べて暮らす。とはいえ、成虫はイエロージャケットと同じように、花蜜を吸うことがよくある。

学術誌『エヴォリューショナリー・バイオロジー（*Evolutionary Biology*）』で発表した論文に記したことだが、この擬態アブは、カリバチにそっくりな色模様を持つだけでなく、他のかなり多くの種のハナアブと同様に、モデルのより微細だがより際立った特徴を模倣している。細い腰を持つカリバチのモデルと同様に、このハナアブの腰も顕著に細い。蚊と他のより原始的な種を除いた大部分の双翅目の昆虫と同じように、このハナアブには、肉眼ではほとんど見えない三節からなる短い触角がある。だが、カリバチの長くて多くの節からなる、黒くて目立つ可動性の触角を模倣するために、このハナアブは、長い前脚の黒い前部を頭の前に突き出して揺らすのである。花にとまる際、イエロージャケットは、薄い色のついた翅をたたんで体の斜め横に突き出す。このように縦方向に何層にも重ねて突き出された翅は、濃い褐色の帯のように見える。ハナアブも翅を体の斜め横に突き出すが、翅をたたむことはできない。それでも、透明な翅の前縁が濃い褐色に彩られているため、カリバチが持つ、たたまれた翅の印象を与えることができるのだ。花にとまっているとき、アポセマティックなカリバチは自らをより目立たせるため、体を左右にゆする。ハナアブは体をゆらすことはしないが、翅をゆらすことによって、この動きを模倣する。最後に、手でつまむと――自然界では鳥のくちばしにはさまれることになるだろうが――ハナアブは大きな音を立てる。A・T・ゴールによると、この音をソノグラムで見ると、脅威を感じたカリバチが立てる音とほぼまったく同じ音響的特性を示すという。

A・ラシェッドと共著者は、カリバチを擬態するハナアブ三種類とハナバチを擬態するハナアブ二種類を調べたところ、そのすべてが、それぞれ呼応するモデルの立てる音より高いピッチの音を立てたと報告している。この観察に基づき、ラシェッドらは、ハナアブはおそらく、カリバチあるいはハナバチを音響的に擬態してはいないだろうと示唆した。とはいえ、この観察には、もうひとつの妥当に思われる――そしてわたしにとってはより妥当性があると思われる――解釈がある。それは、ハナアブが一貫して立てる、モデルよりピッチが高い音は、まさに擬態であり、ニコ・ティンバーゲンやコンラート・ローレンツなどの動物行動学者が〝超正常刺激〟と呼ぶものの例なのではないか、という考えだ。ティンバーゲンは『動物の行動』〔邦訳一九六六年〕の中で、次の有名な超正常刺激の例を綴っている。「彩色した二個の木製の卵――一個は正常なサイズで、もう一個はその二〇倍のサイズのもの――を与えられた抱卵期の〔セグロ〕カモメは、両方をくわしく調べたあと……〔その卵は抱えるには大きすぎて、カモメは〕何度も滑り落ちてしまったにもかかわらず、巨大なほうの卵を抱こうとした」。風刺漫画家は、政治家の大きな鼻、大きな耳、あるいは変わったヘアースタイルといった、とくに目立つ特徴を誇張して超正常な似顔絵を描き、それを見た人々は、本物よりずっと似ていると言う。これと同じように、ハナアブの「甲高いソプラノの叫び声」は、モデルの低い「アルトの叫び声」より、攻撃してくる鳥を驚かせる超正常刺激になっている可能性がある。

昆虫が擬態するモデルの触角が、擬態者のものより短い場合もある。そしてヒュー・コットが書いたように、「どのようにして長さを短縮しているのか、すなわちどうやって短く見せているのかを知ることは有益だ」。たとえば、ブラジルに生息するキリギリスが擬態するカリバチの触角は、キリギリスのものより短い。「〔擬態者の〕触角の根元にある第三節は太く、くっきりとした縞模様がついており……〔その端は〕黄色い色を帯びている。一方、触角の残り三分の二は急に、〔キリギリスの〕触角に典型的な、通常の髪の毛のような細さになる。そのため、少し離れた場所から見ると、その触角は、カリバチのもののように短く、先端が黄色であるように見える――触角の基部だけで、モデルの器官全体を模しているのだ」とコットは書いている。

カリバチに擬態するアブには、逆の問題がある。擬態しないハナアブや〝忠実度の低い〟擬態ハナアブは、イエバエやアオバエ、そして他の〝高度に進化した〟双翅目の昆虫に典型的な、短くて目立たない、三節からなる触角を持つ。しかし、すでに見てきたように、カリバチを擬態する〝忠実度の高い〟ハナアブの種は、前脚を頭部の前で振ることによってモデルの長い触角を模倣する。とはいえ、マルハナバチやミツバチを擬態するハナアブは、たとえ〝忠実度の高い〟ものであっても、このような動作はとらない。そうする必要がないからだ。そのモデルの触角は長いが、目立たない。なぜかというと、前方に突き出すのではなく、下の方に曲げられているからである。

トゲナガハナアブ属（*Spilomyia*）のスピロミア・ハミフェラ（*Spilomyia hamifera*）（図10）と同様に、トゲナガハナアブ属の他の種や近縁のヨコジマナガハナアブ属（*Temnostoma*）の一部の種は、前脚を使って、モデルのカリバチの長い触角を模倣している。しかし、昆虫学の学術誌「プシュケー（*Psyche*）」に発表した論文で説明したように、カリバチに擬態するハナアブには、追加の節を足すことなく触角を延ばす手段が、少なくとも三種類はある。これは、自然選択が、同じ問題を解決する複数の手段の進化を個々に促したことを示している。スフェコミア・ヴィタタ（*Sphecomyia vittata*）

――属名は「カリバチのようなアブ」を意味するギリシア語に由来する――の根元から伸びる二つの節は非常に長く延びているが、先端の節は目立たずに、短く丸く膨らんでおり、イエバエや擬態していないハナアブのものと同じだ。もうひとつの〝忠実度の高い〟カリバチ擬態者のケリアナ・シグニフェラ（*Ceriana signifera*）は、ほかの方法で、これを成し遂げている。このアブは、三つの節すべてを長く延ばしたのだ。テントレドミア・アブレヴィアタ（*Tenthredomyia abbreviata*）（属名は、「カリ

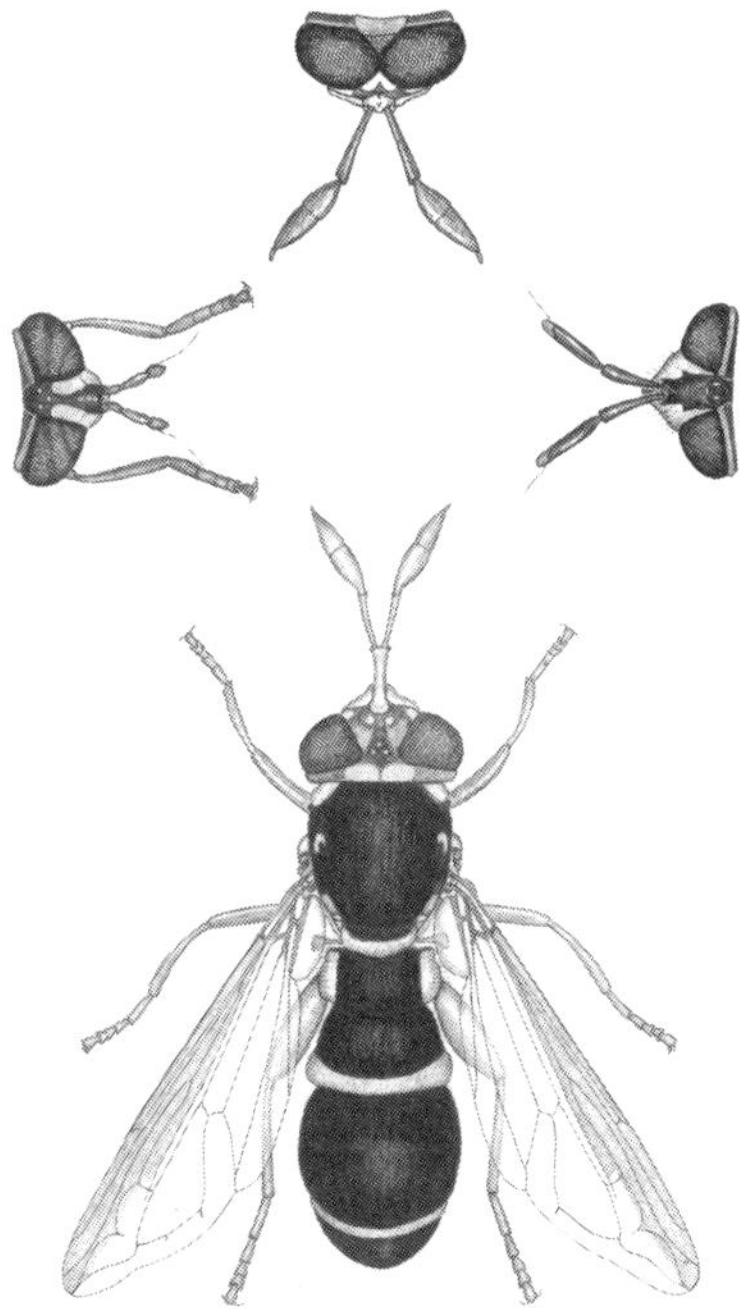

図10　カリバチには多くの節に分割された長い触角があるが、ハナアブには三つの節からなる短い触角しかない。上に示したカリバチに擬態するハナアブ（最上部から時計回りに、ケリアナ・シグニフェラ、スフェコミア・ヴィタタ、テントレドミア・アブレヴィアタ）は、それぞれ独自の方法で節を増やすことなく触覚を長く見せている。だが、左側の種（スピロミア・ハミフェラ）だけは、前脚を揺らすことにより、カリバチの触覚をまねる。

バチのようなアブ」を表すもうひとつのギリシア語）は、ほかの二つとは非常に異なる、偽物の長い触角を作る第三の方法を進化させた。その三つの節はそれぞれほんの少しずつ延ばされただけだが、触角は長く見える。というのは、頭部の前面に突き出した細長い管の先に生えているからだ。

毛のふさふさしたマルハナバチの黄、黒、そしてときおり赤といった体色は、自衛のために、痛くて毒のある針を使って刺すことを警告するはっきりした目印だ。マルハナバチは、複数のハナアブの種に忠実に擬態されている。もっともよく見られるのは、ハラブトハナアブ属（*Mallota*）に属す二つの種だ（一般名はない）。クリス・マイヤーとわたしは、これらのハナアブが、よく晴れた春の日に、森林地帯の縁のあたりで、主にハナミズキやガマズミなどの自生種の木の花にとまり、花蜜を吸いながら交尾することがよくあるのを発見した。日中、温度が高くなると、ハナアブは森の涼しい日陰に移動し、オスは湿って朽ちた木のうろの近くをうろついて、そこに卵を産みにくるメスを捕まえてさらに交尾するチャンスを狙う。飛んでいるとき、ハラブトハナアブはマルハナバチのような音を立てる。そして、指でつかまれたり、捕虫網のひだに捕えられたりすると、窮地に陥ったマルハナバチそっくりな音を出す。これから紹介することになるが、マルハナバチを避けることを学んだ鳥や他の食虫生物が、ハラブトハナアブや他のマルハナバチの擬態者も忌避することは、明確な証拠によって裏付けられている。

わたしは二度にわたり、もっとも見事だが、もっともありそうもない方法でマルハナバチに擬態した虫にだまされたことがある。早春のある日、わたしはマルハナバチだと信じて疑わなかった虫を網で捕えた。だが驚いたことに、網にかかっていたのは、マルハナバチには似ても似つかない大型のシデムシ（おそらくシデムシ科 Silphidae ネクロフィリア属 *Necrophilia*）だった。春には、マルハナバチの女王――群れの中で春まで生き残ることのできる唯一の成員――が、地面から五、六センチ離れたところをジグザグに低空飛行しているところを見かけることがある。新たなコロニーを作るために、動物が棄てた巣穴などの穴を探しているのだ。シデムシもとても似た行動をとる。死んだ小動物のなきがらを探して、ランダムに飛び回るからだ。手の中のシデムシは、マルハナバチにはまったく似ていないものの、鞘翅《さやばね》（前翅）を背の上に立てて飛んでいるときは、そっくりに見えた。鞘翅の下にはっきり見える部分は虹色の光沢を帯びた鮮やかな黄色で、その色相はほぼマルハナバチの黄色い毛と同じだ。だが、その偽の印象を与えたのは、何といっても、シデムシ独特の飛び方だった。それは、同じくらい独特なマルハナバチの飛び方と実質的にうりふたつなのだ。

　オスのプロメテアサンは、見た目もアオジャコウアゲハにかなり似ているが、目を欺く重要な要素は、なにより、蝶のように飛ぶその飛び方にある。ジム・スターンバーグもわたしも、この蛾には何度となくだまされてしまった。この擬態についてもっとも鮮やかに覚えているのは、道路に通じる自宅前の私道で車の中に座り、家内を待っていたときのことだ。庭の芝生の上をひらひらと飛んでいったのが黒いアゲハチョウだと〝確信〟していたわたしは、すっかり驚いてしまった。ポーチをおおっていた銅製の網戸の中に入りこもうとして、正体がバレたからである。ポーチには、未交尾のメスのプロメテアサンのケージがおいてあった。彼女たちは性誘引フェロモンを放出して、一生懸命オスを誘おうとしていたのだった。

もう五〇年近くも前のことだが、リンカーン・ブラウワーとジェイン・ブラウワーは、捕えられたアメリカヒキガエルが、マルハナバチは食べられないことを学習し、それ以降、無害なマルハナバチに擬態するハナアブも忌避することを証明した。彼らの実験プロトコルは、まず、それまで実験に使われたことのなかったヒキガエルが空腹であるかどうか調べるために、味のよいトンボを与えることから始まった。トンボを食べて空腹であることを示したヒキガエルは、次に、マルハナバチに擬態している味のよいムシヒキアブを与えられた。この擬態者を食べた大部分のヒキガエルは、今度は、ほんもののマルハナバチを食べるように促された。ヒキガエルはマルハナバチを口に入れたとたんに舌を刺され、ハチを吐き出し、荒々しく舌を振り、頭を下げ、体を膨らませて、明らかに苦しんでいる様子を見せた。その後、これらの〝教育された〟ヒキガエルは、与えられた三〇匹の擬態者を、一匹を除いて、すべて拒絶した。一方、マルハナバチの苦い経験がない対照群のヒキガエルは、与えられた五一匹の擬態者のうち、三八匹を食べたという。

英名を「ドローンフライ」というナミハナアブ（*Eristalis tenax*）は、ミツバチの働き蜂によく間違われるが、刺し針を持たないミツバチの雄蜂《ドローン》のほうに、もっとよく似ていると考える者もいる。だが、明らかに予想される仮説、すなわち、ナミハナアブはベイツ型擬態者で、刺すミツバチによく似ているため鳥の捕食をある程度まぬがれているという仮説を裏付ける証拠は驚くほど少ない。C・ロイド・モーガンは、一八九六年に、一群のシチメンチョウのひなを使った実験の観察を報告している。「まずミツバチを与えたところ、ひなはそれらを捕えたものの、すぐに放した。次に与えたのは、ナミハナアブだ……それはミツバチに非常によく似ている。ひなはナミハナアブに手を出さなかった。

ナミハナアブのミツバチへの類似は、防衛的な役割を果たしていた。しばらくのちに、わたしはナミハナアブをふたたび一羽のひなに与え、捕えるように促した……。このひなはナミハナアブを捕まえて逃げ、他のひなに追いかけられた。アブはこのひなから取り上げられて、飲み込まれてしまった。他のナミハナアブは、手がつけられないまま放置された」

その七〇年近くあとにブラウワー夫妻により行われた、他の種類のハナアブとミツバチに関するシステマティックな実験では、もともとユーラシア大陸の在来種だったナミハナアブの北米在来の近縁種（*Eristalis vinetorum* および *Eristalis agrorum*）が、ユーラシア大陸原産のミツバチに一般的に似ているため、ある程度までヒキガエルから保護されていることが証明された。とはいえ、ミツバチに特異的に似ている実際のナミハナアブに対するヒキガエルの反応を調べたほうが、より適切な実験になっただろう。何といっても、ブラウワー夫妻が実験に使った昆虫（ナミハナアブの近縁種）は、ヨーロッパ人がやってくるはるか前から南北アメリカ大陸で進化してきたものだ。一方、ナミハナアブは、ミツバチをアメリカに持ちこんだヨーロッパ人が、ミツバチとともに、うっかり持ちこんでしまった昆虫なのだ。ミツバチとナミハナアブの擬態関係は、明らかに北米ではなく、双方の昆虫の故郷であるユーラシアで進化したものである。

ナミハナアブが数千年間にわたって人々を欺いてきた事実は、この虫のミツバチへの擬態の完璧さを示している。E・ローレンス・アトキンス・ジュニアによると、「ナミハナアブとミツバチのあいだに存在する擬態関係により、大昔から、数多くの誤った迷信や神話が登場してきた。迷信は三〇〇〇年近くにわたり、大衆のあいだだけでなく、知識人が記した書物の中でも広がっていた。蜂蜜は、ミツバチの飼育箱によって生産するふつうの方法に加えて、動物の死骸、とくに雄牛の死骸から自然に生まれる、というようなことまで信じられていた」という。

この気味の悪い神話が生まれたのは、ナミハナアブは卵を腐敗物――汚物や腐敗した動物の死骸など――に産みつけるからだ。その幼虫はオナガウジと呼ばれる。というのは、このウジ虫には、尾のように見える長い〝スノーケル〟があるのだ。すみかにしている腐敗した酸欠状態の液体からこのスノーケルを突き出して空気を取り込むのである。動物の死骸に群がる成虫のナミハナアブは、よく見ないかぎり、簡単にハナバチと見誤ってしまう。アトキンスによると、古代の知識人の中で、ハナバチについて記した際にこの神話を引かなかったのは、アリストテレスだけだったそうだ。アリストテレスは、四枚の翅のある昆虫（ハナバチ）には尾の部分に針があり、二枚の翅を持つもの（アブ）には、頭部の前面に〝針〟があることを知っていたのである。

動物の死骸からミツバチを入手しようとする想像力豊かなレシピは数多い。アトキンスは、なかでも非常に凝った方法を紹介している。

一〇腕尺《キュービット》〔一キュービットは大人のひじから中指先端までの長さ〕の高さがあり、四方の壁も同じ幅で、ドアが一つと四方に窓のある家を建てる。その中に、よく太って肉付きがよく、太陽が雄牛座にある春に選んだ生後三〇か月の雄牛を入れる。そのあと、大勢の若者にこの牛を殺させる。牛の肉と骨がずたずたになって混じり合うまで、こん棒で滅多打ちにさせるのだ。だが、血は一滴も流れないように注意しなければならない。口、目、鼻といったあらゆる開口部を、タールを染みこませた清潔で上質な麻布でふさぐ――これは、ミツバチの群れを生みだすのにつかう雄牛の活力が逃げ出さないようにするための予防策だ。大量のタチジャコウソウ（タイム）を寝かせた雄牛の体の下に撒き散らし、窓とドアを閉めて、厚い粘土でふさぎ、空気や風が入らないようにする。三週間後に家を開き、光と新鮮な空気を中に入れる。ただし、風がもっとも強く吹きこむ側の窓は閉めたままにすること。その一一日後には、家はミツバチでいっぱいになる。ミツバチは互いにしがみついて天井からぶらさがり、牛の体は角と骨と毛以外、何も残っていない。

ギリシア語で「雄牛の子孫」を意味する「ブゴニア」と呼ばれるこういった神話は、旧約聖書にも事実として記されている（士師記《ししき》第一四章五～九節）。テムナのぶどう畑で、サムソンは〝吠え猛りながら向かってきた〟ライオンを殺す。そして数日後にその場を通りかかった彼は、「わきに目をやって、ライオンのしかばねを見た。すると、驚いたことに、ライオンの体には、ミツバチの群れと蜂蜜があった。彼はそれを手にとり、歩きながら食べた。そして父母のもとに行き、それを渡したので、両親も食べた」。聖書を一字一句信じる人たちは、腐りかけた死骸にハチの巣を探すようなことをするのだろうか？

第八章で見てきたように、リンカーン・ブラウワーは、捕獲したアオカケスが毒のあるオオカバマダラを食べてはなはだしく体調を崩し、それ以降、この蝶に触れることすらしなくなったことを示した。なかには、蝶の姿を見ただけで吐いたカケスもいたという。ジェイン・ブラウワーもそれまでに、オオカバマダラを食べて具合を悪くしたフロリダカケスの大部分が、その蝶の擬態者であるカバイロイチモンジに触れようともせず、この蝶を食べた個体は一羽もいなかったことを示していた。とはいえ、ベイツ型擬態の効果を検証する究極のテストは、もちろん、自由に行動する擬態者が自由に行動する野生の鳥にさらされる自然の生息環境で対照実験を行うことだ。

自由に行動する野生の捕食者、擬態者、および非擬態者のあいだの相互作用を、統計学的に有意な回数が集められるような形で観察するのは、ほぼ不可能である。学術誌『エヴォリューショナリー・バイオロジー』で発表した、自然環境において擬態の利点を測定する試みに関する考察で指摘したことだが、それを行う最良の方法とは、標識を付した野生の擬態者と非擬態者を再捕獲し、両者の捕獲率の差異を捕食率の差異に帰することだ。しかし、同じねぐらに毎回戻る熱帯の蝶のような一部の定住性の種を除けば、標識の付いた個体を再捕獲するのは非常にむずかしい。たとえば、マイク・ジェフォーズ、ジム・スターンバーグとわたしが、アオジャコウアゲハのベイツ型擬態関係にある数十匹の蝶に標識を付けて放した実験では、捕虫網で再捕獲できた個体数は、三パーセントをわずかに超えるにとどまった。

この問題をうまく回避したのが、リンカーン・ブラウワーと共同研究者が編み出した創意に富むプロメテアサンの放蛾と再捕獲の実験システムである。さきに見たように、昼飛性のオスのプロメテアサンは、見かけにおいても行動においても、アオジャコウアゲハの説得力のある擬態者だ。どんな蝶とも異なり、プロメテアサンは、性誘引フェロモンを放出するメスをおとりにした罠を使えば、午後の早い時間に簡単に再捕獲できる。しかも、その翅はほとんどの場合、無地の黒一色なので、プロメテアサンのオスは、言わば〝白紙状態《タブラ・ラーサ》〟であり、その上に色を塗って、さまざまな種の蝶に似せることができるのだ。

リンカーン・ブラウワーと同僚は、この実験システムを使い、数年間にわたってトリニダードで一連の実験を行った。トリニダードで一般的に見られ、一部の無害な蝶に擬態されているカラフルな毒蝶に似せた模様をプロメテアサンのオスに施したあと、それを放して再捕獲したのである。これに対してブラウワーらが想定した非アポセマティックな対照群とは、黒い翅の上に黒い塗料を塗ったプロメテアサンのオスだった。黒い翅に黒い塗料を塗っても外見は変わらないが、翅に塗料を塗ることによって生じる潜在的な影響を同じにしたのである。ブラウワーたちは、この実験では擬態の利点を実証する説得力のある結果は得られなかったと結論づけた。なぜなら、人工的な擬態者として想定された対照群の再捕獲数は、通常同程度であったため、いずれも同じように捕食者に捕えられていたことが示唆されたからだった。L・M・クック、ブラウワーとジョン・オルコックは「四年間にわたって収集されたすべてのエビデンスを総合すると、擬態者についても対照群の蛾についても擬態が有意な利点をもたらしていることはないものと思われる。……おそらく、野生の状態では、プロメテアサンの擬態システムを使っても明白な選択的差異は実証できないと結論づけるべきであろう」と記した（傍点筆者）。

ジム・スターンバーグとわたしは、ブラウワーたちの実験結果を再解釈し、説得力があると思われる主張を行った。つまり、ブラウワーたちが擬態の利点を明らかにすることができなかった理由は、彼らが想定した対照群――黒い塗料を塗ったプロメテアサンのオス――は、実際にはアオジャコウアゲハの近縁種で外見も似ている、トリニダードに生息する三種類の毒蝶の擬態者だったからだ、という主張である。その一種のキオビアオジャコウアゲハはアメリカ合衆国南部にも生息し、そこではプロメテアサンと共存している。つまりブラウワーたちは、二種類の異なる擬態者を比較していたのだ。この二種類の擬態者は、それぞれ異なる毒蝶に擬態することにより、ほぼ同程度の自衛効果を手にしていたわけである。プロメテアサンを使った実験システムに関する最初の論文では、ブラウワーと同僚自らも、オスのプロメテアサンはアオジャコウアゲハの擬態者である可能性があると指摘していた。

ブラウワーたちのプロメテアサンを使った放蛾および再捕獲の実験システムを採用して、わたしは、スターンバーグと院生のマイケル・ジェフォーズとともに、イリノイ州中央部におけるアオジャコウアゲハの擬態関係について、擬態の利点を実証することができた。この実験では、非擬態者で味のよい、黄と黒の体色を持つ形態のトラフアゲハの〝似顔絵〟として色を塗られたプロメテアサンのオスと、味の悪いアオジャコウアゲハへの擬態模様は変えないまま同じ量の塗料を塗られたプロメテアサンのオスを、同じ数、森の中に設けられた直径一・六キロの円の中央部で放したのだった。円の中には、メスのプロメテアサンをおとりに使った罠を七か所しかけた。その結果、放された蛾四三六匹のうちの四〇パーセントを上回る蛾が再捕獲できたが、これらの蛾は、少なくとも円の半径である八〇〇メートルにわたって、六〇種類を超える巣づくり中の鳥――それぞれ最低でもいくらかは飛翔昆虫を捕食する鳥――の攻撃にさらされたのだった。

わたしたちの結果は、アオジャコウアゲハに姿が似た蛾は、非擬態者のトラフアゲハに似せられた蛾より生き延びる可能性が高いという事実を如実に示すことになった。黒いアオジャコウアゲハに似せた蛾は三〇パーセント近くが再捕獲されたが、黄色い模様のトラフアゲハに似せた蛾は一三パーセント未満しか再捕獲されなかったからである。両者の再捕獲の比率は二対一をゆうに超えていた。さらに、鳥に襲われたことを示す翅の損傷は、黄色く塗られた蛾ではすべてに見られたが、黒く塗られた蛾では三〇パーセントにとどまっていた。

とはいえ、わたしたちは鳥をだましたわけではない、と指摘されるかもしれない。つまり、黄色く塗られた蛾は、トラフアゲハに似ているからではなく、単に黒い蛾よりも目立つという理由で攻撃されたのではないかと。しかしわたしたちはもうひとつの実験で、そうではないことを実証した。こちらの実験では、黒く塗った蛾と黄色く塗った蛾に加えて、味の悪いオオカバマダラに似せたオレンジ色に塗った蛾も放したのである。もし鳥が擬態にだまされたのではなかったら、少なくともわたしたち人間の目には同じようによく目立ち、同じように非現実的な〝似顔絵〟である黄色とオレンジ色の蛾は、同程度の攻撃を受け、ほぼ同程度の個体数が再捕獲されることになったはずだ。何と言っても、鳥も人間と同じように、主に視覚に頼って狩りをするのだから。にもかかわらず、有毒なオオカバマダラに似せたオレンジ色の蛾の再捕獲率は、味のよいトラフアゲハに似せた黄色い蛾より高かった。そして、その個体数は、有害なアオジャコウアゲハに似せて黒く塗られた蛾とほぼ同数だったのである。

かねてよりベイツ型擬態説では、モデルと擬態者は同時期に存在しなければならず、理想的には、モデルが擬態者の数を上回るということが、ルールのひとつであると考えられてきた。このルールは一見合理的に思えるが、表面に現れないある想定に基づいていることに気づくと、そうも思えなくなる。すなわち、ほとんどが鳥である捕食者の記憶力は長続きせず、すぐにモデルとの不快な出会いを忘れてしまうという想定に基づいているのだ。しかし、捕獲された鳥が、最後に刺されてから一年以上経っても、カリバチ、マルハナバチ、そしてそれらの擬態者を忌避するという報告は複数寄せられている。

鳥の記憶が実際には長続きするということは、おそらく、カリバチやマルハナバチの〝忠実度の高い〟擬態者は、ごく一部の例外を除いて、モデルが少ない春にだけ存在し、モデルがもっとも横溢する夏には少ない、という驚くべき事実の説明になるだろう。(イエロージャケットとマルハナバチが春に少ない理由は、冬を越して生き延びるのは交尾が済んだ女王だけだからだ。女王は春に新たなコロニーを築き、盛夏までには何百匹もの働き蜂がコロニーをにぎわすことになる)。わたしは数名の同僚とともに、〝忠実度の高い〟マルハナバチとカリバチの擬態者とそれらのモデルの季節的な発生状況を地理的特性の異なる三か所でシステマティックに観察した。その場所とは、イリノイ州中央部の広葉樹林、イリノイ州東部の低木のオークが生えた砂地地帯、そしてミシガン州北部の広葉樹と針葉樹が混生している森林地帯だ。わたしたちは、三一種の〝忠実度の高い〟擬態者を発見したが(それらが三か所すべてに生息していたわけではない)、ほんの一部の例外を除き、それらはすべての地域において、モデルの個体数がもっとも少なくなる春にだけ存在していた。例外的に晩夏に存在していたのは一握りの種で、盛夏に存在していたのはごくわずかだった（これについては、すぐに紹介しよう）。

このルール破りの発見は、どう説明したらいいのだろう。その答えになりうる考えはいくつか存在する。たとえば、擬態者が必要としている花蜜を提供する花々が咲き誇るのが春だからだ、という考えがある。とはいえ、花蜜を生みだす花は、夏にもたくさん存在する。可能性のある答えはいくつもあるとはいえ、もっとも妥当性があるとわたしに思えるのは、〝忠実度の高い〟擬態者が夏季の大部分を通して見られない主な理由は、新たに巣立つ鳥がもっとも多くなる時期を避けるためだ。初めて自分でえさを探す若鳥は、刺してくるカリバチやハナバチを避けることをまだ学んでいない。若鳥の学習は、無害な擬態者が存在しないことにより強められる。つまり、この非常に重要な時期に、刺すモデルの個体数が擬態者によって薄まらないことが重要なのだ（研究が行われたすべての地域について、このことを裏付ける公表データ、および、食虫性鳥類の繁殖サイクルに関する多数の未公表データが入手可能である。たとえば、ミシガン大学生物学研究所の学生による数百件の野外調査記録がある）。

それでもわたしたちは、晩夏の最後の時期に〝忠実度の高い〟擬態者が存在することも見出した。そのうちのいくらかは、その時期にしか存在しないものだった。とはいえ、そのころまでに若鳥は、刺すモデルによる痛い経験を積んでいた可能性が高い。盛夏に見つかったわずかな種のひとつはメバエ（メバエ科 Conopidae）だ。このハエの幼虫は、成虫のマルハナバチあるいはカリバチの内部寄生虫である。メバエのメスは、飛翔中のマルハナバチやカリバチを空中で襲い、その体に卵を貼りつける。孵化すると、このハエの幼虫は宿主の体内に穴をあけて入り込む。カリバチの〝忠実度の高い〟

見事な擬態者であるメバエのメスが盛夏に存在する理由は、彼らの大型の幼虫の宿主になる昆虫が、春よりも夏に数多く存在するからだ。おそらく、擬態するメバエにとって子孫の宿主の入手可能性が増加することは、未経験の若鳥による脅威を補って余りあるのだろう。

一九世紀と二〇世紀初頭の生物学者の多くは、ベイツ型擬態仮説は誤りだとみなしていた。このような否定派を一九四〇年に批判したのがヒュー・コットである。「擬態に関する理論は、まるでそれが、たまたま生じた特殊な現象を説明するものであるかのようにたびたび批判されてきた。しかも、自宅のキャビネットに収められた標本の中に〝擬態的な〟類似を見つけるのを趣味にしているような、想像力の働きすぎた、あるいは過度に熱中しすぎた、現場に出かけないナチュラリスト《アームチェア》が振りかざしている仮説であるかのように言われてきた」。実際には、今までの各章で見てきたように、警告色や他のアポセマティックなシグナルは、たまたま生じたものでないどころか、動物界では広く見られる現象である（植物界ではそれほど多くはないが）。さらに、擬態の研究を行っているのは〝アームチェア・ナチュラリスト〟ではない。ヘンリー・ウォルター・ベイツとアルフレッド・ラッセル・ウォレスはフィールド・ナチュラリストの鑑だ。コット、E・B・ポールトン、そして他の研究者たちは、主に野外で調査を行ったナチュラリストであるし、それはリンカーン・ブラウワー、イーバハート・クリオ、そして本書の著者であるわたしも同じだ。その一方で、こういった科学者たちの多くによる実験室での研究——とりわけブラウワーとその同僚による幾多の研究——は、複数の種の鳥、トカゲ、ヒキガエル、他の脊椎動物、さらにはウスバカマキリでさえも、味の悪い昆虫を食べないように学び、こういった味の悪いモデルを模倣する味のよい擬態者も忌避することを証明してきた。

二〇〇三年に、ガブリエラ・ガンベラーレ＝スティルとティム・ギルフォードは、A・グラフェンにより提唱された「ハンディキャップ仮説」〔わざとハンディキャップを示すことにより、それに耐えられる適応力を持つことを誇示するという理論〕が、アポセマティズムの通常の解釈に代わるものになるかもしれないと考えた。二人は、被食者が示す目立つ警告シグナルは、捕食者に対して、追う価値がないことを伝えるだけにすぎないと想定し（その根拠については述べていない）、「捕食者は、味の悪さを、色が描く模様にではなく、単に目立つという事実に関連付けて学習しているはずだ」と示唆した。この仮説をテストした二人の実験方法とは、飼われたひよこに、味のよいパンくずと、苦い塩酸キニーネを吹きつけた味の悪いパンくずを与えるというものだった。二色の対比色は単色より目立つという想定のもとに、彼らは、味の悪いパンくずを、対比色で彩られた小さな容器と単色の小さな容器にそれぞれ入れて一羽のひよこに与えるという実験を繰り返した。ところが、より目立つパターンと考えられた対比色では、認識して注意するように学習する率がかえって低いという結果が生じた。ひよこにとって対比色はより目立つという彼らの想定が正しいとすれば、この結果はハンディキャップ仮説を否定するものである。

昆虫が捕食者から身を守る自衛手段とそれを回避するために捕食者がとる対抗手段は、相互作用する生物同士が互恵的に進化することを示す説得力のある例だ。それに加えて、個体数の増加を抑える重要な因子であるとともに、あらゆる生態系において中心的かつ不可欠な役割を果たしている捕食関係の方策や複雑さを教えてくれるものでもある。捕食、寄生、病気は、生態系に敏感に反応する点で独特だ。というのも、それらは、干ばつや嵐といった気候因子とは異なり、個体数を自ら制限する調節機構になっているからである。たとえば、捕食者の個体数が増加すると、被食者の個体数は減少する。捕食者の食糧が欠乏することは、究極的には捕食者の個体数を急激に減らすことになり、捕食圧が低下した被食者の個体数は回復する。するとまた、被食者があふれるようになり、捕食者の数もふたたび増加して、最終的に被食者の数の減少を招く。わたしたちは、自然のバランスという言葉をよく耳にするが、この例が示すように、自然のバランスの実態とは、シーソーのように揺れ動く動的平《どうてきへい》衡《こう》なのだ。

昆虫の数が少なすぎる生態系は、不安定な混乱状態に陥るだろう。なぜなら、ほぼあらゆる陸上の生態系で、個体数においても種の数においても最大数を誇る昆虫は、数多くの重要かつ、ときには欠かすことのできない役割を果たしているからだ。すでに見てきたように、昆虫はふつう、重量においても数においても最大の植食性動物のグループである。昆虫は食物連鎖の欠かせない一部であり、光合成を行う緑色植物しか合成できない糖分を、緑色植物自体は食べなくても、それをえさにする昆虫を食べる捕食性昆虫、鳥、他の動物に提供している。

昆虫は、植物の個体数の増加を制限する〝もっとも〟効果的な生物学的因子でないとしても、非常に効果的な因子のひとつであることにはかわりない（その一方で、授粉と種の散布を行うことで植物を助けてもいる）。また、他の昆虫に寄生したり捕食したりすることにより、昆虫の個体数を制限している（昆虫の最大の敵は昆虫だと、よく言われる）。さらには、寄生したり、血を吸ったり、病気を移すことにより、鳥や脊椎動物の個体数も一定の範囲内に調節する。そして最後に大事なことだが、ある種の昆虫は、生態系に欠かせない衛生部隊として、糞や枯れた植物や死んだ動物を土に返すというリサイクリング業務を担っている。

農業では、捕食性昆虫が、壊滅的な被害をもたらす植食性昆虫の個体数を激減させる役目を果たす状況を幾度となく目にする。農業被害は、あらかじめ予想できたにもかかわらず、しばしばそうした予想を立てずに農薬が散布されることによりもたらされることが多い。マメコガネ（英名は「ジャパニーズ・ビートル」〕やヨーロッパアワノメイガ、チチュウカイミバエといった外来種であることが多い。農害虫を駆除しようとして、ほとんどあらゆる昆虫を根絶やしにする殺虫剤を撒いてしまうことはよくある。たとえば、コドリンガを駆除するために、一九四六年に最初の〝奇跡の殺虫剤〟としてDDTが使用される前は、現在悪名をはせているリンゴの害虫のアカオビコハマキとリンゴハダニも、ごくたまにリンゴ園にささいな被害を与える虫にすぎなかった。だが、リンゴ園にDDTが散布されると、この二種類の害虫は手がつけられないほど蔓延し、甚大な被害をもたらすようになってしまった。もうおわかりのことと思うが、DDTはアカオビコハマキの幼虫とリンゴハダニは殺さずに、コドリンガの天敵だった捕食者や寄生者である昆虫やダニを殺してしまったのである。そのため、さらに大量の殺虫剤をより頻繁に使わなければならなくなった。

ポール・デバックは、「農薬がもたらした〝異常発生〟にまつわるもっとも驚くべき年代記は何かといえば、それは綿花に関するものだろう」と言う。「綿花には、アメリカ合衆国で使用された全農薬のほぼ半数が使用されてきており、他の多くの国々でも同じように多くの農薬が使われている」。たとえばメキシコでは、〝異常発生〟を抑制するために多数の異なる種類の農薬が散布スケジュールに加えられていくにつれ、より多くの〝異常発生〟が引き起こされ、さらに頻繁な農薬散布とより多くの種類の殺虫剤の添加が必要になった。農薬に投資する金額があまりにも高額になったために、綿花栽培をあきらめる地域さえ出てきたほどだ。

ここまで見てきた例は、捕食者と被食者の相互作用が生態系の中心にあることを示している。昆虫捕食者とその被食者の相互作用を理解することは、陸上および淡水の生態系を理解する上で欠かすことができない。なぜなら、これらの生態系では昆虫が重要かつ、しばしば不可欠な役割を果たしているからだ。当然予想されることに、そしてここまでの一〇章で見てきたように、捕食者と被食者のあいだでは、何億年にもわたって軍拡競争が繰り広げられてきた。とはいえ、捕食者の攻撃用武器と被食者の護身用の武器は、いったいどのように進化してきたのだろう。ベイツ型擬態は、まちがいなく、現在まで進化を続けてきた護身用武器の究極の姿だろう。何と言っても、まず昆虫や他の動物が毒や他の化学物質を進化させ、それを鳥や他の捕食者に対して宣伝すること（アポセマティズム）をしなければ、擬態が進化することはなかったのだから。

進化生物学者にとって、擬態は特に興味がそそられるテーマで、多くの学者が、ベイツ型擬態が進化した方法に関する仮説を提唱してきた。グレアム・ラクストンと共著者は、ティム・ギルフォードをはじめとする学者たちの研究を紹介している。この分野では当初から、擬態は、通常のダーウィン的なプロセスを経て進化するということにおおかたの合意を見てきた。つまり、自然選択を通して小さな変化が徐々に増え、それがモデルに対する擬態者の模倣を着実に洗練していくという考えだ。擬態における進化の方向は、著しく——おそらく他に類を見ないほど——明快だ。というのは、自然選択において有利になると思われる特徴の多くは予想可能なものであるからだ。言いかえれば、モデルの見かけや行動に対する擬態者の模倣を向上させると思われるものなら、なんでもありなのである。リンカーン・ブラウワーは、その著書『擬態と進化のプロセス（*Mimicry and the Evolutionary Process*）』の序文の中で、著名な進化生物学者R・A・フィッシャーの見解、すなわち〝身を守るための擬態は、ポストダーウィン的な自然選択の例をもっとも明快に示すものだ〟という見解を再び主張している。

しかし、リヒャルト・ゴルトシュミットはこれに反論を唱えた。一九六三年の論文で、ブラウワーと共著者は、ゴルトシュミットの論点を次のように簡潔にまとめている。「擬態は、わずかな変異の集積によっては生じない。なぜなら、当初の〔マイナーな〕変異は、潜在的なモデルを経験した捕食者に対して、なんの防衛効果も発揮しないからだ」。この考えにもとづき、ゴルトシュミットは、擬態は、完璧に近い模倣が一気に生じるような大きな跳躍を通してのみ生まれると提唱した。その後ずっと経って、進化は跳躍によって前進する、というゴルトシュミットの見解を復活させたのが、スティーヴン・J・グールドとナイルズ・エルドリッジである。彼らの「断続平衡説」という仮説は、生命体は長い年月のうちに、自然選択を通じて、環境への適応を促進する何らかのマイナーな属性を獲得するが、大きな変化が突然生じて生命体を「生殖的に隔離する」――自らが属す種のメンバーのみとしか交尾および繁殖ができない独立した種に変える――のは、その長い年月の最後の部分だけだと説く。グールドと彼のさまざまな共著者たちは、この跳躍は自然選択によりもたらされるのではないため、環境への適応ではないと主張した。それをもたらしたのは、以前からも、そして今でも謎に包まれている「機械仕掛けの神《デウス・エクス・マキナ》」、すなわち何らかの未知の力だというのである。この仮説は、グールドとエルドリッジの化石記録に対する解釈から導かれたものだった。「彼らは……化石の種がほとんど変化しない長い地質学的期間のあとに、大幅な変化に特徴づけられる短い期間が生じていることを発見したのだ」。これについてモンロー・ストリックバーガーは、「一方、他の研究者たちは、化石記録では、化石にならなかった期間があるために断続平衡が生じているように見えるのであって、断続平衡が現実に生じたわけではないと反論している」と指摘している。

ブラウワーと共著者たちは、ゴルトシュミット（および、まだ〝断続平衡説〟とは名付けられていなかったグールドの説）に対し、自らと同僚、さらには他の多くの研究者によって行われた実験室と野外における実験と観察を引用して反論した。有毒な生命体へのマイナーな模倣は初期の擬態者には何の防衛上の利益ももたらさない、とするゴルトシュミットの論点（これはグールドの説でも示唆されている）についても、次のように主張している。「正反対のことは今や、実験を通して証明された事実だと言うことができよう。すなわち、蝶のあいだの……ごくわずかの類似でさえ、利点をもたらしているのだ」。他の科学者による実験（その多くがラクストンと共著者によってとりあげられ考察されている）でも、〝忠実度の高い〟擬態者よりは大幅に少ないものの、初期の擬態者でさえ、何らかの防衛上の利益を手にすることが実証されている。たとえば、ジェイン・ヴァン・ザント・ブラウワーは、オオカバマダラを避けるべきことを学んだアメリカカケスは、オオカバマダラを擬態するカバイロイチモンジだけでなく、オオカバマダラの外見とは異なる黒い色を持つオオカバマダラの仲間（ジョウオウマダラ）を擬態する、やや異なる形態のカバイロイチモンジ（種はおなじ）まで忌避することを発見している。カケスはそれまでジョウオウマダラに遭遇したことはなかったため、その蝶を避けるべきことは学習していなかったにもかかわらず。

生命体の進化と分類について研究する科学「体系学」における二〇世紀の傑出した実践者だったエルンスト・マイヤーは、一九六三年に、新たな種の形成は常に異所的に（つまり離れた場所で）生じると宣言した。言いかえれば、ある種の二つの個体群が、生殖的に隔離されて交配不能になる――すなわち種分化が生じる——のは、幅の広い川や山脈といった地理的障壁により分離されたために混じり合うことができなくなったときだけだ、と提唱したのである。

チャールズ・ダーウィンは、二つの同所的な個体群（同一の生息環境で交わり合う個体群）は、生態学的に分離されれば、生殖隔離が生じる可能性があると示唆していた。このコンセプトは長いこと不評をかっていたものの、スチュワート・バーロッカーとジェフリー・フェダーによると、アメリカの在来種であるミバエを例に使用したガイ・ブッシュにより、見事によみがえらせられたという。この昆虫——リンゴミバエ——は、もともと自生種のサンザシの実だけをえさにしていたが、近縁種ではあるが自生種ではないリンゴも食べるようになった。今日、このリンゴとサンザシを寄主植物とする寄主《ホスト》特異的種内品種《レース》は、同じ生息環境に混在している。リンゴミバエの成虫は通常、幼虫期にえさにした種類の植物に寄主する。メスは卵を実に突き刺そうとし、その実の上では、訪れるメスに授精しようとオスが待ち伏せている。こうして、この二つの寄主特異的種内品種は、生殖的に隔離された種になりつつあるのだ。野外で行われた実験では、リンゴを寄主植物にする個体とサンザシを寄主植物にする個体が交尾する率は、わずか五パーセントほどにすぎないことが判明している。

ゴルトシュミットの説が誤っていたことは、どうやら明らかなようである。擬態は、わずかな変異の積み重ねという通常のダーウィン的プロセスを経て進化するのだ。

訳者あとがき

本書を手にとられた方は、多少なりとも昆虫に関心を持っていらっしゃることだろう。でも訳者としては、そうでない方たちにも、ぜひ読んでいただきたく思う。読めば、虫に対する食わず嫌いが、きっと変わるからだ。

著者の昆虫学者ギルバート・ウォルドバウアーはアメリカを代表する昆虫学者で、一般の読者に、楽しく、わかりやすく、昆虫の世界を紹介することに定評がある。二〇一二年にカリフォルニア大学出版局から刊行された原著『How Not to Be Eaten——The Insects Fight Back』の全訳である本書は、五冊目の邦訳書だ。本書のテーマはタイトルどおり、「食べられないために」戦略を駆使する昆虫と、その裏をかこうとする捕食者たちの攻防戦。その面白さ、そして専門知識がなくても楽しめるわかりやすさは、いつもとまったくかわらない。けれども本書には、それ以上のものがあるように思われる。

というのも本書では、著者が、その幅広い知識を集大成して後の世代のために残そうとしている節が随所に見うけられるのだ。昆虫や捕食者の驚くべき生態が生き生きと綴られるのは他の本とおなじだが、本書では、先人の業績の紹介から実験のやり方に至るまで、昆虫学の歴史の一端が垣間見られるように工夫されている。また、引用文献については、原典が辿れるように巻末にリストを載せてあるが、その数がまた半端ではない。とはいえ、著者は決して専門知識を押し付けるようなことはしない。本書のトーンは、あくまで一般の読者に、虫と捕食者のめくるめく世界を楽しんでもらおうというものだ。言い換えれば、専門知識のない読者も、昆虫に詳しい読者も、おなじように満足できる本に仕上がっている。

本書で綴られる昆虫の戦略、そして捕食者の戦略には、印象深いものが多々あるが、なかでもとりわけ面白いものを、ほんの少し紹介しよう。

まず、逃げる虫の代表格ゴキブリ。家屋害虫の代表格でもあるが、世界に四〇〇〇種もいる仲間のなかには、テントウムシに擬態する〝美しい〟種もいるそうだ。ゴキブリには、空気の動きをキャッチする尾角《びかく》という器官がある。この尻角と、〝皮膚〟を通して光を感じる機能をフルに使い、一秒間に体長の三四倍の距離を疾走する。どうりで簡単にはつかまらないわけだ。

さまざまなものに擬態して相手をだます虫は、木の枝に化けるナナフシやシャクトリムシ、美しい花に擬態して獲物を捕食するカマキリ、鳥の糞にそっくりなイモムシ、味の悪い種のふりをする蝶など枚挙にいとまがないが、小さなヘビに擬態する大きなイモムシ（二二四頁）には、その巧みさに驚かされる一方で、〝けなげさ〟にも思わず微笑んでしまう。写真がないのが残念だが、いまやインターネットを駆使すれば、たいていのものは見られる時代。ぜひ、「ヘビに擬態したイモムシ」などのキーワードで検索して、南米にすむスズメガの幼虫が見せるショーをご覧いただきたい。ついでに言えば、本書に登場する昆虫や鳥類、哺乳類や両生類は、ほぼすべてのものについて、実物を写真や動画で見ることができる。たとえば、植物と共生し、罠を作って他の昆虫を捕食するアマゾンのアリ（三三頁）についても、わかりやすい動画がいくつもアップロードされている。索引に原綴を記載したので、英語の通称あるいは学名をキーワードに検索して、本書に登場する個性豊かな面々の姿を実際にご覧いただけたら幸いだ。

一方、戦う虫もすごい。沸騰するベンゾキノンを体内で生成して反撃するホソクビゴミムシや、マレーシアに生息する自爆アリ、〝火のけだもの〟と呼ばれるフランネル・モスの幼虫など、化学的・物理的手段を駆使して反撃する興味深いエピソードが満載だ。

実は、著者は、もともと鳥類学者になりたいと思っていたほどの愛鳥家である。切っても切れない関係にある昆虫と鳥のせめぎあいを語らせるには、まさに第一人者と言えるだろう。牛糞をエサに糞虫をおびきよせるアナホリフクロウの話や、ハチの毒針をよけて捕食するハチクイの話、食い分けや棲み分けを行う工夫などといった鳥に関する数々のとっておき情報も、本書を楽しいものにしている要素である。

ひとつお断りしておかなければならないのは、著者名の表記だ。四冊邦訳書があることはすでに述べたが、それらの本の著者名は、「ヴァルトバウアー」、「ワルドバウアー」（二冊）、「ウォルドバウアー」と表記がバラバラで、今回、本書により「ウォルドバウアー」にもう一票が投じられることになる。著者名表記が異なるために、著作が一括で検索できないというのは翻訳書の宿命かもしれないが、著者にとっても、読者にとっても残念なことである。ちなみに本書の著者名は、原著版元のウェブサイトで聴いた発音に倣って決めたものだが、このサイトは、いかにも博識なナチュラリストといった著者の生の声を聞くことができるので、ぜひ訪れてみていただきたい。http://www.ucpress.edu/book.php?isbn=9780520269125（Audio/Video のタブをクリック）。

本書では、なるべく堅苦しい印象を与えないようにしたかったものの、読者の便宜を考えて、学名が記載されているところでは、そのまま記載することにした。さらに、英語通称で書かれていた動植物名に和名がない場合は、そのままカタカナ表記にし、逆に和名が複数ある場合は、もっとも正確だと思われたものを記した。同定には慎重を期したつもりだが、万一遺漏や誤りがあった場合には、ご指摘いただきたく思う。

最後に、本書の訳出にあたり貴重なご教示を賜った東京農工大学大学院・農学研究院・農学府・昆虫機能生理化学研究室教授の普後《ふごう》一《はじめ》先生、同大学農学部・獣医学科・動物行動学研究室准教授の佐藤俊幸先生、先生方をご紹介くださった清田《せいた》緑さん、いつも虫の話を聞かせてくれる曽我佳子さんに、この場をお借りして御礼申し上げる。また、いつもどおり翻訳上の疑問に丁寧に答えてくれた、早稲田大学国際教養学部教授で伴侶のエイドリアン・ピニングトン、そして、本書の企画段階から編集まで大変お世話になった、みすず書房編集部の鈴木英果さんに心からの感謝を捧げたい。

二〇一三年夏

中里京子

索引

ア

アイスナー，M　Eisner, M.　26, 137, 158-162, 174, 177, 178, 180, 185　『秘密の武器』の項も参照

アイスナー，トマス　Eisner, Thomas　26, 67, 121, 137, 158-162, 174, 177, 178, 180, 185；『秘密の武器』の項も参照

アイズリー，F・C　Isely, F. C.　86

アイド・イレイター（コメツキムシ科の昆虫）　eyed elator　76

アイマスク　eye masks　94, 95

アオカケス　blue jays　24, 124, 125, 161, 193, 200

アオガラ　blue tit　128

アオジャコウアゲハ　Battus philenor (pipevine swallowtail)　229-232, 241

アカアシバッタ　*Melanoplus femurrubrum* (red-legged grasshopper)　66, 67

アカオビコハマキ　red-banded leaf roller　257

アカオビスズメ　*Hyles Lineata* (white-lined sphinx moth)　78

アカスジドクチョウ　*Heliconius erato* (red postman)　193

アゲハチョウ　swallowtail butterflies　150

アゲハチョウ科　Papilionidae　177, 226, 229

アゲハチョウの幼虫　swallowtail caterpillars　105, 177, 178, 226

アシナガバチ　paper wasps　190

味の悪さ　unpalatability　159, 182　捕食者への警告　warning signals to predators　189-195；ホタル　fire flies　150, 185, 186；ラバー・グラスホッパー　lubber grasshoppers　181；化学的防衛手段，擬態の項も参照

アスキュー，リチャード　Askew, Richard　27

アティゴール，アスラ　Attygalle, Athula　159

アトキンス，E・ローレンス　Arkins, E. Laurence　243, 244

アナアブ科　Vermileonidae　34

アナホリフクロウ　burrowing owl　35, 36

アナンデイル，ネルソン　Annandale, Nelson　29, 30, 118

アネシャンズリー，ダニエル　Aneshansley, Daniel　64

アブラムシ　aphids,plant lice　33, 54, 71, 74, 135, 144, 152, 153, 183, 185, 190

アブラヨタカ　oil birds　216

『アフリカの日々』（ディネーセン）　*Out of Africa* (Dinesen)　147

アフリカミツバチ　African honeybee　167

アポセマティズム　aposematism　186-190, 252, 258　警告シグナル　warning signals；警告色　warning coloration；ハンディキャップ仮説　handicap hypothesis　253；擬態の項も参照

アマガエル属　tree frogs　112, 157

アマサギ　cattle egret　43, 204, 205

「アマゾン川流域の昆虫相に関する論文——鱗翅目のドクチョウ科について」（ベイツ）　“Contributions to an insect fauna of the Amazon Valley, Lepidoptera: Heliconidae” (Bates)　18

アマツバメ類　swifts　39, 42, 197

アミグダリン　*amygdalin*　184

アメイヴァ属（トカゲ）　*Ameiva*　193
アメリカアオイチモンジ　red-spotted purple　77, 92, 96, 97, 229　擬態者 as mimic　228, 230
アメリカイチモンジ　white admiral　96, 97, 230
アメリカオオコノハズク　screech owls　215
アメリカオオモズ　loggerhead shrike, butcher bird　78, 95, 181
アメリカカケス　scrub jay　260
アメリカキバシリ　brown creeper　39, 45, 46, 49, 94, 197, 198, 210
アメリカコガラ　black-capped chickadee　44, 45, 49, 198, 211, 212
アメリカササゴイ　green heron　36
アメリカシロヒトリ（ウェブワーム）　*Hypbhantria cunea* (fall webworm)　63
アメリカタバコガの幼虫　corn earworm　43
アメリカマムシ　copperhead　83, 84
アメリカモンキチョウ　clouded sulphur　88
アメリカヨタカ　common nighthawk　42, 215
アライグマ　racoons　50, 95, 190
アリ　ants　12, 20, 24, 33, 50, 102, 135, 170, 172　グンタイアリ　army ants　44, 204；化学的防衛手段　chemical defenses　160, 161, 170；刺す行動　stinging behavior　165, 168；真社会性昆虫　as eusocial insects　153, 154；アリバチの項も参照
アリ科　Formicidae　170；個々のタイプのアリの項も参照
アリジゴク（アントライオン）　ant lion　34, 35
アリストテレス　Aristotle　244
アリストロキア　Aristolociacidae （Dutchman's pipe）　230
アリストロキア酸　aristolochic acids　230
アリドリ　ant bird　44, 204
アリドリ科　Formicariidae　44
アリバチ　velvet ants,cow killer　169
アリバチ科　Multillidae　169
アリマキジゴク（クサカゲロウの幼虫） aphid lion　71, 152；クサカゲロウの項も参照
アルマジロ　armadillos　24, 160
アワヨトウの幼虫　armyworm caterpillar　184
アンブッシュ・バグ　ambush bug　29
イースタン・ラバー・グラスホッパー *Romelea guttata* (eastern lubber grasshopper)　180, 181
イエバエ　houseflies　68, 80, 238, 239
イエロージャケット（クロスズメバチ属） yellow jackets　153, 235, 250
イエロージャケットへの擬態　yellow jakcket mimics　233, 235
イオメダマヤママユ　*Automeris io* (io moth)　120, 121, 174
威嚇誇示　startle displays　119, 122
石井象二郎（いしいしょうじろう）　Ishii, Shoziro　140
イセエビ　spiny lobsters　67
イモガイ　cone shell　165
イモムシ　caterpillars　13, 14　化学的防衛手段　chemical defenses　159, 160, 173-178；カムフラージュ効果を高める行動　camouflage-enhancing behaviors　84, 87, 209；カムフラージュされた体色 camouflage coloration　96, 100, 102, 159；カムフラージュによる擬態 camouflage mimicry　105, 112；カムフラージュの効果　camouflage effectiveness 84, 85, 209；擬態者として　as mimics 32, 33, 105, 112, 224-226, 233；警告色 warning coloration　174, 177, 214；昆虫捕食者　insect predators　28；採餌行動 feeding behaviors　213；さなぎの被食

cocoon predation　205-207, 211；鳥の被食者として　bird predation　40, 45, 212-214；防衛行動　defensive behaviors　61, 71, 147-149, 209, 213；防衛のために発する音　defensive sounds　179；捕食者として　as predators　32；蝶，蛾，個々の種と属の項も参照
色　coloration　シェイディングとカウンターシェイディング　shading and countershading　99, 100
隠蔽・隠遁行動　hiding　57-66　隠れた被食者に対する捕食者の戦略　predator tactics for hidden prey　204-209；植物の内部に隠れる　within plants　61；動物の体表に隠れる　on animals　62, 63；土中 in soil　60；逃げて隠れる　fleeing to hide　66-69；バッタ　locusts　145；保護用シェルター　protective shelters　58-60, 63-66, 94, 107, 108, 151, 205-208；カムフラージュの項も参照
ヴァリネッチ，ケヴィーナ　Vulinec, Kevina　136
ヴァリン，エイドリアン　Vallin, Adrian　128
ヴァン・タイン，ジョスリン　Van Tyne, Josselyn　38
ヴァンノート，ロビン　Vannote, Robin　138, 139
ウィーラー，ウィリアム・モートン　Wheeler, William Morton　34
ウィグルズワース，ヴィンセント・サー　Wigglesworth, Vincent, Sir　67, 79, 80, 173, 183
ヴィックラー，ヴォルフガング　Wickler, Wolfgang　29, 31, 130, 132, 224
ウィリアムズ，C・B　Williams, C. B.　24, 145, 146
ウィリアムズ，キャロル　Williams, Carroll　14
ウィルソン，エドワード・O　Wilson, Edward O.　153, 169, 170, 172
ウヴァーロフ，ボリス　Uvarov, Boris　142
ウェストウッド，J・O　Westwood, J. O.　164
ヴォーン，フランク　Vaughan, Frank　125
ウォレス，アルフレッド・ラッセル　Wallace, Alfred Russel　252
ウサギ　rabbits　81, 84, 99, 100, 190
ウシ　cows　184, 205
ウジ虫　maggots　34, 148, 236, 244　オナガウジ　rattailed maggot　244；罠作り　trap-making　34, 35
ウスバカマキリ　praying mantises　24, 27, 85, 194　攻撃的擬態　aggressive mimicry　4；聴覚　hearing　219；毒を持つ被食者　toxic prey and　192；物理的防衛手段　physical defenses　157；防衛のための誇示　defensive displays　122
ウズラ　quail　180
ウデムシ科　Tarantulidae　160
ウマノスズクサ科　Aristolochiaceae　230
ウミアメンボの一種　*Halobates robustus*　138
ウミカタツムリ　marine snails　165
ウンカ（ハゴロモ）　planthoppers　74, 113, 114, 117, 124, 130
エイカー，ロジャー　Akre, Roger　168
エヴァンズ，ハワード　Evans, Howard　75, 79, 151
エサの利用　bait usage　糖蜜採集で蛾を集める　“sugaring” to collect moths　92, 93
エドマンズ，マルコム　Edmunds, Malcolm　5, 68, 71, 85, 108, 120, 203, 208
エバーグリーンバッグワーム（ミノムシの一種）　*Thyridopteryx ephemeraeformis* (evergreen bagworm)　64
エボシガラ　tufted titmouse　49, 210, 211
エメリー，ネイサン　Emery, Nathan　48, 49

エリス，P・E　Ellis, P. E.　141, 142
エルドリッジ，ナイルズ　Eldredge, Niles　259
エルトリンガム，ハリー　Eltringham, Harry　175, 176
エレオデス属（ゴミムシダマシ科）　*Eleodes*　162
エントツアマツバメ　chimney swift　42, 43, 197, 216
エンビタイランチョウ　scissor-tailed fllycatcher　40
尾　tails　　目玉模様　13, 131；光センサー　light sensors on　67, 68
オウサマタイランチョウ　eastern kingbird　40, 201
オオイチモンジ属　*Limenitis*　96　アメリカアオイチモンジ，アメリカイチモンジ，カバイロイチモンジの項も参照
オーウェン，デニス　Owen, Denis　85, 89, 96, 110, 116, 130
オオカバマダラ　*Danaus plexippus* (monarch butterfly)　185, 190, 193, 194
オオカバマダラへの擬態　monarch mimicry　223, 228, 260
オオカマキリ　*Tenodera sinensis* (Chinese mantis)　194
オークの虫こぶ　oak galls　15
オオクビワコウモリ　*Eptesicus fuscus* (big brown bat)　221
オオシモフリエダシャク　*Biston betularia* (peppered moth)　88-90
オオジュリン　reed bunting　129
オサムシ　ground beetles　28
オサムシ科　Carabidae　163
オスミア・バイカラー（ツツハナバチ属）　*Osmia bicolor*　60
音による警告（アポセマティズム）　acoustic aposematism　49, 187, 188, 220, 236, 200
音によるシグナル　sound signals　　擬態と音　sounds associated with mimicry　237；反響定位（エコーロケーション）　echolocation　51, 70, 216, 217；身を守るための誇示を引き出す　defensive displays triggerd by　148；群れを形成するシグナル　group formation in response to　146, 147；防衛のために発する音　defensive sounds　118, 123, 179, 187, 188
おびき寄せるためのエサの使用　bait usage　糖蜜採集で蛾を集める　“sugaring” to collect moths　92, 93；鳥による　by birds　36
オビシロシタバ　white underwing moth　91-93, 213
オルコック，ジョン　Alcock, John　208, 247
オレンジ　oranges　53

カ

蚊　mosquitoes　17, 24, 42, 80, 136, 141, 158, 236
蛾　moths　13, 14, 16　　化学的防衛手段　chemical defences　183, 188；化学物質の合成　chemical synthesizers　158, 183；カムフラージュされた体色　camouflage coloration　112；カムフラージュによる擬態　camouflaging mimicry　107, 110, 111；コウモリによる捕食　bat predation　232, 241, 246, 247；さなぎの捕食　cocoon predation　205-221；聴覚　hearing　219-221；蝶に擬態　butterfly mimics　247；糖蜜採集　“sugaring” collection technique　92, 93；飛翔速度　flight speeds　79；フラッシュカラーと目玉模様（眼状紋）　flash colors and eyespots　115-127；防衛行動と音　defensive behaviors and sounds　78, 217-221；捕食者と寄生者　predators and parasites　23, 24, 26, 28；幼虫，個々の種と属の項も参照

カールズバッド洞窟群国立公園　Carlsbad Caverns National Park　214
カイガラムシ類　scale insects　32, 53
外骨格　exoskeletons　155, 156, 199
カウ・キラー　*Dasymutilla occidentalis*　169
ガウゼ，G．F．　Gause, G. F.　44
カウンターシェイディング（逆濃淡）　countershading　94, 99
カエル　frogs　112, 157
カオジロゴジュウカラ　white-breasted nuthatch　45, 46, 210
化学的シグナル　chemical signals　139, 140, 152；フェロモンの項も参照
化学的防衛手段　chemical defenses　159-195　化学物質の合成　chemical systhesis　158, 159, 182；警告音または警告動作　warning sounds or movements　179, 187-190, 220, 221；血縁選択説　kin selection concept and　189；刺すことと噴射以外の放出手段　delivery methods other than stinging and spraying　172-182；刺す昆虫　stinging insects　154, 165-174；植物の毒と寄主植物特異性　plant toxins and host plant specificity　178, 182-185, 193, 194, 203；脊椎動物への影響　effects on vertebrates　166-169.171, 173-177；吐き戻し　regurgitations　178, 179, 181；噴射と滲出　spraying and oozing　117, 158-164, 170, 179；捕食者の反応と順応　predator responses and adaptations　161, 180, 181, 192, 193, 197, 199；集団協力　group cooperation　139, 140, 154, 168, 171, 181；味の悪さ，警告色，個々の昆虫の項も参照
革翅目（ハサミムシ目）　Dermaptera　157
カクレウロコアリ　*Basiceros singularis*　102
カケス　jays　24　化学的防衛手段に対する反応　responses to chemical defenses　161, 194, 230, 245, 246；フラッシュカラーへの反応　responses to flash colors　124-126
カゲロウ　mayflies　138-141
カゲロウ目　Ephemeroptera　138
カスミカメムシ　leaf bugs　182
カスミカメムシ科　Miridae　182
カタツムリの殻　snail shells　60
カタビロオサムシ　caterpillar hunters　28
カタビロオサムシ属　*Calosoma*　28
カットヒル，イネス　Cuthill, Innes　97, 98
カナリア　canaries　123
カニ　crabs　155, 156
カニグモ　crab spider　26, 27, 29, 53
カバイロイチモンジ　viceroy butterfly　228, 246, 260
カバナミシャク属　*Eupithecia*　32
カマキリ　mantises　13　カムフラージュされた体色　camouflage coloration　100, 101, 112；擬態者　as mimics　29-31, 112；聴覚　hearing　70, 219；毒をもつ被食者　toxic prey and　194, 195；物理的防衛手段　physical defenses　157；防衛のための誇示　defensive displays　122-124
カマドムシクイ　ovenbird　54
カミキリムシ　long-horned beetles　112, 157
カミキリムシ科　Cerambycidae　57, 112
カムフラージュ　camouflage　26, 27, 83-103　アイマスク　eye masks　94, 95；カウンターシェイディング　countershading　94, 99, 100；カトカラ属の蛾　*Catocala* moths　91-94；カムフラージュとベイツ型擬態　Batesian mimicry and　228, 229, 231, 232；カムフラージュの効果を高める行動　camouflage-enhancing behaviors　90-92, 100-102, 108-111；効果　effectiveness of　84-

89；工業暗化　industrial melanism　88, 89；選択圧　selection pressure and　53, 85；配色　color patterns；捕食者 predators and　204, 205, 208, 209；分断色　disruptive coloration　90, 94, 98, 99, 229, 231；隠蔽・隠遁行動，擬態の項も参照
カメムシ科　Pentatomidae　157
カモメ　gulls　43, 237
カラス類　crows　40, 105, 152
ガラパゴス諸島　Galapagos　ウミアメンボ marine water strider　138；キツツキフィンチ　woodpecker finch　47, 48
カリバチ　wasps　13, 40, 197　警告的（アポセマティックな）動作　aposematic movements　187；昆虫捕食者または昆虫寄生者　as insect predators or parasites　27, 145, 146, 148, 151；刺す行動 stinging behaviors　168
カルヴァート，ウィリアム　Calvert, William　198, 200
カルデノライド　cardenolides　184, 185, 194, 198, 199, 221, 230
カレドニアガラス　New Caledonian crow　48
カロライナ・グラスホッパー　*Dissosteira carolina* (Carolina grasshopper)　118
『蛾を知ろう』（ヒンメルマン）　*Discovering Moths* (Himmelman)　110
感覚的警告シグナル　sensory warning signals　68, 69
完全変態　complete metamorphosis　12–14
カンタリジン　cantharidin　179, 180
ガンベラーレ＝スティル，ガブリエラ Gamberale-Stille, Gabriella　253
カンムリカケス　Steller's jay　160
カンムリキツツキ　pileated woodpecker　57
キアオジ　yellowhammer, yellow bunting　127–130
『ギアナの森の博物学者』（ヒングストン） *A Naturalist in the Guiana Forest* (Hingston)　101
キオビアオジャコウアゲハ　*Battus polydamus* (polydamus swallowtail)　229, 230, 248
キクイムシ　wood borers　204
希釈効果　dilution effect　136–142, 150, 151, 250, 251
寄主植物特異性　host plant specificity　14, 110, 184, 185, 232
寄生者と捕食寄生者　parasites and parasitoids　27, 164　カリバチ　wasps　27, 28, 59, 148, 151, 169；ハエ　flies　251
擬態　mimicry　105–114, 223–253　カリバチとハナバチへの擬態　wasp and bee mimicry　237–239, 250；擬態者の季節的発生　seasonal presence of mimics　250；協力　cooperative；限性的　sex-specific　232；効果　effectiveness of　245, 246, 260；攻撃的擬態　aggressive mimicry　30–32；小枝への擬態　twig camouflage　87；植物による擬態　by plants　31；進化 evolution of　258–260；地衣類への擬態 lichen mimicry；忠実度の高い　high-fidelity　235, 238, 239, 250, 251, 260；蝶の擬態　butterfly mimicry　230, 231, 246；鳥の糞への擬態　bird dropping mimicry　105–109；広がり　prevalence of　223, 226, 227, 252；ベイツ型擬態の定義　Batesian mimicry defined　227；ミューラー型擬態　Müllerian　192, 227, 228；ベイツ型擬態の項も参照
『擬態と進化のプロセス』（ブラウワー編著） *Mimicry and the Evolutionary Process* (Brower, ed.)　258
キヅタアメリカムシクイ　yellow-rumped warbler　44
キツツキフィンチ　woodpecker finch　47,

48
キツツキ類　woodpeckers　45-47
木の実　nuts　61, 211
キベリタテハ　mourning cloak　209
キマユアメリカムシクイ　blackburnian warbler　45
『キャナリー・ロウ』（スタインベック）　*Cannery Row* (Steinbeck)　162
キャラハン，フィリップ　Callahan, Philip　78
競争的排除　competitive exclusion　44
捕食者のニッチと専門化　predator niches and specialization　39, 40, 44, 45, 197
キョウチクトウアブラムシ　*Aphis nerii* (oleander aphid)　185
恐竜　dinosaurs　38
協力：防衛行動　cooperation: cooperative defenses　135, 136, 153, 168, 170；アメリカシロヒトリの巣づくり　fall webworm nest building　63, 64；共同擬態　cooperative mimicry　107, 114；群れによる採餌（鳥）　flock foraging by birds　49, 210, 211；群居と集団行動の項も参照
魚類　fishes　32, 192, 209
キラービー（殺し屋蜂）　killer bees　167
キリギリス　katydids　70, 73, 84, 122, 219, 237
ギル，フランク　Gill, Frank　38, 44, 79, 80
ギルバート，ローレンス　Gilbert, Lawrence　227
ギルフォード，ティム　Guilford, Tim　192, 253, 258
クーパー，フィリス　Cooper, Phyllis　146
グールド，スティーヴン・J　Gould, Stephen J.　259, 260
クサカゲロウ　lacewings　70, 71, 152, 185, 219；アリマキジゴクの項も参照
クサカゲロウ科　Chrysopidae　219；ミドリクサカゲロウの項も参照
クサカゲロウ属　*Chrysopa*　185
クジャクチョウ　*Inachis io* (peacock butterfly)　126, 128
クスノキアゲハ　spicebush swallowtail　226, 229
クック，L・M　Cook, L. M.　247
グドール，ジェーン　Goodall, Jane　50
クマバチ　carpenter bee　59
クマバチ亜科　Xylocopinae　59
クモ　spiders　化学的防衛手段　chemical defenses　160；カムフラージュ　camouflage　26；擬態者　as mimics　106, 107；コガネグモ科　orb weavers　26；狩猟行動　hunting behaviors　23-26, 106, 107；逃避行動　escape behaviors　71；鳥の被食者として　bird predators　40；被食者の防衛行動　defensive behaviors of prey　67, 77
『クモの世界』（ブリストウ）　*The World of Spiders* (Bristowe)　27
クラーク，C・A　Clarke, C. A.　89
グラハム，R　Graham, R.　184
グラフェン，A　Grafen, A.　253
グラント，B　Grant, B.　88, 89
クリオ，イーバハート　Curio, Eberhard　132, 252
グリフィン，ドナルド　Griffin, Donald　70, 216, 217
クレイトン，ニコラ　Clayton, Nicola　48, 49
グレゴリー，J・W　Gregory, J. W.　113, 114
クレブス，J・R　Krebs, J. R.　4
グレンディニング，ジョン　Glendinning, John　199, 200
クロキアゲハ　*Papilio polyxenes* (black swallowtail)　86, 105, 229
クロキアゲハの幼虫　parsley worm　105
クロミミシロアシマウス　black-eared mouse　199

群居と集団行動　group living and group behaviors　135-154　隠蔽行動をとる種の分散行動　spacing of cryptic species　209；希釈効果　dilution effect　136-143, 150, 151, 251；共同で行う擬態　cooperative mimicry　107, 113, 114；共同防衛　cooperative defenses　135, 153, 168, 171；警告シグナル　alarm signaling　152, 166；個体数の横溢　superabundance　141；真社会性昆虫　eusocial insects　153, 154；トビバッタ　locusts　141, 142；見張り　lookouts　135；群れの形成　group formation　136, 139-144, 146, 147, 150, 153；群れの短所　grouping as disadvantage　152；利己的な群れの概念　selfish herd concept　143, 144；利点　advantages of　135-137
グンタイアリ　army ant　44, 204
警告シグナル（捕食者に対する）　warning signals to predetors　音または動作　sounds or movements　188, 189；化学的防衛手段　of chemical defenses　189-195
警告色　warning coloration　159, 183, 186-195, 252　蛾　moths　189；カリバチ　wasps　169；警告色を補完する音や動作　complementary sounds or movements　189；甲虫　beetles　179；サシガメ　assassin bugs　173；サソリモドキ　vinegaroons　160, 161；蝶　butterflies　193, 209；ナナフシ　walking sticks　161；バッタ　grasshoppers　180, 181；捕食者の反応　predetor responses to　193-195；哺乳類　mammals　190；ミューラー型擬態　Müllerian mimicry　192；幼虫　caterpillars　174, 177；目玉模様（眼状紋）
血縁選択　kin selection　189
ケトルウェル，Ｈ・Ｂ・Ｄ　Kettlewell, H. B. D.　89
ケリアナ・シグニフェラ（ハナアブの一種）　*Ceriana signifera*　239
ゲント，アーサー　Ghent, Arthur　96, 137
コウウチョウ　brown-headed cowbird　204
工業暗化　industrial melanism　88, 89
『攻撃回避』（ラクストン，シャラット，スピード共著）　*Avoiding Attack* (Ruxton, Sherratt, and Speed)　127
攻撃的擬態　aggressive mimicry　30, 31
甲虫　beetles　13, 16, 24, 61　化学物質の合成　as chemical synthesizers　158, 183；擬態者　as mimics　162, 240；警告色　warning coloration　164, 179；コウモリによる捕食　bat predation　214, 215；逃避行動　escape behaviors　71, 76；鳥の被食者　bird predation　47；物理的防衛手段　physical defenses　156；個々の種と属の項も参照
コウノトリ　storks　141, 145
コウモリ　bats　19, 21, 24, 42, 50, 51, 70, 188, 214-221
小枝への擬態　twig camouflage　108-110
小エビ　shrimps　67
コオイムシ科　Belostomatidae　157
ゴール，Ａ・Ｔ　Gaul, A. T.　236
コオロギ　crickets　52, 70, 73, 219
コガネグモ科のクモ　orb-weaving spiders　26
コガネムシ　June beetles　14, 24, 25, 43, 60
コガラ類　chickadee　39
ゴキブリ　cockroaches　13　化学的防衛手段　chemical defenses　160；擬態者　as mimics　223, 224；集団行動　group behavior　140；トガリネズミによる捕食　shrew predation　52；捕食者察知と逃避行動　predator detection and escape behaviros　55, 67-69, 72, 73
国際稲研究所（IRRI）　International Rice Research Institute (IRRI)　65
ゴジュウカラ　nuthatches　24, 39, 41, 46,

49, 94, 197, 198
個体群動態　population dynamics　20, 21, 52-54, 255-258
コット，ヒュー　Cott, Hugh　29, 252
カムフラージュ効果を高める行動について on camouflage-enhancing behavior　101, 102, 108, 109；擬態　on mimicry　29, 30, 112, 226, 237, 238, 252；グレゴリーによる，花に擬態するハゴロモについて on Gregory's flower-mimicking planthoppers　114；シェイディング　on shading　99, 100；フラッシュカラーについて　on flash colors　117-120；分断色について　on distuptive coloration　90, 95, 96, 111, 112
コドリンガ　coding moth　61, 257
コナー，ウィリアム　Conner, William　221
コナー，ジェフリー　Conner, Jeffrey　72
コノハチョウ　dead leaf butterfly　100
コブノメイガ　rice leaf folder　65, 66
ゴミムシダマシ　fungus beetles,darkling beetle　72, 137, 162, 163
ゴミムシダマシ科　Tenebrionidae　162
コムストック，ジョン・ヘンリー Comstock, John Henry　61, 65, 76, 109, 205
コメツキムシ　click beetle　43, 57, 74, 76, 77
コメツキムシ科　Elateridae (crick beetles) 76
コモリグモ　wolf spiders　25, 77
コヨーテ　coyote　73
コリンズ，スコット　Collins, Scott　45, 212-214
ゴルトシュミット，リヒャルト Goldschmidt, Richard　259-261
昆虫　insects　おびただしさ numerousness　9, 255　生活段階　life stages　13；生態系に果たす役割と機能 ecological services and functions　10, 19, 20, 255, 256；生物量　biomass　10；ライフスタイルの多様さ　lifestyle diversity 12-16
『昆虫——その自然史と多様性』(マーシャル) *Insects: Their Natural History and Diversity* (Marshall)　71
『昆虫大全』(ベーレンバウム)　*Bugs in the System* (Berenbaum)　15
昆虫の学習能力　learning capacity of insects 195
『昆虫の社会』(ウィルソン)　*The Insect Societies* (Wilson)　153, 154
昆虫の進化　insect evolution　18　擬態 mimicry　258-261；血縁選択説　kin selection concept　189, 190；選択圧としての捕食　predation as selection pressure 53, 54, 141, 144, 145, 182；毒針鞘 stingers　170, 171；鳥の進化と　bird evolution and　38
昆虫捕食と昆虫捕食者　insectivory and insectivores　10-12, 20, 21, 23-25　クモ類　spiders　23-27；結果として生じる選択圧　resulting selection pressures 53, 54, 85；個体群動態　population dynamics and　20, 52, 255, 256；鳥類 birds　24, 35-49, 54；ヒト　humans 50, 51；捕食性昆虫　insectivorous insects 10, 23, 27-36, 256, 257；哺乳類 mammals　24, 25, 50-52

サ

サージェント，セオドア　Sargent, Theodore　92-94, 124, 125
採餌行動　feeding behaviors　獲物の部位を選んで食べる捕食者　selective feeding by predators　197, 199；カムフラージュ効果を高める　camouflage-enhancing 101, 102；幼虫　caterpillars　213；鳥類の採餌行動の項も参照

サイチョウ　hornbill　144, 145
刺咬昆虫　stinging insects　165–176
サシガメ　assassin bug　102, 173
サシガメ科　Reduviidae　29, 102, 173
サソリ　scorpions　160, 165
サソリモドキ　vinegaroons　160, 161
殺虫剤　insecticides　55, 257, 214
ザトウムシ　daddy longlegs　112
鞘翅（さやばね／しょうし）　elytra　156
サリヴァン，キンバリー　Sullivan, Kimberly　49, 210, 211
ザリガニ　crayfish　67
サンザシ　hawthorn　261
サンドリッジ州立公園（イリノイ州）　Sand Ridge State Forest (Illinois)　131
産卵　egg laying　58　　卵と幼虫を保護するシェルター　shelters for eggs and larvae　58–60, 107, 108
シアン化水素（HCN）　HCN (hydrogen cyanide)　183
シアン化水素酸（青酸）　hydrocyanic acid　184
シーグラー，M　Siegler, M.　161, 162, 174, 177, 180；『秘密の武器』の項も参照
ジェフォーズ，マイケル　Jeffords, Michael　248
ジェロールド，ジョン　Gerould, John　88
視覚　vision　68
視覚的シグナル　visual signals　化学的警告による防衛　chemical defense warnings　187–195　　カムフラージュされた被食者の検出　detection of camouflaged prey　208, 209；防衛のための誇示　defensive displays　115–124；群れを形成するシグナル　group formation in response to　146；目玉模様（眼状紋），フラッシュカラー，擬態の項も参照
ジギタリス　digitalis　113
シジミチョウ　hairstreak butterflies　131–133
シジミチョウ科　Lycaenidae　131
シジュウカラ　great tit　129
自然選択　natural selection　4, 17, 18
　味の悪さ　unpalatability and　182；カムフラージュされた体色　camouflage coloration and　57；集団行動　group behaviors and　141；ベイツ型擬態　Batesian mimicry and　258–261；ミューラー型擬態　Müllerian mimicry and　192
始祖鳥　*Archaeopteryx*　38
シタバガ亜科カトカラ属の蛾　*Catocala* (underwing moths)　91–94, 115, 125, 126
　オビシロシタバ　*C. relicta*　91–93, 213
シチメンチョウ　turkeys　242
シデムシ　burying beetle,carrion beetle　15, 240, 241
シデムシ科　Silphidae　241
自爆作戦　bomb defense　170
社会性昆虫　social insects　　刺す行動　stinging behavior　165, 168；真社会性昆虫，群居と集団行動，個々のタイプの項も参照
シャクガ　inchworm moths　219
シャクトリムシ　inchworms, loopers, measuring worms,stick caterpillars　32, 33, 84, 87, 109, 110
シャチホコガ科　Notodontidae　110, 159
ジャック・パイン・ソーフライ（マツハバチの一種）　jack pine sawfly　137
ジュウイチホシテントウ　*Coccinella undecimpunctata* (eleven-spotted ladybird)　185
シュウキゼミ　periodical cicadas　140, 141, 146, 150, 187
種分化論　speciation theories　260, 261
　進化のメカニズム，自然選択の項も参照
授粉者　pollinators　授粉者を誘う擬態　mimicry to attract　19, 256
シュミッツ，オズワルド　Schmitz, Oswald　66

シュミット，ジャスティン　Schmidt, Justin　158, 165
樹木　tress　鳥による食い分け　bird's feeding specializations and　44-46
シュモクバエ科　Diopsidae　157
シュレノフ，デブラ　Schlenoff, Debra　125, 126
ジョウオウマダラ　*Danaus gilippus* (queen butterfly)　228, 260
ショウジョウコウカンチョウ類　cardinals　38
ジョージ，ウィリアム　George, William　206
鞘翅目（コウチュウ目）　Coleoptera　156；甲虫の項も参照
ショーバー，ヴィルフリート　Schober, Wilfried　216
植食性　herbivory　植物がとる防衛手段　plant defenses against　184；植食性昆虫の項も参照
植食性昆虫　plant-feeding insects　11, 12, 20, 184, 256　　カムフラージュされた体色　camouflage coloration；寄主植物特異性　host plant specificity　110, 184；逃避行動　escape behaviors　70-72, 76, 77；鳥の被食者　bird predators of　38, 39-49；防衛のための吐き戻し　defensive regurgitation　179, 181；幼虫の採餌行動　caterpillar feeding behaviors　213；個々のタイプの項も参照
植物　plants　　昆虫による受粉　insects as pollinators　19, 256；植物による擬態　mimicry by　31, 223；植物の毒　plant toxins　178, 182-184, 193
植物と昆虫の相互関係　plant-insect interaction and associations　19, 256-258；植食性昆虫の項も参照
食糞性（糞を食べる）昆虫　dung-feeding insects　20, 62, 77, 256
食糞性コガネムシ（糞虫）　dung beetle　36
シラミ　lice　13
シルバーグリード，ロバート　Silberglied, Robert　97, 98
ジレット，シルヴィア　Gillett, Sylvia　142
シロアシネズミ　white-footed mouse,deer mouse　94, 161, 207
シロアシネズミ属　Peromyscus　207；マウスの項も参照
シロアリ類　termites　50, 153, 154, 160
シロバネドクガ　*Euproctis chrysorrhea* (brown-tail moth)　175-177
シロハラオオヒタキモドキ　Arizona crested flycatcher,brown-crested flycatcher　40, 41, 200, 201
進化のメカニズム　evolutionary mechanisms　17, 18, 38, 255, 258, 261；自然選択の項も参照
『神経細胞と昆虫の行動』（ローダー）　*Nerve Cells and Insect Behavior* (Roeder)　218
真社会性昆虫　eusocial insects　153, 154
ズアオアトリ　chaffinch　129
ズアカキツツキ　red-headed woodpecker　78
スウィーニー，バーナード　Sweeney, Bernard　138, 139
スカーブラー，オーブリー　Scarbrough, Aubrey　87, 206
スカシバガ　clearwing moth　233
スカシバガ科　Sesiidae　233
スカッシュ・ヴァイン・ボアラー　*Melittia cucurbitae* (squash vine borer)　233, 234
スカンク　skunks　190
スキズラ（シャチホコガ科）　*Schizura*　110
スズメガ科　Sphingidae　100, 157, 218, 225
スズメガと幼虫　sphinx moths and caterpillars　聴覚　hearing　219；飛翔　flight　79；ヘビへの擬態　snake mimicry　225, 226；防衛行動　defensive behaviors　179

スズメバチ科　Vespidae　168, 190
スズメ亜目　songbirds　38
スズメ目　Passeriformes　38
スターンバーグ，ジェイムズ（ジム）　Sternburg, James (Jim)　92, 96, 98, 114, 122, 131, 174, 205, 206, 208, 226, 241, 246, 247, 248
スタインベック，ジョン　Steinbeck, John　162
スティーヴンス，マーティン　Stevens, Martin　129
ストーリー，リチャード　Story, Richard　139, 143
ストリックバーガー，モンロー　Strickberger, Monroe　259
スパニッシュ・フライ　Spanish fly　180
スパランツァーニ，ラザロ　Spallanzani, Lazzaro　216
スピロミア・ハミフェラ（ハナアブの一種）　*Spilomyia hamifera*　238
スフェコミア・ヴィタタ（ハナアブの一種）　*Sphecomyia vittata*　238
スフェックス属（アナバチ科）　*Sphex*　145
スミス，ジェイムズ　Smith, James　148, 149
スミス，スーザン　Smith, Susan　49, 211
スモモゾウムシ　*Conotrachelus nenuphar*　71, 72
スロースモス　sloth moth　62
青酸化合物　cyanide compounds　193
静止　motionlessness　擬死行動（死んだふり）　playing dead　72, 76, 188　その場に固まる（静止）　freezing in place　81, 84, 118
生殖的隔離　reproductive isolation　259-261
聖書に記述されたミツバチ　Bible, honeybees in　245
生態系　ecosystems　昆虫が果たす役割　roles of insects　12, 20, 255-258；捕食の役割　roles of predation　255-268
生物的防除　pest control　昆虫を使う　insects as　20, 27, 28, 53, 54, 257
生物量（バイオマス）（昆虫と動物の）　biomass, of insects vs. larger animals　11, 12
セイヨウオトギリソウ　セントジョーンズワート　St. John's wort　20；カラマスウィード　Klamath weed　20；ロコウィード　locoweed　20
セイヨウミザクラ　wild cherry　184, 207
『世界の昆虫』　*Insects of the World*　102
セグロカモメ　herring gull　237
セクロピアサン　cecropia moth　65, 89, 127, 205-207, 211
セジロアカゲラ　hairy woodpecker　206
セジロコゲラ　downy woodpecker　16, 49, 94, 206, 210, 211
セミ　cicadas　28, 58, 59　フラッシュカラー　flash colors　119；群れの形成と厖大な個体数　group formation and abundance　141, 146, 147
セミクイバチ　*Sphecius speciosis* (cicada killer)　28, 58, 59, 141
セミ類　cicadas　耳と音　ears and sounds　70, 117, 146, 147
センドゥダック（マラバルノボタン）　Sendudok (straits rhododendron)　29, 30
掃除魚　cleaner fish　31, 32
ゾウムシ　snout beetle, weevils　61, 71, 72

タ

ダーウィン，チャールズ　Darwin, Charles　16, 47, 258, 261
ダーウィンフィンチ類　Darwin's finches　47
ダイアナヒョウモン　Diana fritillary　229
体色　coloration　89-99　体色の変化　color change　26, 88；分断色　disruptive

『動物が作る構造物』（フォン・フリッシュ）　*Animal Archtecture* (von Frisch)　59
『動物の行動』（ティンバーゲン）　*Animal Behavior* (Tinbergen)　237
『動物の適応色』（コット）　A *daptive coloration in Animals* (Cott)　90；コット，ヒューの項も参照
糖蜜採集で蛾を集める　“sugaring” to collect moths　92, 93
トウワタ　milkweeds　184, 185, 190, 193, 194, 221, 228
トウワタナガカメムシ　milkweed bug　194, 195
トカゲ　lizards　112, 132, 192, 193
トガリネズミ　shrews　24, 50, 51, 58, 94
毒　toxins　　カンタリジン　cantharidin　179, 180；シアン化水素　hydrogen cyanide　183；植物の毒　plant toxins　178, 182–185, 193；トガリネズミ　shrews　52；化学的防衛手段の項も参照
トゲ　spines　118, 157　　毒針毛　urticating hairs　173–176
トケイソウ　passionflowers　193
トゲナガハナアブ属　*Spilomyia*　238
トタテグモ　trapdoor spiders　25
ドッグデイ・シケイダ（エゾゼミの仲間）　dog-day cicada　28, 29, 58
トックリバチ　potter wasps　59, 190
跳び立たせる戦術　flushing tactics　204
跳びはねる昆虫　jumping insects　73–77, 117–119　個々のタイプの項も参照
トビムシ　springtails　74, 77
トビムシ目　Collembola (springtails)　77
トフシアリ属　*Solenopsis*　170
トラフアゲハ　*Papilio glaucus* (tiger swallowtail)　96, 229, 231, 248, 249
トリート，アッシャー　Treat, Asher　217
鳥の糞への擬態　bird dropping mimicry　105–107
トレハーン，J・E　Treherne, J. E.　137, 138
泥のカムフラージュ　dirt, as camouflage　152
ドロバチ科のカリバチ　Eumenidae wasps　59
ドングリ　acorns　46, 61
トンボ　dragonflies　13, 24, 79, 135, 139, 242

ナ

ナイダム，マリー　Nydam, Marie　188
ナガカメムシ　seed bugs　181
ナガカメムシ科　Lygaeidae　180, 181
ナゲナワグモ　bolas spider　23–25
『ナチュラリスト』（ウィルソン）　*Nturalist* (Wilson)　172
ナツフウキンチョウ　summer tanager　201
ナナフシの一種　*Cnipsus*　120
ナナフシの一種　*Parasosibia parva*　108
ナナフシ目　Phasmatodea　108
ナナフシ類　phasmids (walking sticks)　108
ナバン，ゲアリー　Nabhan, Gary　20
ナミハナアブ　drone fly　242–244
ナミハナアブ亜属　*Eristalis*　242–244
臭い　odors　139, 188
ニシタイランチョウ　western kingbird　201
西田律夫（にしだりつお）　Nishida, Ritsuo　183
ニシフウキンチョウ　western tanager　202
ニセクロスジギンポ　saber-toothed blenny　32
偽の触覚　false antennae　132
偽の頭部　false heads　130–132；目玉模様（眼状紋）の項も参照
ニューナム，A　Newnham, A.　105
ヌカカ　midges　80
ネクロフィリア属　*Necrophilia*　241
農業害虫　agricultural pests　53, 256, 257

農薬　pesticides　53, 256, 257
ノドアカハチドリ　ruby-throated hummingbird　80
ノドグロミドリアメリカムシクイ　black-throated green warbler　43, 45
ノミ　fleas　13, 74, 75
ノミハムシ類　flea beetles　74

ハ

バート，ウィリアム　Burt, William　24
羽アリ　flying ants　42
バーロッカー，スチュワート　Berlocher, Stewart　261
ハイイロアマガエル　gray tree frog　112
ハイタカ　sparrow hawk　144
ハインリッチ，ベルンド　Heinrich, Bernd　45, 212-214
バウズマン，ジョン　Bouseman, John　122, 174, 226
バウディッシュ，トッド　Bowdish, Todd　194, 195
バウワーズ，M・ディーン　Bowers, M. Deane　173
ハエ・アブ　flies　13, 26, 27, 69, 157　擬態者　as mimics　234, 235, 240-243, 251, 252；幼虫　larvae of　61；罠を作るウジ虫　trap-making maggots　34, 35；物理的防衛手段　physical defenses　157
ハエ・アブ類の幼虫　fly larvae　61
ハキリバチ　mason bees　60
ハゲワシ　vultures　40
ハサミムシ　earwig　157, 160
走る速度　running speeds　73
ハスケル，P・T　Haskell, P. T.　187
バスティン，ハロルド　Bastin, Harold　33, 76, 110, 164
ハタオリドリ　weaver bird　141
ハチクイ　bee eater　5, 202, 204
ハチクイ科　Meropidae　202
ハチドリ　hummingbirds　80
ハツカネズミ　mice,house mouse　207
ハツカネズミ属　*Mus*　206
バック，エリザベス　Buck, Elizabeth　147
バック，ジョン　Buck, John　147
バックマン，スティーヴン　Buchmann, Stephen　20
バッタ　grashoppers　13, 14, 73, 74, 184　locusts　78, 79, 141, 219；アイマスク　eye masks　96；化学的防衛手段　chemical defenses　181；カムフラージュ　camouflage　85-87, 108, 112, 118；擬態者として　as mimics　108, 109, 112；跳躍のメカニズム　jumping mechanics　74, 117, 118；逃避行動　escape behaviors　54, 78, 117, 118；飛翔速度　flying speeds　79；フラッシュカラー　flash colors　117-119；耳　ears　219；物理的防衛行動　physical defenses　118, 157；個々の種と属の項も参照
バッタネズミ　grasshopper mouse　160, 162
バトラー，キャロル　Butler, Carol　178
ハドルストン，ジョン　Hudleston, John　144
花　flowers　昆虫に擬態する花　insect mimicry by　31；花に擬態する昆虫　insects that mimic　29-31, 113, 114
ハナアブ　hoverflies, syrphid flies　54, 131, 153　擬態者　as mimics　234-244；ナミハナアブ　drone flies　242-244
ハナカマキリ　*Hymenopus bicornis*　29, 30, 31
ハナバチ　bees　13, 19, 20, 26, 27, 29, 40, 59, 60, 153, 165, 168, 169, 244, 251　刺すことによる防衛　stiging defense　165；鳥の被食者として　bird predation　40, 197, 202, 203；飛翔速度　flying speeds　79；ミツバチの尻振りダンス　honeybee waggle dance　195；個々の種

と属の項も参照
ハナバチに擬態　bee mimicry　223, 233-235, 237, 238, 240-242, 244, 250
葉の損傷（幼虫の存在を示す）　leaf damage, as clue to caterpillar presence　212, 213
ハバチの幼虫　sawfly larvae　137
ハミルトン，ウィリアム　Hamilton, William　143, 144, 189
ハムシ　leaf beetles　107, 108, 233
ハムシ科　Chrysomelidae　177
ハムシの一種（プラタナスを寄主植物にする）　*Neochlamisus platani*　107
ハラブトハナアブ属　*Mallota*　240
ハリオハチクイ　*Merops philippinus* (blue-tailed bee eater)　202
ハリガネムシ（コメツキムシの幼虫）　brown wireworm　43
ハリネズミ　headgehogs　180
ハワイの捕食性シャクトリムシ　Hawaiian predator inchworms　32, 33
葉を食べる幼虫　leaf-feeding larvae　63, 64, 71, 212, 213
反響定位（エコーロケーション）　echolocation　51, 70, 216, 217　防衛行動としての超音波妨害音　defensive sonar-jamming sounds　220, 221
半翅目（カメムシ目）　Hemiptera　13, 181；個々のタイプの項も参照
半翅目（カメムシ目）の昆虫　true bugs　68, 117
ハンディキャップ仮説　handicap hypothesis　253
バンディッド・ヘアストリーク　banded hairstreak　131, 132
バンド・ウィングド・グラスホッパー　band-winged grasshopper　118
ハンミョウ　tiger beetles　219
ヒアリ　red imported fire ant　170-172
ピーターソン，ロジャー・トーリー　Peterson, Roger Tory　37, 39, 46, 79, 80, 204
ピーチ・トゥリー・ボアラー　*Synanthedon exitiosa* (peach tree borer)　233
ヒートウォール，ハロルド　Heatwole, Harold　204, 205
尾角（びかく）　cerci　68, 69
光　light　尾部の光センサー　light sensors on tail　67, 68；を感知する目　eye sensitivity to　69；シェイディングとカウンターシェイディング　shading and countershading　99
ヒキガエル　toads　163, 164, 192, 242, 243
飛翔　flight　78, 79　生体力学　biomechanics　79, 80；飛翔速度　flying speeds　79；飛翔パターンの擬態　flight pattern mimicry　233, 234, 240, 241
ビショップ，ホーリー　Bishop, Holley　166, 167
ヒトと昆虫　humans and insects　昆虫の毒に対するヒトの反応　human responses to insect venoms　166, 168, 169, 171, 173-177；人間の食糧としての昆虫　insects as human food　50, 51；人間の武器として使用されたハチ　bees as human weapon　166, 167；ヘビを擬態する昆虫　snake-mimicking insects　224-226；ミツバチ神話　honeybee myths　244
ヒトリガ　*Arctia caja* (great tiger moth)　187, 188, 218-221
『秘密の武器』（アイスナー，アイスナーおよびシーグラー）　*Secret Weapons* (Eisner, Eisner and Siegler)　158
ヒメハナバチ科　Andrenidae　59
ヒメレンジャク　cedar waxwing　41
ヒヨケムシ　wind scorpions　160
ヒレシア属　*Hylesia*　147
ビワハゴロモ科　Fulgoridae　130
ヒングストン，R・W・G　Hingston, R. W. G.　101, 102, 107

ヒンメルマン，ジョン　Himmelman, John　91, 92, 110
ファリル，ファヒーマ　Fallil, Faheema　66
フィーリックス，レイナー　Foelix, Rainer　25
フィッツジェラルド，テレンス　Fitzerald, Terrence　63
フィンク，リンダ　Fink, Linda　199
フェダー，ジェフリー　Feder, Jeffry　261
フェルト，エフレイム　Felt, Ephraim　63
フェロモン　pheromones　15, 23, 63, 64, 139, 140, 152, 158, 166, 232, 241, 246
フォークト・ファンガス・ビートル（ゴミムシダマシの一種）　*Bolitotherus* (forked fungus beetle)　72
フォード，E・B　Ford, E. B.　177
フォーブス，H・O　Forbes, H. O.　106
フォーブッシュ，エドワード　Forbush, Edward　40, 41, 43
フォスター，W・A　Foster, W. A.　137, 138
フォツリス属（ホタル）　*Photuris*　186
フォティヌス属（ホタル）　*Photinus*　185, 186
不完全変態　gradual metamorphosis　13, 14, 68
複眼　compound eyes　69
「複数の捕食者が住む世界に対する多様な警告シグナル」（ラトクリフおよびナイダム）　"Multimodal Warning Signals for a Multiple Predator World" (Ratcliffe and Nydam)　188
フクロウ　owls　35, 36, 215
フタオビチドリ　killdeer　116
ブッシュ，ガイ　Bush, Guy　261
物理的防衛行動　physical defenses　189
フデッド・ローカスト　hooded locust　118, 119
プライス，ピーター　Price, Peter　20
ブラウワー，ジェイン・ヴァン・ザント　Brower, Jane Van Zandt　84, 85, 228, 230, 242, 243, 246, 260
ブラウワー，リンカーン　Brower, Lincoln　84, 199　擬態研究　mimicry studies　193.194, 228, 242, 245-248；擬態の進化について　on the evolution of mimicry　258-260
ブラウン，セアラ　Brown, Sarah　179
フラッシュカラー　flash colors　115-122　捕食者の反応　predator responses to　122-126
ブラム，マリー　Blum, Murray　181
ブラリナトガリネズミ　*Blarina brevicauda* (short-tailed shrew)　52
フランケル，ゴットフリート　Fraenkel, Gottfried　65, 66
ブラント，ハーバート　Brandt, Herbert　40, 41, 201
フランネル・モス　flannel moths　174, 175
ブリストウ，W. S.　Bristowe, W. S.　27
フリストフ，ニコライ　Hristov, Nikolay　221
フリッシュ，カール・フォン　Frisch, Karl von　59, 60
ブルトマン，トマス　Bultman, Thomas　194, 195
ブレスト，A・D　Blest, A. D.　126-130
プロメテアサン　*Callosamia promethea* (promethea moth)　207, 208, 229, 232, 241, 246-248
フロリダカケス　Florida scrub jay　230, 246
糞　excrement　カムフラージュ　as camouflage　102, 103, 197, 108；糞の擬態　dropping mimicry　105-108
分断色　disruptive coloration　90, 94, 96-99, 228-231
ブンチョウ　Java sparrow　123
ヘイゼル，ウェイド　Hazel, Wade　86
ベイツ，ヘンリー，ウォルター　Bates,

Henry Walter　18, 224, 226, 227, 252
ベイツ型擬態　Batesian mimicry　227-229, 231-233, 235, 242, 246, 250　　進化　evolution of　258；批判者　doubters　252
ベーレンバウム，メイ　Berenbaum, May　15, 79, 167, 171, 194
ベダリアテントウ　vedalias　53
ベッコウバチ　spider wasps　233
ベニオビタテハ属　Anartia　96-98
ベニモンオオサシガメ　*Platymeris rhadamanthus*　173
ヘビに擬態　snake mimicry　223, 225, 226
ヘリカメムシ　squash bug　117
ヘルドブラー，バート　Hölldobler, Bert　169, 179
ベント，アーサー・クリーヴランド　Bent, Arthur Cleveland　201
ホイットマン，ダグラス　Whitman, Douglas　178, 181, 183
ホイップアーウィルヨタカ　whip-poor-wills　41, 215
ボイデン，トマス　Boyden, Thomas　193
防衛行動　defensive behaviors　　共同防衛　cooperative defenses　135, 136, 152, 153, 168, 171；状況に応じた　context-dependent　66, 67, 209；を引き起こすシグナル　signals that trigger　68-70, 72, 147, 148；物理的防衛行動　physical defense　118, 154, 157, 189；分散　scattering　209；防衛のために発する音　defensive sounds　220, 236；防衛のための誇示　defensive displays　115-124, 126, 132, 150, 181, 187；化学的防衛手段，逃避行動，擬態，警告色の項も参照
ホウグ，チャールズ　Hogue, Charles　147, 148
ホオアカアメリカムシクイ　Cape May warbler　45
ホームズ，リチャード　Holmes, Richard　54
ボール，ハロルド　Ball, Harold　67
ポールトン，E・B　Poulton, E. B.　252
捕食　predation　　生態系における　in ecosystems　255-258；選択圧　selection pressure　53, 85
「捕食者に対する防衛手段としての分散に関する実験」（ティンバーゲンら）“An Experiment on Spacing-Out as a Defence against Predation” (Tinbergen et al.)　209
捕食者の学習能力　learning capacity of predators　　隠蔽行動をとる被食者の探索　searches for cryptic prey　208-214；警告色の認識　recognition of warning coloration　164, 192, 193, 247-249, 252, 253；刺す獲物を避ける　avoidance of stinging prey　197, 200-202, 242, 243, 250；ベイツ型擬態　Batesian mimicry and　229, 242, 243, 246-250；有害あるいは味の悪い被食者　noxious or unpalatable prey　165, 189, 190, 192-195, 230
捕食者の行動　predator behaviors　197-222　　擬態者に対する反応　responses to mimics　226, 230, 242, 243, 250；採餌行動　foraging behaviors　49, 210, 211-213；さなぎの捕食　cocoon predation　205-208, 211；夜行性の捕食者　nocturnal predators　214-221
ホソクビゴミムシ属　*Brachinus*　163, 164
ホタル　fireflies　147, 150, 185, 186
ホッキング，ブライアン　Hocking, Brian　9
哺乳類　mammals　　アポセマティズム　aposematism　190；カムフラージュされた体色　camouflage coloration　84；昆虫捕食者として　as insect predators　24, 50, 51, 72；昆虫を跳び立たせる草食動物　grazers as insect flushers　204
ホフマイスター，ドナルド　Hoffmeister,

Donald　190
ホランド，ウィリアム　Holland, William　93
ポリフェムスサン　*Antheraea poyphemus* (polyphemus moth)　42, 122, 178, 179
ボルチモアムクドリモドキ　*Icterus galbula* (black-backed oriole)　198-200
ボロー，ドナルド　Borror, Donald　233

マ

マーシャル，スティーヴン　Marshall, Stephen　9, 71, 72, 102, 156, 164, 187
マーティン，アーウィン　Martin, Irwin　52
マーブルド・ビューティーモス　*Bryophila perla* (marbled beauty moth)　112
マイヤー，エルンスト　Mayr, Ernst　260
マイヤー，クリス　Maier, Chris　240
マイヤーズ，ジュディス　Myers, Judith　148, 149
マウス　mice　オオカバマダラを捕食　monarch predation　198；さなぎの捕食　cocoon predation　206, 207
マウスオポッサム　mouse-opossum　161
膜翅目（ハチ目）　Hymenoptera　154, 165；アリ，ハナバチ，カリバチ，個々の種と属の項も参照
「膜翅類の毒」(シュミット）　"Hymenopteran Venoms" (Schmidt)　165
マシューズ，ジャニス　Matthews, Janice　69, 146, 150, 152
マシューズ，ロバート　Matthews, Robert　69, 146, 150, 152
マスクト・ベッドバグ・ハンター（トコジラミを狩る覆面ハンター）　masked bedbug hunter　102
マダラガ科　Zygaenidae　183
マッカーサー，ロバート　MacArthur, Robert　44
マネシツグミ　mockingbird　78, 80
マメコガネ　Japanese beetles　14, 60, 256
まゆ　cocoons　64, 65, 205-208, 211
マラバルノボタン（センドゥダック）　straits rhododendron　29
マルドナド，エクトル　Maldonado, Héctor　122, 123
マルハナバチ　bumblebee　79, 153, 240
マルハナバチへの擬態　bumblebee mimics　238, 240, 241, 242, 250
ミズアブ　soldier flies　156, 157
ミズスマシ科　Gyrinidae　164
ミッチナー，チャールズ　Michener, Charles　166
ミツバチ　honeybees　153, 168, 195　キラービー（殺し屋蜂）　killer bees　167；刺す　stinging　166, 167；神話　myths about　243, 244；鳥による捕食　bird predation　201, 202；飛翔と飛翔速度　flight and flight speeds　79
ミツバチへの擬態　honeybee mimic　242-244
ミドリクサカゲロウ　green lacewing　79, 219
ミナミアオカメムシ　*Nezara viridula* (southern green stink bug)　139
ミノガ科　Psychidae　ミノムシ　bagworm　64
ミバエ　fruit flies　257, 261　ミバエの幼虫（ウジ虫）　maggots；リンゴ（につくリンゴミバエ）　apple maggot　61, 261
見張り　lookouts
耳　ears　69, 70, 217-219
脈翅目（アミメカゲロウ目）　*Neuroptera*　33
ミューラー，フリッツ　Müller, Fritz　191, 192
ミューラー型擬態　Müllerian mimicry　192, 227, 228
ミリツキー，ユージーン　Miliczky, Eugene

194
身を守るための武器　defensive weapons　155-195　硬い外骨格　hard exoskeletons　155, 156；物理的防衛行動　physical defenses　119, 154-158, 189
ムーア，トマス　Moore, Thomas　141
ムカデ　centipedes　24, 160, 165
ムクドリ　starlings　141, 144
ムクドリモドキ　orioles　123, 199, 200
ムシクイ類　warblers　24, 41, 45
ムシヒキアブ　robber flies　28, 34, 157, 234, 242
ムシヒキアブ科　Asilidae　28, 34, 157, 234, 242
ムチサソリ（サソリモドキ）　whip scorpions (vinegaroons)　160
ムツモンベニモンマダラ　burnet moth　183
ムネアカゴジュウカラ　red-breasted nuthatch　210
目　eyes　67-69, 95, 96
メイ，ジョン　May, John　40, 41
メイ，マイク　May, Mike　219
メイガ科　Pyralidae　62, 65
メガロピギア科　Megalopygidae　174
メキシコオヒキコウモリ　Mexican free-tailed bat　214
目立つ体色　conspicuous coloration　91, 92
目玉模様（眼状紋）　eyespots　120-122, 124　効果　effectiveness of　126-133；偽の頭部　false heads　130, 132；幼虫　caterpillars　225, 226
メトカーフ，ロバート・A　Metcalf, Robert A.　53, 71, 139, 234
メトカーフ，ロバート・L　Metcalf, Robert L.　53, 71, 139, 234
メバエ科　Conopidae　235, 251, 252
メヒア，アルフォンソ　Mejia, Alfonso　199
綿花　cotton　257
モーア，カール　Mohr, Carl　190
モーガン，C・ロイド　Morgan, C. Lloyd　242
モズ　shrikes　202
モス，A・マイルズ　Moss, A. Miles　225
モズモドキ類　viroes　38, 45
モフェット，マーク　Moffett, Mark　102
モモアカアブラムシ　green peach aphid　152
モモハモグリガ　apple leaf miner　61
模様　markings　アイマスク　eye masks　94, 95；分断色　disruptive coloration　90, 96；90.91, 99, 229；目玉模様（眼状紋）と警告色の項も参照
モリムシクイ　wood warblers　44
モリル，C　Morrill, C.　184
モルモンクリケット　Mormon crickets　184
モンゴメリー，G・ジーン　Montgomery G. Gene　62
モンゴメリー，スティーヴン　Montgomery, Steven　32, 33
モンシロチョウ　white cabbage butterfly　79

ヤ

ヤガ科　*Noctuidae*　91, 112, 218, 219
夜行性の昆虫　nocturnal insects　70, 90, 223, 233
夜行性の捕食者　nocturnal predators　コウモリ　bats　24, 42, 51, 70, 215；鳥類　birds　215
ヤスデ　millipedes　160
ヤドリバエ科のハエ　tachnid flies　27
ヤナギルリハムシ　*Plagiodera versicolora* (willow leaf beetle)　177
ヤママユガ科　Saturniidae　蛾　moths　65, 80；幼虫　caterpillars　147
ユニコーン・キャタピラー・モス　*Schizura unicornis* (unicorn caterpillar)　159

ユリネ，チャールズ　Jurine, Charles　216
ヨーセフ，ルーベン　Yosef, Reuben　181
ヨーロッパアワノメイガ　European corn borer　61, 62
ヨーロッパウチスズメ　eyed hawk moth 100
幼虫　larvae　12-16, 47, 48；イモムシ，個々の種と属の項も参照
抑制刺激　arrestant stimuli　143
ヨコジマナガハナアブ属　*Temnostoma* 238
ヨコバイ　leafhoppers　74
ヨタカ類　goatsuckers　41, 42
ヨトウムシ（ヨトウガの幼虫）　cutworms 43
『夜の軍団』（サージェント）　*Legion of Night* (Sargent)　92

ラ

ライテン，ジョン　Lighten, John　80
ライリー，チャールズ・V　Riley, Charles V 53
ラクストン，グレアム　Ruxton, Graeme 127, 187, 258, 260
ラシェッド，A　Rashed, A.　237
ラズベリー・クラウン・ボアラー *Pennisetia marginata* (raspberry crown borer)　233
ラトクリフ，ジョン　Ratcliffe, John　188
ラバー・グラスホッパー　lubber grasshoppers　180, 181
蘭　orchids　31
利己的な群れの概念　selfish herd concept 143
「利己的な群れの幾何学」（ハミルトン） "Geometry for the Selfish Herd" (Hamilton)　143
リス　squirrels　24, 50, 84, 190
リットランド，デイヴィッド　Ritland, David　228
『掠奪されるミツバチ』（ビショップ） *Robbing the Bees* (Bishop)　166
リンゴ　apples　61, 87, 92, 153, 257, 261
リンゴハダニ　European red mite　257
鱗翅目（チョウ目）　Lepidoptera　32；蝶，幼虫，蛾，個々の種の項も参照
リンセンマイヤー，ウォルター Linsenmaier, Walter　76, 102, 174, 233
霊長類　primates　50
レジリン　resilin　74, 75, 80
レモルド，ハインツ　Remold, Heinz　181, 182
ロイド，ジェイムズ　Lloyd, James　186
ローダー，ケネス　Roeder, Kenneth 68-70, 217, 218, 220
ローマー，デイヴィッド　Roemer, David 214
ローレンツ，コンラート　Lorenz, Konrad 237
ロスチャイルド，ミリアム　Rothschild, Miriam　183, 185, 187
ロックウッド・ジェフリー　Lockwood, Jeffrey　139, 143
ロビンズ，ロバート　Robins, Robert　132, 133

ワ

ワーゲ，ジェフリー　Waage, Jeffrey　62
ワームライオン（アナアブ科のアブの幼虫） worm lions　34, 35
若虫　nymphs　14
ワタフキカイガラムシ　cottony cushion scale　53
ワタリガラス　ravens　144, 145
ワモンゴキブリ　American cockroach　67, 73

主な引用文献

プロローグ

Edmunds, M. 1974. *Defence in Animals*. New York: Longman Group.〔M・エドムンズ『動物の防衛戦略』(上・下)、小原嘉明・加藤義臣訳、培風館、1980〕

Krebs, J. R., and N. B. Davies. 1993. *An Introduction to Behavioural Ecology*. Oxford: Blackwell Scientific.

第一章　生命の網をつむぐ昆虫

Bates, H. W. 1862. Contributions to an insect fauna of the Amazon Valley, Lepidoptera: Heliconidae. *Transactions of the Linnaean Society, Zoology* 23: 495-566.

Berenbaum, M. R. 1995. *Bugs in the System: Insects and Their Impact on Human Affairs*. Reading, MA: Addison-Wesley.〔メイ・R・ベーレンバウム『昆虫大全——人と虫との奇妙な関係』小西正泰監訳、白揚社、1998〕

Buchmann, S. L., and G. P. Nabhan. 1996. *The Forgotten Pollinators*. Washington, DC: Shearwater Books.

Hocking, B. 1968. *Six-Legged Science*. Cambridge, MA: Schenkman.

Marshall, S. A. 2006. *Insects: Their Natural History and Diversity*. Buffalo, NY: Firefly Books.

Odum, E. P. 1971. *Fundamentals of Ecology*. 3rd ed. Philadelphia: Saunders.

Price, P. W. 1997. *Insect Ecology*. 3rd ed. New York: John Wiley and Sons.

Williams, C. M. 1958. Hormonal regulation of insect metamorphosis. In *A Symposium on the Chemical Basis of Development*, ed. W. D. McElroy and G. Glass. Baltimore: Johns Hopkins University Press.

第二章　虫を食べるものたち

Annandale, N. 1900. Observations on the habits and natural surroundings of insects made during the Skeat 'Expedition' to the Malay Peninsula, 1899-1900. *Proceedings of the Zoological Society of London* 1900: n.p.

Askew, R. R. 1971. *Parasitic Insects*. New York: American Elsevier.

Balduf, W. V. 1939. *The Bionomics of Entomophagous Insects*. St. Louis: John F. Swift.

Bastin, H. 1913. *Insects: Their Life-Histories and Habits*. New York: Frederick A. Stokes.

Boswall, J. 1977. Tool-using by birds and related behaviour. *Avicultural Magazine* 83: 88–97, 146–59, 220–28.

———. 1983. Tool-using and related behaviour in birds: More notes. *Avicultural Magazine* 89: 94–108.

Brandt, H. 1951. *Arizona and Its Bird Life*. Cleveland: privately printed by the Bird Research Foundation.

Bristowe, W. S. 1976. *The World of Spiders*. London: Collins.

Burt, W. H. 1957. *Mammals of the Great Lakes Region*. Ann Arbor: University of Michigan Press.

Clausen, C. P. 1952. Parasites and predators. In *Insects, the Yearbook of Agriculture*. Washington, DC: U.S. Department of Agriculture.

Cott, H. B. 1957. *Adaptive Coloration in Animals*. London: Methuen.

Dejean, A., P. J. Solano, J. Ayroles, B. Cobara, and J. Orivel. 2005. Arboreal ants build traps to capture prey. *Nature* 434: 973.

Eisner, T., R. Alsop, and G. Ettershank. 1964. Adhesiveness of spider silk. *Science* 146: 1058–61.

Emery, N. J., and N. S. Clayton. 2004. The mentality of crows: Convergent evolution in corvids and apes. *Science* 306: 1903–7.

Felt, E. P. 1905. *Insects Affecting Park and Woodland Trees*. Memoir 8 of the New York State Museum. Albany: New York State Education Department.

Foelix, R. F. 1982. *Biology of Spiders*. Cambridge, MA: Harvard University Press.

Forbush, E. H., and J. B. May. 1939. *Natural History of the Birds of Eastern and Central North America*. Boston: Houghton Mifflin.

Fraenkel, G. S., and F. Fallil. 1981. The spinning (stitching) behaviour of the rice leaf folder, *Cnaphalocrosis medinalis. Entomologia Experimentalis et Applicata* 29: 138–46.

Gause, G. F. 1934. *The Struggle for Existence*. Baltimore: Williams and Wilkins.

Gill, F. B. 1995. *Ornithology*. 2nd ed. New York: W. H. Freeman.

Goodall, J. 1963. Feeding behavior of wild chimpanzees. *Symposia of the Zoological Society of London* 10: 39–47.

Heinrich, B., and S. Collins. 1983. Caterpillar leaf damage and the game of hide-and-seek with birds. *Ecology* 64: 592–602.

Holmes, R. T., J. C. Schultz, and P. Nothnagle. 1979. Bird predation on forest insects: An exclosure experiment. *Science* 206: 462–63.

Lack, D. 1947. *Darwin's Finches*. Cambridge: Cambridge University Press.

Levy, D. L., R. S. Duncan, and C. F. Levins. 2004. Use of dung as a tool by burrowing owls. *Science* 431: 39.

MacArthur, R. H. 1958. Population ecology of some warblers of northeastern coniferous forests. *Ecology* 39: 599–619.

Marquis, R. J., and C. J. Whelan. 1994. Insectivorous birds increase growth of white oak through consumption of leaf-chewing insects. *Ecology* 75: 2007–14.

Martin, I. G. 1981. Venom of the short-tailed shrew *(Blarina brevicauda)* as an insect immobilizing agent. *Journal of Mammalogy* 62: 182-91.

Metcalf, R. L., and R. A. Metcalf. 1993. *Destructive and Useful Insects*. 5th ed. New York: McGraw-Hill.

Montgomery, S. L. 1982. Biogeography of the moth genus *Eupithecia* in Oceania and the evolution of ambush predation in Hawaiian caterpillars (Lepidoptera: Geometridae). *Entomologia Generalis* 8: 27-34.

Morse, D. H. 1968. The use of tools by brown-headed nuthatches. *Wilson Bulletin* 80: 220-24.

Nadis, S. 2006. Hard-hitting endeavour captures Ig Nobel. *Nature* 443: 616-17.

Peterson, R. T. 1963. *The Birds*. New York: Time.

Smith, S. M. 1991. *The Black-Capped Chickadee*. Ithaca, NY: Cornell Univ. Press.

Sullivan, K. A. 1984. Information exploitation by downy woodpeckers in mixed-species flocks. *Behaviour* 91: 294-311.

Tebbich, S., M. Taborsky, B. Fessl, and D. Blomqvist. 2001. Do woodpecker finches acquire tool-use by social learning? *Proceedings of the Royal Society of London B* 268: 2189-93.

Tinbergen, N. 1965. *Animal Behavior*. New York: Time-Life Books.〔ニコ・ティンバーゲン『動物の行動』ライフ編集部編、丘直通訳、時事通信社、1966〕

Van Tyne, J. 1951. A cardinal's, *Richmondena cardinalis*, choice of food for adult and for young. *Auk* 68: 110.

Waldbauer, G. P. 2009. *Fireflies, Honey, and Silk*. Berkeley: University of California Press.〔ギルバート・ワルドバウワー『虫と文明——蛍のドレス・王様のハチミツ酒・カイガラムシのレコード』屋代通子訳、築地書館、2012〕

Wheeler, W. M. 1930. *Demons of the Dust*. New York: W. W. Norton.

Wickler, W. 1968. *Mimicry in Plants and Animals*. Translated from the German by R. D. Martin. New York: McGraw-Hill.〔W・ヴィックラー『擬態——自然も嘘をつく』羽田節子訳、平凡社、1993〕

第三章　逃げる虫、隠れる虫

Angelon, K. A., and J. W. Petranka. 2002. Chemicals of predatory mosquitofish *(Gambusia affinis)* influence selection of oviposition site by *Culex mosquitoes*. *Journal of Chemical Ecology* 28: 797-806.

Ball, H. J. 1965. Photosensitivity in the terminal abdominal ganglion of *Periplaneta americana* (L.). *Journal of Insect Physiology* 11: 1311-15.

Bastin, H. 1913. *Insects: Their Life-Histories and Habits*. New York: Frederick A. Stokes.

Berenbaum, M. R. 1995. *Bugs in the System: Insects and Their Impact on Human Affairs*. Reading, MA: Addison-Wesley.〔メイ・R・ベーレンバウム『昆虫大全』、1998〕

Bruno, M. S., and D. Kennedy. 1962. Spectral sensitivity of photoreceptor neurons in the sixth ganglion of the crayfish. *Comparative Biochemistry and*

Physiology 6: 41–46.
Burt, W. H. 1957. *Mammals of the Great Lakes Region*. Ann Arbor: University of Michigan Press.
Callahan, P. S. 1965. A photoelectric-photographic analysis of flight behavior in the corn earworm, *Heliothis zea*, and other moths. *Annals of the Entomological Society of America* 58: 159–69.
Chapman, R. F. 1971. *The Insects: Structure and Function*. 2nd ed. New York: Elsevier.
Comstock, J. H. 1950. *An Introduction to Entomology*. 9th ed. Ithaca, NY: Comstock Publishing.
Conner, J., S. Camazine, D. Aneshansley, and T. Eisner. 1985. Mammalian breath: Trigger of defensive chemical response in a tenebrionid beetle *(Bolitotherus cornutus). Behavioral Ecology and Sociobiology* 16: 115–18.
Dickinson, M. H., and J. R. B. Lighton. 1995. Muscle efficiency and elastic storage in the flight motor of *Drosophila. Science* 26: 87–90.
Edmunds, M. 1974. *Defence in Animals*. New York: Longman. 〔M・エドムンズ『動物の防衛戦略』、1980〕
Eisner, T., M. Eisner, and M. Siegler. 2005. *Secret Weapons: Defenses of Insects, Spiders, Scorpions, and Other Many-Legged Creatures*. Cambridge, MA: Harvard University Press.
Evans, H. E. 1984. *Insect Biology*. Reading, MA: Addison-Wesley.
Felt, E. P. 1905. *Insects Affecting Park and Woodland Trees*. Memoir 8 of the New York State Museum. Albany: New York State Education Department.
Fitzgerald, T. D. 1995. *The Tent Caterpillars*. Ithaca, NY: Cornell University Press.
Frisch, K. von. 1974. *Animal Architecture*. New York: Harcourt Brace Jovanovich.
Gill, F. B. 1995. *Ornithology*. 2nd ed. New York: W. H. Freeman. 〔フランク・B・ギル『鳥類学』山岸哲監修、山科鳥類研究所訳、新樹社、2009〕
Graham, S. A. 1952. *Forest Entomology*. New York: McGraw-Hill.
Griffin, D. R. 1958. *Listening in the Dark*. New Haven, CT: Yale University Press.
Hamilton, W. D. 1971. Geometry for the selfish herd. *Journal of Theoretical Biology* 31: 295–311.
Hughes, G. M., and P. J. Mill. 1974. Locomotion: Terrestrial. In *The Physiology of Insecta*, ed. M. Rockstein. 2nd ed. New York: Academic Press.
Linsenmaier, W. 1972. *Insects of the World*. Translated from the German by L. E. Chadwick. New York: McGraw-Hill.
Marshall, S. A. 2006. *Insects: Their Natural History and Diversity*. Buffalo, NY: Firefly Books.
Matthews, R. W., and J. R. Matthews. 1978. *Insect Behavior*. New York: John Wiley and Sons.
McConnell, E., and A. G. Richards. 1955. How fast can a cockroach run? *Bulletin of the Brooklyn Entomological Society* 50: 36–43.

Metcalf, R. L., and R. A. Metcalf. 1993. *Destructive and Useful Insects*. 5th ed. New York: McGraw-Hill.

Peterson, R. T. 1963. *The Birds*. New York: Time.

Roeder, K. D. 1963. *Nerve Cells and Insect Behavior*. Cambridge, MA: Harvard University Press.

Scarbrough, A. G., G. P. Waldbauer, and J. G. Sternburg. 1972. Response to cecropia cocoons of *Mus musculus* and two species of *Peromyscus*. *Oecologia* 10: 137-44.

Schmitz, O. J. 2008. Effects of predator hunting mode on grassland ecosystem function. *Science* 319: 952-54.

Tinbergen, N. 1965. *Animal Behavior*. New York: Time-Life Books.

Waage, J. K. and G. G. Montgomery. 1976. *Cryptoses choloepi:* A coprophagous moth that lives on a sloth. *Science* 193: 157-58.

Waldbauer, G. P., and J. G. Sternburg. 1982. Cocoons of *Callosamia promethean* (Saturniidae): Adaptive significance of differences in mode of attachment to the host tree. *Journal of the Lepidopterist's Society* 36: 192-99.

Waldbauer, G. P., J. G. Sternburg, W. G. George, and A. G. Scarbrough. 1970. Hairy and downy woodpecker attacks on cocoons of urban *Hyalophora cecropia* and other saturniids (Lepidoptera). *Annals of the Entomological Society of America* 63: 1366-69.

Wigglesworth, V. B. 1972. *The Principles of Insect Physiology*. 7th ed. London: Chapman and Hall.

第四章　姿を見せたまま隠れる

Brower, L. P., and J. V. Z. Brower. 1956. Cryptic coloration in the anthophilous moth *Rhododipsa masoni*. *American Naturalist* 90: 177-82.

Cott, H. B. 1957. *Adaptive Coloration in Animals*. London: Methuen.

Cuthill, I. C., M. Stevens, J. Sheppard, T. Maddocks, C. A. Parraga, and T. Troscianko. 2005. Disruptive coloration and background pattern matching. *Nature* 434: 72-74.

De Ruiter, L. 1952. Some experiments on the camouflage of stick caterpillars. *Behaviour* 4: 222-32.

Di Cesnola, A. P. 1904. Preliminary note on the protective value of colour in *Mantis religiosa*. *Biometrika* 3: 58-59.

Edmunds, M. 1974. *Defence in Animals*. New York: Longman. 〔M・エドムンズ『動物の防衛戦略』、1980〕

Forbush, E. H., and C. H. Fernald. 1896. *The Gypsy Moth*. Boston: Massachusetts State Board of Agriculture.

Gerould, J. H. 1921. Blue-green caterpillars: The origin and ecology of a mutation in hemolymph color in *Colias (Eurymus) philodice*. *Journal of Experimental Zoology* 34: 385-416.

Grant, B., D. F. Owen, and C. A. Clarke. 1995. Decline of melanic moths. *Nature*

373: 565.
Grant, B., and L. L. Wiseman. 2002. Recent history of melanism in American peppered moths. *Journal of Heredity* 93: 86-90.
Hazel, W., S. Ante, and B. Stringfellow. 1998. The evolution of environmentally-cued pupal colour in swallowtail butterflies: Natural selection for pupation site and pupal colour. *Ecological Entomology* 23: 41-44.
Himmelman, J. 2002. *Discovering Moths*. Camden, ME: Down East Books.
Hingston, R. W. G. 1932. *A Naturalist in the Guiana Forest*. New York: Longmans, Green.
Holland, W. J. [1903] 1920. *The Moth Book*. Reprint, New York: Doubleday, Page.
Isely, F. C. 1938. Survival value of acridian protective coloration. *Ecology* 19:370-89.
Kettlewell, H. B. D. 1959. Darwin's missing evidence. *Scientific American* 200:48-53.
Linsenmaier, W. 1972. *Insects of the World*. Translated from the German by L. E. Chadwick. New York: McGraw-Hill.
Lutz, F. E. 1935. *Field Book of Insects*. New York: G. P. Putnam's Sons.
Marshall, S. A. 2006. *Insects: Their Natural History and Diversity*. Buffalo, NY: Firefly Books.
Moffett, M. W. 2007. Able bodies. *National Geographic*, August, 140-50.
Owen, D. F. 1980. *Camouflage and Mimicry*. Chicago: University of Chicago Press.
Sargent, T. D. 1976. *Legion of Night: The Underwing Moths*. Amherst: University of Massachusetts Press.
Silberglied, R. E., A. Aiello, and D. M. Windsor. 1980. Disruptive coloration in butterflies: Lack of support in *Anartia fatima*. *Science* 209: 617-19.
Waldbauer, G. P., and J. G. Sternburg. 1983. A pitfall in using painted insects in studies of protective coloration. *Ecology* 37: 1085-86.
Waldbauer, G. P., J. G. Sternburg, and A. W. Ghent. 1988. Lakes Michigan and Huron limit gene flow between the subspecies of the butterfly *Limenitis arthemis*. *Canadian Journal of Zoology* 66: 1790-95.
Williams, C. M. 1958. Hormonal regulation of insect metamorphosis. In *A Symposium on the Chemical Basis of Development*, ed. W. D. McElroy and G. Glass. Baltimore: Johns Hopkins University Press.

第五章　鳥の糞への擬態、さまざまな擬装

Bastin, H. 1913. *Insects: Their Life-Histories and Habits*. New York: Frederick A. Stokes.
Comstock, J. H. 1950. *An Introduction to Entomology*. 9th ed. Ithaca, NY: Comstock Publishing.
Cott, H. B. 1957. *Adaptive Coloration in Animals*. London: Methuen.

Edmunds, M. 1974. *Defence in Animals*. New York: Longman Group. 〔M・エドムンズ『動物の防衛戦略』、1980〕
Forbes, H. O. 1885. *A Naturalist's Wanderings in the Eastern Archipelago*. London: Sampson, Low, Marston, Searle, and Rivington.
Gregory, J. W. 1896. *The Great Rift Valley*. London: J. Murray.
Himmelman, J. 2002. *Discovering Moths*. Camden, ME: Down East Books.
Hingston, R. W. G. 1932. *A Naturalist in the Guiana Forest*. New York: Longmans, Green.
Newnham, A. 1924. The detailed resemblance of an Indian lepidopterous larva to the excrement of a bird. A similar result obtained in an entirely different way by a Malayan spider. *Transactions of the Entomological Society of London* 1924: xc-xciv.
Opler, P. A., and G. O. Krizek. 1984. *Butterflies East of the Great Plains*. Baltimore: Johns Hopkins University Press.
Owen, D. F. 1980. *Camouflage and Mimicry*. Chicago: University of Chicago Press.

第六章　フラッシュカラーと目玉模様

Annandale, N. 1900. Observations on the habits and natural surroundings of insects made during the "Skeat Expedition" to the Malay Peninsula, 1899-1900. *Proceedings of the Zoological Society of London* 1900: 837-69.
Blest, A. D. 1957. The function of eyespot patterns in the Lepidoptera. *Behaviour* 11: 209-55.
Bouseman, J. K., and J. G. Sternburg. 2002. *Field Guide to Silkmoths of Illinois*. Illinois Natural History Survey Manual 10. Champaign: Illinois Natural History Survey.
Cott, H. B. 1957. *Adaptive Coloration in Animals*. London: Methuen.
Curio, E. 1965. Ein Falter mit falschem Kopf [A butterfly with a false head]. *Natur und Museum* 95: 43-46.
Edmunds, M. 1974. *Defence in Animals*. New York: Longman Group. 〔M・エドムンズ『動物の防衛戦略』、1980〕
Eisner, T. 2003. *For Love of Insects*. Cambridge, MA: Harvard University Press.
Farb, P. 1962. *The Insects*. New York: Time.
Maldonado, H. 1970. The deimatic reaction in the praying mantis *Stagmatoptera biocellata. Zeitschrift fur vergleichende Physiologie* 68: 60-71.
Opler, P. A., and G. O. Krizek. 1984. *Butterflies East of the Great Plains*. Baltimore: Johns Hopkins University Press.
Owen, D. F. 1980. *Camouflage and Mimicry*. Chicago: University of Chicago Press.
Robbins, R. K. 1981. The "false head" hypothesis: Predation and wing pattern variation of Lycaenid butterflies. *American Naturalist* 118: 770-75.
Ruxton, G. D., T. N. Sherratt, and M. P. Speed. 2004. *Avoiding Attack*. Oxford:

Oxford University Press.
Sargent, T. D. 1976. *Legion of Night: The Underwing Moths*. Amherst: University of Massachusetts Press.
Schlenoff, D. H. 1985. The startle responses of blue jays to *Catocala* (Lepidoptera: Noctuidae) prey models. *Animal Behaviour* 33: 1057-67.
Stevens, M., E. Hopkins, W. Hinde, A. Adcock, Y. Connolly, T. Troscianko, and I. C. Cuthill. 2007. Field experiments on the effectiveness of "eyespots" as predator deterrents. *Animal Behaviour* 74: 1215-27.
Vallin, A., S. Jakobsson, J. Lind, and C. Wiklund. 2005. Prey survival by predator intimidation: An experimental study of peacock butterfly defence against blue tits. *Proceedings of the Royal Society B* 272: 1203-7.
Vaughan, F. A. 1983. Startle responses of blue jays to visual stimuli presented during feeding. *Animal Behaviour* 31: 385-96.
Wickler, W. 1968. *Mimicry in Plants and Animals*. Translated from the German by R. D. Martin. New York: McGraw-Hill. 〔W・ヴィックラー『擬態』1993〕

第七章　数にまぎれて身を守る

Ashall, C., and P. E. Ellis. 1962. *Studies on Numbers and Mortality in Field Populations of the Desert Locust*. Anti-Locust Bulletin 38. London: Anti-Locust Research Centre.
Buck, J. B., and E. Buck. 1976. Synchronous fireflies. *Scientific American* 234:74-85.
Dinesen, I. 1937. *Out of Africa*. New York: Modern Library. 〔アイザック・ディネーセン『アフリカの日々』横山貞子訳、晶文社、1981〕
Eisner, T., J. S. Johnessee, J. Carrel, L. B. Hendry, and J. Meinwald. 1974. Defensive use by an insect of a plant resin. *Science* 184: 996-99.
Ellis, P. E. 1959. Learning and social aggregation in locust hoppers. *Animal Behaviour* 7: 91-106.
Evans, H. E. 1966. The accessory burrows of digger wasps. *Science* 152: 465-71.
———. 1966. The behavior patterns of solitary wasps. *Annual Review of Entomology* 11: 128-54.
Foster, W. A., and J. E. Treherne. 1981. Evidence for the dilution effect in the selfish herd from fish predation on a marine insect. *Nature* 293: 466-67.
Ghent, A. W. 1960. A study of the group-feeding behaviour of larvae of the jack pine sawfly, *Neodiprion pratti banksianae* Roh. *Behaviour* 16: 110-48.
Gillett, S. D. 1988. Solitarization in the desert locust, *Schistocerca gregaria* (Forskal) (Orthoptera: Acrididae). *Bulletin of Entomological Research* 78: 623-31.
Hamilton, W. D. 1971. Geometry of the selfish herd. *Journal of Theoretical Biology* 31: 295-311.
Hogue, C. L. 1972. Protective function of sound perception and gregariousness in *Hylesia* larvae (Saturniidae: Hemileucinae). *Journal of the Lepidopterists' Society*

26: 33-34.

Hudleston, J. A. 1958. Some notes on the effects of bird predators on hopper bands of the desert locust (*Schistocerca gregaria* Forskal). *Entomologist's Monthly* 94: 110-14.

Ishii, S. 1970. Aggregation of the German cockroach, *Blatella germanica* (L.). In *Control of Insect Behavior by Natural Products*, ed. D. L. Wood, R. M. Silverstein, and M. Nakajjma. New York: Academic Press.

Lockwood, J. A., and R. N. Story. 1985. Bifunctional pheromone in the first instar of the southern green stink bug, *Nezara viridula* (L.) (Hemiptera: Pentatomidae): Its characterization and interaction with other stimuli. *Annals of the Entomological Society of America* 78: 474-79.

———. 1987. Defensive secretion of the southern green stink bug (Hemiptera:Pentatomidae) as an alarm pheromone. *Annals of the Entomological Society of America* 80: 686-91.

Matthews, R. W., and J. R. Matthews. 1978. *Insect Behavior*. New York: John Wiley and Sons.

Metcalf, R. L., and R. A. Metcalf. 1993. *Destructive and Useful Insects*. 5th ed. New York: McGraw-Hill.

Michener, C. D. 1974. *The Social Behavior of the Bees*. Cambridge, MA: Harvard University Press.

Myers, J. H., and J. N. Smith. 1978. Head flicking by tent caterpillars: A defensive response to parasite sounds. *Canadian Journal of Zoology* 56: 1628-31.

Sweeney, B. W., and R. L. Vannote. 1982. Population synchrony in mayflies: A predator satiation hypothesis. *Evolution* 36: 810-21.

Tanaka, S., H. Wolda, and D. L. Denlinger. 1988. Group size affects the metabolic rate of a tropical beetle. *Physiological Entomology* 13: 239-41.

Tinbergen, N., M. Impekoven, and D. Franck. 1967. An experiment on spacing-out as a defence against predation. *Behaviour* 28: 307-21. Reprinted in N. Tinbergen, *The Animal in Its World*. Vol. 1. Cambridge, MA: Harvard University Press, 1972.

Uvarov, B. 1921. A revision of the genus *Locusta*, L. (= *Pachystylus*, Fieb.) with a new theory as to the periodicity and migrations of locusts. *Bulletin of Entomological Research* 12: 135-63.

Vulinec, K. 1990. Collective security: Aggregation by insects as a defense. In *Insect Defenses*, ed. D. L. Evans and J. O. Schmidt. Albany: State University of New York Press.

Williams, C. B. 1958. *Insect Migration*. New York: Macmillan.〔C. B. ウィリアムズ『昆虫の渡り』長沢純夫訳、築地書館、1986〕

Wilson, E. O. 1971. *The Insect Societies*. Cambridge, MA: Harvard University Press.

第八章　身を守るための武器と警告シグナル

Akre, R. D., A. Greene, J. F. MacDonald, P. J. Landolt, and H. G. Davis. 1980. *The Yellowjackets of America North of Mexico*. Washington, DC: U.S. Department of Agriculture.

Aneshansley, D. J., T. Eisner, J. M. Widom, and B. Widom. 1969. Biochemistry at 100°C: Explosive secretory discharge of bombardier beetles *(Brachinus)*. *Science* 165: 61-63.

Attygalle, A. B., S. R. Smedley, J. Meinwald, and T. Eisner. 1993. Defensive secretion of two notodontid caterpillars *(Schizura unicornis, S. badia)*. *Journal of Chemical Ecology* 19: 2089-104.

Bastin, H. 1913. *Insects: Their Life-Histories and Habits*. New York: Frederick A. Stokes.

Berenbaum, M. R. 1995. *Bugs in the System: Insects and Their Impact on Human Affairs*. Reading, MA: Addison-Wesley. 〔メイ・R・ベーレンバウム『昆虫大全』、1998〕

Berenbaum, M. R., and E. Miliczky. 1984. Mantids and milkweed bugs: Efficacy of aposematic coloration against invertebrate predators. *American Midland Naturalist* 111: 64-68.

Bishop, H. 2005. *Robbing the Bees*. New York: Free Press.

Bouseman, J. K., and J. G. Sternburg. 2002. *Field Guide to Silkmoths of Illinois*. Illinois Natural History Survey Manual 10. Champaign: Illinois Natural History Survey.

Bowers, M. D. 1993. Aposematic caterpillars: Life-styles of the warningly colored and unpalatable. In *Caterpillars*, ed. N. E. Stamp and T. M. Casey. New York: Chapman and Hall.

Boyden, T. C. 1976. Butterfly palatability and mimicry: Experiments with *Ameiva* lizards. *Evolution* 30: 73-81.

Brower, L. P. 1969. Ecological chemistry. *Scientific American* 220: 4-15.

Brown, S. G., G. H. Boettner, and J. E. Yack. 2007. Clicking caterpillars: Acoustic aposematism in *Antheraea polyphemus* and other Bombicoidea. *Journal of Experimental Biology* 210: 993-1005.

Davies, H., and C. A. Butler. 2008. *Do Butterflies Bite?* New Brunswick, NJ: Rutgers University Press.

Dussourd, D. E. 1993. Foraging with finesse: Caterpillar adaptations for circumventing plant defenses. In *Caterpillars*, ed. N. E. Stamp and T. M. Casey. New York: Chapman and Hall.

Edmunds, M. 1974. *Defence in Animals*. New York: Longman Group. 〔M・エドムンズ『動物の防衛戦略』、1980〕

Edwards, J. S. 1960. Spitting as a defensive mechanism in a predatory reduviid. *Proceedings of the XI International Congress of Entomology* 3: 259-63.

Eisner, T. 1965. Defensive spray of a phasmid insect. *Science* 148: 966-68.

Eisner, T., M. Eisner, and M. Siegler. 2005. *Secret Weapons: Defenses of Insects,*

Spiders, Scorpions, and Other Many-Legged Creatures. Cambridge, MA: Harvard University Press.

Eisner, T., J. Meinwald, A. Monro, and R. Ghent. 1961. Defence mechanisms of anthropods, I. The composition and function of the spray of the whipscorpion *Mastigoproctus giganteus* (Lucas) (Arachnida, Pedipalpida). *Journal of Insect Physiology* 6: 272-98.

Eltringham, H. 1913. On the urticating properties of *Porthesia similis*, Fuess. *Transactions of the Entomological Society of London* 1913: 423-27.

Ford, E. B. 1955. *Moths*. London: Collins.

Gamberale-Stille, G., and T. Guilford. 2003. Contrast versus colour in aposematic signals. *Animal Behaviour* 65: 1021-26.

Guilford, T. 1988. The evolution of conspicuous coloration. In *Mimicry and the Evolutionary Process*, ed. L. P. Brower, pp. 7-21. Chicago: University of Chicago Press.

Hamilton, W. D. 1964. The evolution of social behavior. *Journal of Theoretical Biology* 7: 1-52.

Hoffmeister, D. F., and C. O. Mohr. 1972. *Fieldbook of Illinois Mammals*. New York: Dover.

Holldobler, B., and E. O. Wilson. 1990. *The Ants*. Cambridge, MA: Harvard University Press.〔バート・ヘルドブラー、エドワード・O・ウィルソン『蟻の自然誌』辻和希・松本忠夫訳、朝日新聞社、1997〕

Linsenmaier, W. 1972. *Insects of the World*. Translated from the German by L. E. Chadwick. New York: McGraw-Hill.

Lloyd, J. E. 1975. Aggressive mimicry in *Photuris* fireflies: Signal repertoires by femmes fatales. *Science* 187: 452-53.

Marshall, S. A. 2006. *Insects, Their Natural History and Diversity*. Buffalo, NY: Firefly Books.

Michener, C. D. 1974. *The Social Behavior of the Bees*. Cambridge, MA: Harvard University Press.

Muller, F. 1879. *Ituna* and *Thyridia*; a remarkable case of mimicry in butterflies. Translated from the German by R. Meldola. *Proceedings of the Entomological Society of London* 27: xx-xxix.

Nishida, R. 2002. Sequestration of defensive substances from plants by Lepidoptera. *Annual Review of Entomology* 45: 57-92.

Ratcliffe, J. R., and M. L. Nydam. 2008. Multimodal warning signals for a multiple predator world. *Nature* 455: 96-99.

Remold, H. 1963. Scent-glands of land-bugs, their physiology and biological function. *Nature* 198: 764-66.

Rothschild, M. 1972. Secondary plant substances and warning colouration in insects. In *Insect/Plant Relationships*, ed. H. F. van Emden. Symposium 6 of the Royal Entomological Society of London.

———. 1997. Discovering details. *Wings* 20: 13-18.

Rothschild, M., J. von Euw, and T. Reichstein. 1970. Cardiac glycosides in the

oleander aphid. *Journal of Insect Physiology* 16: 1141-45.
———. 1973. Cardiac glycosides in a scale insect *(Aspidiotus)*, a ladybird *(Coccinella)* and a lacewing *(Chrysopa)*. *Journal of Entomology (A)* 48: 89-90.
Rothschild, M., and P. T. Haskell. 1966. Stridulation of the garden tiger moth, Arctia caja L, audible to the human ear. *Proceedings of the Royal Entomological Society of London (A)* 41: 167-70, plus two plates.
Ruxton, G. D., T. N. Sherratt, and M. P. Speed. 2004. *Avoiding Attack*. Oxford: Oxford University Press.
Schmidt, J. O. 1990. Predation prevention: Chemical and behavioral counterattack. In *Insect Defenses*, ed. D. L. Evans and J. O. Schmidt. Albany: State University of New York Press.
———. 1990. Hymenopteran venoms: Striving toward the ultimate defense against vertebrates. In *Insect Defenses*, ed. D. L. Evans and J. O. Schmidt. Albany: State University of New York Press.
Tehon, L. R., C. C. Morrill, and R. Graham. 1946. *Illinois Plants Poisonous to Livestock*. College of Agriculture Extension Service in Agriculture and Home Economics Circular 599. Urbana: University of Illinois.
Waldbauer, G. P. 1984. A warningly colored fly, *Stratiomys badius* Walker (Diptera: Stratiomyidae), uses its scutellar spines in defense. *Proceedings of the Entomological Society of Washington* 86: 722-23.
Whitman, D. W., M. S. Blum, and D. W. Alsop. 1990. Allomones: Chemicals for defense. In *Insect Defenses*, ed. D. L. Evans and J. O. Schmidt. Albany: State University of New York Press.
Wigglesworth, V. B. 1972. *The Principles of Insect Physiology*. 7th ed. London: Chapman and Hall.
Wilson, E. O. 1994. *Naturalist*. New York: Warner Books.〔E. O. ウィルソン『ナチュラリスト』荒木正純訳、法政大学出版局、1996〕
Yosef, R., and D. Whitman. 1993. An imperfect defense. *Living Bird* (Autumn): 27-29.

第九章　捕食者の反撃

Alcock, J. 1993. *Animal Behavior*. 5th ed. Sunderland, MA: Sinauer Associates.
Bent, A. C. 1942. *Life Histories of North American Flycatchers, Larks, Swallows, and Their Allies*. U.S. National Museum, Bulletin 179.
Brandt, H. 1951. *Arizona and Its Bird Life*. Cleveland: privately printed by the Bird Research Foundation.
Brower, L. P., and L. S. Fink. 1985. A natural toxic defense system: Cardenolides in butterflies versus birds. *Annals of the New York Academy of Sciences* 443: 171-88.
Calvert, W. H., L. E. Hedrick, and L. P. Brower. 1979. Mortality of the monarch butterfly (*Danaus plexippus* L.): Avian predation at five overwintering sites in Mexico. *Science* 204: 847-51.

Corcoran, A. J., J. R. Barber, and W. E. Conner. 2009. Tiger moth jams bat sonar. *Science* 325: 325-27.
Dunning, D. C. 1968. Warning sounds of moths. *Zeitschrift fur Tierpsychologie* 25: 129-38.
Dunning, D. C., and K. D. Roeder. 1965. Moth sounds and the insect-catching behavior of bats. *Science* 147: 173-74.
Edmunds, M. 1974. *Defence in Animals*. New York: Longman Group. 〔M・エドムンズ『動物の防衛戦略』、1980〕
Fink, L. S., and L. P. Brower. 1981. Birds can overcome the cardenolide defence of monarch butterflies in Mexico. *Nature* 291: 67-70.
Fullard, J. H., M. Brock Fenton, and J. A. Simmons. 1979. Jamming bat echolocation: The clicks of arctiid moths. *Canadian Journal of Zoology* 57: 647-49.
Glendinning, J. I., A. A. Mejia, and L. P. Brower. 1988. Behavioral and ecological interactions of foraging mice (*Peromyscus melanotus*) with overwintering monarch butterflies (*Danaus plexippus*) in Mexico. *Oecologia* 75: 222-27.
Griffin, D. R. 1958. *Listening in the Dark*. New Haven, CT: Yale University Press.
Heatwole, H. 1965. Some aspects of the association of cattle egrets with cattle. *Animal Behaviour* 13: 79-83.
Heinrich, B. 1971. The effect of leaf geometry on the feeding behavior of the caterpillar of *Manduca sexta* (Sphingidae). *Animal Behaviour* 19: 119-24.
———. 1993. How avian predators constrain caterpillar foraging. In *Caterpillars*, ed. N. E. Stamp and T. M. Casey. New York: Chapman and Hall.
Heinrich, B., and S. I. Collins. 1983. Caterpillar leaf damage and the game of hide-and-seek with birds. *Ecology* 64: 592-602.
Hristov, N. I., and W. E. Conner. 2005. Sound strategy: Acoustic aposematism in the bat-tiger moth arms race. *Naturwissenschaften* 92: 164-69.
Marshall, S. A. 2006. *Insects: Their Natural History and Diversity*. Buffalo, NY: Firefly Books.
May, M. 1991. Aerial defense tactics of flying insects. *American Scientist* 79: 316-28.
Peterson, R. T. 1963. *The Birds*. New York: Time.
Roeder, K. D. 1962. The behaviour of free flying moths in the presence of artificial ultrasonic pulses. *Animal Behaviour* 10: 300-304, plus 3 plates.
———. 1963. *Nerve Cells and Insect Behavior*. Cambridge, MA: Harvard University Press.
Roeder, K. D., and A. E. Treat. 1961. The detection and evasion of bats by moths. *American Scientist* 49: 135-48.
Shober, W. 1984. *The Lives of Bats*. Translated from the German by S. Furness. London: Croom Helm.
Smith, S. M. 1991. *The Black-Capped Chickadee*. Ithaca, NY: Cornell University Press.
Spangler, H. G. 1988. Hearing in tiger beetles. *Physiological Entomology* 13: 447-

52.
Sternburg, J. G., G. P. Waldbauer, and A. G. Scarbrough. 1981. The distribution of the Cecropia moth (Saturniidae) in central Illinois: A study in urban ecology. *Journal of the Lepidopterists' Society* 35: 304-20.
Sullivan, K. A. 1984. Information exploitation by downy woodpeckers in mixed-species flocks. *Behaviour* 91: 294-311.
Tinbergen, L. 1960. The natural control of insects in pinewoods. 1. Factors influencing the intensity of predation by songbirds. *Archives Neerlandaises de Zoologie* 13: 265-343.
Tinbergen, N., M. Impekoven, and D. Franck. 1967. An experiment on spacing-out as a defence against predation. *Behaviour* 28: 307-21. Reprinted in N. Tinbergen, *The Animal in Its World*. Vol. 1. Cambridge, MA: Harvard University Press, 1972.
Treat, A. E. 1955. The response to sound in Lepidoptera. *Annals of the Entomological Society of America* 48: 272-84.
Waldbauer, G. P., and J. G. Sternburg. 1982. Cocoons of *Calosamia promethean* (Saturniidae): Adaptive significance of differences in mode of attachment to the host tree. *Journal of the Lepidopterists' Society* 36: 192-99.

第十章　相手をだまして身を守る

Atkins, E. L., Jr. 1948. Mimicry between the drone-fly, *Eristalis tenax* (L.), and the honeybee, *Apis mellifera* L. Its significance in ancient mythology and present-day thought. *Annals of the Entomological Society of America* 41: 387-92.
Bates, H. W. 1862. Contributions to an insect fauna of the Amazon valley: Lepidoptera: Heliconidae. *Transactions of the Linnean Society of London* 23: 495-566, plus 2 plates.
Borror, D. J., D. M. De Long, and C. A. Triplehorn. 1981. *An Introduction to the Study of Insects*. 5th ed. Philadelphia: Saunders College Publishing.
Bouseman, J. K., and J. G. Sternburg. 2001. *Field Guide to Butterflies of Illinois*. Illinois Natural History Survey Manual 9. Champaign: Illinois Natural History Survey.
Brower, J. V. Z. 1958. Experimental studies of mimicry in some North American butterflies. Part I. The monarch, *Danaus plexippus*, and the viceroy, *Limenitis archippus*. *Evolution* 12: 32-47.
———. 1958. Experimental studies of mimicry in some North American butterflies. Part II. *Battus philenor and Papilio troilus, P. polyxenes*, and *P. glaucus*. *Evolution* 12: 123-36.
Brower, L. P. 1969. Ecological chemistry. *Scientific American* 220: 4-15.
Brower, L. P., and J. V. Z. Brower. 1960. Experimental studies of mimicry. 5. The reactions of toads *(Bufo terrestris)* to bumblebees *(Bombus americanorum)* and their robberfly mimics *(Mallophora bomboides)*, with a discussion of aggressive mimicry. *American Naturalist* 94: 343-55.

———. 1962. Experimental studies of mimicry. 6. The reactions of toads *(Bufo terrestris)* to honeybees *(Apis mellifera)* and their dronefly mimics *(Eristalis vinetorum). American Naturalist* 96: 297-308.

———. 1962. Investigations into mimicry. *Natural History* 71: 8-19.

———. 1965. Experimental studies of mimicry. 8. Further investigation of honeybees *(Apis mellifera)* and their dronefly mimics *(Eristalis). American Naturalist* 99: 173-88.

Brower, L. P., J. V. Z. Brower, F. G. Stiles, H. J. Croze, and A. S. Hower. 1964. Mimicry: Differential advantage of color-patterns in the natural environment. *Science* 144: 183-85.

Brower, L. P., L. M. Cook, and H. J. Croze. 1967. Predator responses to artificial Batesian mimics released in a neotropical environment. *Evolution* 21: 11-23.

Cook, L. M., L. P. Brower, and J. Alcock. 1969. An attempt to verify mimetic advantage in a neotropical environment. *Evolution* 23: 339-45.

Cott, H. B. 1957. *Adaptive Coloration in Animals*. London: Methuen.

Evans, D. L., and G. P. Waldbauer. 1982. Behavior of adult and naive birds when presented with a bumblebee and its mimic. *Zeitschrift fur Tierpsychologie* 59: 247-59.

Gamberale-Stille, G., and T. Guilford. 2003. Contrast versus colour in aposematic signals. *Animal Behaviour* 65: 1021-26.

Gaul, A. T. 1952. Audio mimicry: An adjunct to color mimicry. *Psyche* 59: 82-83.

Gilbert, L. E. 1983. Coevolution and mimicry. In *Coevolution*, ed. D. J. Futuyma and M. Slatkin. Sunderland, MA: Sinauer Associates.

Grafen, A. 1990. Biological signals as handicaps. *Journal of Theoretical Biology* 144: 517-46.

Jeffords, M. R., J. G. Sternburg, and G. P. Waldbauer. 1979. Batesian mimicry: Field demonstration of the survival value of pipevine swallowtail and monarch color patterns. *Evolution* 33: 275-86.

Linsenmaier, W. 1972. *Insects of the World*. Translated from the German by L. E. Chadwick. New York: McGraw-Hill.

Maier, C. T., and G. P. Waldbauer. 1979. Diurnal activity patterns of flower flies (Diptera: Syrphidae) in an Illinois sand area. *Annals of the Entomological Society of America* 72: 237-45.

———. 1979. Dual mate-seeking strategies in male syrphid flies (Diptera: Syrphidae). *Annals of the Entomological Society of America* 72: 54-61.

Metcalf, R. L., and R. A. Metcalf. 1993. *Destructive and Useful Insects*. 5th ed. New York: McGraw-Hill.

Morgan, C. L. 1896. *Habit and Instinct*. London: Edward Arnold.

Moss, A. M. 1920. Sphingidae of Para, Brazil. *Novitates Zoologicae* 27: 333-424, plus 11 plates.

Rashed, A., M. I. Khan, J. W. Dawson, J. E. Yack, and T. N. Sherratt. 2009. Do hoverflies (Diptera: Syrphidae) sound like the Hymenoptera they morphologically resemble? *Behavioral Ecology* 20: 396-402.

Ritland, D. B., and L. P. Brower. 1991. The viceroy butterfly is not a Batesian mimic. *Nature* 350: 497-98.
Sternburg, J. G., G. P. Waldbauer, and M. R. Jeffords. 1977. Batesian mimicry: Selective advantage of color pattern. *Science* 195: 681-83.
Tinbergen, N. 1951. *The Study of Instinct*. Oxford: Clarendon Press.
———. 1965. *Animal Behavior*. New York: Time-Life Books.〔ニコ・ティンバーゲン『動物の行動』、1966〕
Waldbauer, G. P. 1970. Mimicry of hymenopteran antennae by Syrphidae. *Psyche* 77: 45-49.
———. 1988. Aposematism and Batesian mimicry: Measuring mimetic advantage in natural habitats. *Evolutionary Biology* 41: 227-59.
———. 1988. Asynchrony between Batesian mimics and their models. In *Mimicry and the Evolutionary Process*, ed. L. P. Brower. Chicago: University of Chicago Press.
Waldbauer, G. P., and W. E. LaBerge. 1985. Phenological relationships of wasps, bumblebees, their mimics, and insectivorous birds in northern Michigan. *Ecological Entomology* 10: 99-110.
Waldbauer, G. P., and J. K. Sheldon. 1971. Phenological relationships of some aculeate Hymenoptera, their dipteran mimics, and insectivorous birds. *Evolution* 25: 371-82.
Waldbauer, G. P., and J. G. Sternburg. 1975. Saturniid moths as mimics: An alternative interpretation of attempts to demonstrate mimetic advantage in nature. *Evolution* 29: 650-58.
———. 1983. A pitfall in using painted insects in studies of protective coloration. *Evolution* 37: 1085-86.
Waldbauer, G. P., J. G. Sternburg, and A. W. Ghent. 1988. Lakes Michigan and Huron limit gene flow between the subspecies of the butterfly *Limenitis arthemis*. *Canadian Journal of Zoology* 66: 1790-95.
Waldbauer, G. P., J. G. Sternburg, and C. T. Maier. 1977. Phenological relationships of wasps, bumblebees, their mimics, and insectivorous birds in an Illinois sand area. *Ecology* 58: 583-91.
Wickler, W. 1968. *Mimicry in Plants and Animals*. Translated from the German by R. D. Martin. New York: McGraw-Hill.〔W・ヴィックラー『擬態』、1993〕

エピローグ

Brower, J. V. Z. 1958. Experimental studies of mimicry in some North American butterflies. Part III. *Danaus gilippus berenice and Limenitis archippus floridensis*. *Evolution* 12: 273-85.
Brower, L. P., ed. 1988. *Mimicry and the Evolutionary Process*. Chicago: University of Chicago Press.
Brower, L. P., J. V. Z. Brower, and C. T. Collins. 1963. Experimental studies of mimicry. 7. Relative palatability and Mullerian mimicry among neotropical

butterflies of the subfamily Heliconiinae. *Zoologica* 48: 65-84, plus 1 plate.

DeBach, P. 1974. *Biological Control by Natural Enemies*. Cambridge: Cambridge University Press.

Goldschmidt, R. B. 1945. Mimetic polymorphism, a controversial chapter of Darwinism. *Quarterly Review of Biology* 20: 147-64, 205-30.

Gould, S. J., and N. Eldredge. 1977. Punctuated equilibria: The tempo and mode of evolution reconsidered. *Paleobiology* 3: 115-51.

Guilford, T. 1990. The evolution of aposematism. In *Insect Defenses*, ed. D. L. Evans and J. O. Schmidt. Albany: State University of New York Press.

Mayr, E. 1963. *Populations, Species, and Evolution*. Cambridge, MA: Harvard University Press.

Ruxton, G. D., T. N. Sherratt, and M. P. Speed. 2004. *Avoiding Attack*. Oxford: Oxford University Press.

Strickberger, M. W. 1996. *Evolution*. 2nd ed. Boston: Jones and Bartlett.

著者略歴

(Gilbert Waldbauer)

昆虫学者．1928年，アメリカ・コネティカット州に生まれる．1953年マサチューセッツ大学卒業．1953年から1995年までイリノイ大学アーバナ・シャンペーン校昆虫学学科で教鞭をとる．イリノイ大学名誉教授．アメリカバードウォッチング協会会員でもあり，鳥の生態にも詳しい．主な著書に『虫食う鳥，鳥食う虫』（青土社 2001），『新・昆虫記』（大月書店 2002），『虫と文明』（築地書館 2012）などがある．

訳者略歴

中里京子〈なかざと・きょうこ〉 翻訳家．早稲田大学教育学部卒業．訳書にローワン・ジェイコブセン『ハチはなぜ大量死したのか』（文春文庫 2011），レベッカ・スクルート『不死細胞ヒーラ』（講談社 2011），ブライアン・コックス『宇宙への旅』（創元社 2013）など多数．

ギルバート・ウォルドバウアー
食べられないために
逃げる虫、だます虫、戦う虫
中里京子訳

2013年 7 月 12 日　印刷
2013年 7 月 23 日　発行

発行所　株式会社 みすず書房
〒113-0033 東京都文京区本郷 5 丁目 32-21
電話 03-3814-0131(営業) 03-3815-9181(編集)
http://www.msz.co.jp

本文組版　キャップス
本文印刷・製本所　中央精版印刷
扉・表紙・カバー印刷所　リヒトプランニング

ISBN 978-4-622-07766-4
[たべられないために]